JN277356

MINERVA
TEXT
LIBRARY
64

食と農の社会学

生命と地域の視点から

桝潟俊子・谷口吉光・立川雅司 編著

ミネルヴァ書房

はしがき

　人間が大地に働きかけ作物を育てて食べるという営みは，生命をつなぐための根源的な活動である。人力や畜力，水力・風力などの自然エネルギーを利用して田畑を耕し灌漑して作物を栽培してきた。食と農の関係は，「身土不二」であった。そして，「医食同源」といわれるように，「食べることは生きること」であり，食が生命を紡いできた。こうした関係性を支えている食と農の尊厳性（文化）こそが，食と農の原点なのである。

　本来，「食べることは生きること」であった。この人間の営みが，近代化・産業化という歴史的な社会変動のもとで，生産者（生産地）と消費者（消費地），もしくは農村（食料輸出国）と都市（食料輸入国）とに分断され，食料が利潤追求のための戦略物資化するなかで，地理的距離だけではなく，社会的・心理的距離も拡大している。そればかりでなく，食と農の領域それぞれが自己完結的に自己運動を展開し，効率と生産性という経済価値を至上とする強固なシステムを形成しているところに，大きな問題がある。現代の食と農をめぐる問題には，近代産業社会のシステムが抱える諸矛盾がきわめて鮮明に凝縮されたかたちであらわれている。

　こうした食と農の危機的状況のもとで，近代産業社会のシステムや枠組みの行き詰まりを乗りこえ，問題を打開していく方途が模索されている。現代の食と農における新たな議論や動きは，経済的観点からだけでは十分説明できない側面を有している。その意味で，既存の経済社会システムへの批判的理論や視角，対抗軸，オルタナティブの提示という，現在の食と農をめぐる議論や新たな動きそのものが，社会学的分析を要請しているということができる。

　本書『食と農の社会学』は，以上のような時代的・学問的・実践的意義を見

据えつつ，次のようなねらいのもとにテキストとして編集した．

　1．現在の農と食の問題を，近代化・産業化・市場化・グローバル化の進展と，それに対抗する，反（脱）近代化・社会への埋め込み・農と食の原理・生命と暮らしの論理・自然との共生・ローカル化といった動きとの間のせめぎ合いとして捉え，「生命と暮らし・地域（在地）・環境・持続可能性を大切にする立場」に理論的な支柱を提供する．その際，農業・食料社会学の理論的成果を紹介するとともに，日本独自の実践や研究成果も積極的に紹介する．

　2．持続可能性，地域資源の循環，地産地消，自給・生命と暮らしの文化を大切にする立場から，現在の農業・食料システムを批判的に分析する．この分析をふまえて，有機農業，地産地消，自給，文化の重要性を理論的・実証的に示す．

　3．日本国内だけの議論に矮小化しないように，現実認識をグローバル・ナショナル・ローカルの3水準に設定し，水準間の相互関係をわかりやすく提示する．

　4．読者に身近な社会的問題やトピックスを積極的に取り上げ，具体例に即して本書の研究的・思想的・運動的な文脈を把握できるように明示する．あわせて，近代農業の発展と帰結がどのような具体的な経過をたどったか，歴史的展開・推移を説明する．

　5．広い領域をカバーして現代の食と農をめぐる諸現象を読み解くという時代的要請に応えるため，本書は現代における食と農をめぐる諸課題を社会学の視点から学ぶための基礎的テキストとして編集した．そのため以下の工夫をした．①各章の内容を的確に把握できるように，各章の冒頭に「キーポイント」となる論点を提示するとともに，「キーワード」を掲げた．②本文の議論に関連の深い概念や論点，補完的論点に関して，やや掘り下げた説明が必要なものについては，「コラム」を設けた．③発展的学習の手がかりとして，各章末に「討議のための課題」を数題ずつ提示した．

　6．執筆者は，社会学の研究者を中心としながらも，本テキストと問題意識を共有する研究者・実践者に依頼することで，それぞれの領域での重要かつ現

代的な課題に切り込んでいただいた。

　以上のようなねらいをもとに，本テキストでは，次の(1)～(3)の柱，すなわち食と農に関する個別の諸現象を論じるときの中心的枠組み・視点を軸に，食と農をめぐる諸問題を分類して解き明かしていくことにした。設定した3つの視点とは，(1)グローバリゼーションに対する対抗軸，(2)近代化・産業化に対する対抗軸，(3)対抗性を担う主体とその実践，これを支える理念，である。

　まず序章において欧米と日本における食料・農業社会学とその展開を概観したうえで，食と農をめぐる個別の諸問題を上記の3つの柱に即して分類し，以下の第1章から第12章，および終章までの13の章を配置し，それぞれ第Ⅰ部から第Ⅲ部に至る3部構成とした。なお，第Ⅰ部と第Ⅱ部における各章の視点は，ネオリベラリズムによる食と農の再編に対する対抗的枠組みとも理論的に重なるものである。ネオリベラリズムに対する対抗的枠組みは，いわばこれらのパートの通奏低音として流れているライトモチーフである。

　各部の構成と分析の枠組み・視点を述べるならば，以下のようになる。
(1)グローバリゼーションに対する対抗軸（第Ⅰ部）
　ここでは，食と農の歴史的展開を地球規模の視点から省察するとともに，グローバル資本主義の展開戦略を反省的に捉え直すための分析視点を提供する。その上で，グローバリゼーションの中で見失われつつある地域やそこでの暮らしとつながりを，地域ブランドや真正性という対抗的戦略から再構築しようとする欧州の取り組みから学ぶ。
(2)近代化・産業化に対する対抗軸（第Ⅱ部）
　ここでは，近代化，産業化，工業化などが食および農のあらゆる領域で進行しつつある現象とその帰結について，農薬，畜産，生ごみなどの事例に取り上げつつ論じる。こうした現代的状況に対して，社会学や隣接社会科学では，環境や持続性，生命・循環という視点をどのように地域内で再構築するか，そのことによってどのように問題を乗り超えるか，その論理を追求してきた。ただ

し，こうした論理を追求する際，これまで自明視されてきた自然との関係性や科学観を問い直すことも重要である。ここではそうした視点からの再検討もなされている。

(3)対抗性を担う主体とその実践，これを支える理念（第Ⅲ部）

最後のパートでは，対抗性を担う多様な主体とその実践について論じることで，従来のいわゆる農業近代化の中で見失われ，あるいは軽視されてきた視点を復権しようとする活動やその理念を扱っている。画一的な近代化路線や伝統的評価軸を相対化しつつ，中山間地域や農の営み，女性，交流の場に注目することで，そこから豊かな意味空間や新たな関係性が開かれる可能性を示唆している。こうした複眼的な議論を提起できるのは，社会学の視点ならではの貢献ともいえよう。その上で，終章では，食と農を通じて社会をつなぎ直すための方途が論じられる。現代における食農倫理のあり方を問い直そうとするものである。

アメリカやヨーロッパにおける農業・食料社会学の形成過程については，バトルらの『農業の社会学』（ミネルヴァ書房，2013年［原著 1990年］）に詳しい。特に，1990年代頃以降，食のマクドナルド化，品質，安全性などへの関心の高まりから農業社会学は食料に関わる問題を広くカバーするようになり，「農業・食料社会学（Sociology of Agriculture and Food）」と呼ばれる研究領域の形成がみられる。

これに対して，日本には，「食料・農業社会学」あるいは「食と農の社会学」という研究分野が確立していない。だが，日本において「食と農の社会学」に関心を持つ研究者を生み出してきた時代状況はあった。1970年代から1990年代の公害・食品公害・農薬汚染などに反対する社会運動（直接的には，有機農業運動や反食品公害運動），環境・エコロジー運動（玉野井芳郎・鶴見和子・槌田敦・室田武らを中心とするエントロピー学会や「水土学派」など），地域主義，地域自給，ライフスタイルの見直しなどである。こうした運動の問題提起や理念の影響を，本書の執筆者は多かれ少なかれ受けている。

はしがき

　また，本書の執筆者は社会学の研究者を中心としながらも，本書の問題意識を共有する研究者・実践者に方法や領域にこだわらず依頼した。そのため，本書では，社会学（村落社会研究や農村社会学，環境社会学，地域社会学など）だけでなく，隣接社会諸科学（農業経済学，政治経済学，科学技術論，協同組合研究など）における親和性のある多様な方法論やアプローチによる議論や検討が展開されている。例えば，現代文明論（第1章）や社会思想論（第4章），環境社会学（第7章），地域社会学（第9章・第11章），社会運動論（第8章），政治経済学（第2章），科学技術論（第5章）など，多様な視点や方法が採られている。こうした多様性こそ現段階における「食と農の社会学」の持ち味であり，食と農の領域における独自の「意味の発見」につながっている。

　つまり，序章でも述べられているように，食と農をめぐる諸現象は，農業生産やその加工流通のあり方，技術や環境条件などに対する理解だけでなく，歴史や文化的背景への理解がなければ，十分に把握することができない。したがって，食と農に関わる問題は，その意味で，環境・技術・経済・社会文化などの多角的側面から構成されており，多岐にわたる研究方法・視点からのアプローチが必要な領域なのである。

　以上述べてきたように，「食と農の社会学」という研究分野が未だ確立していないなか，各章，各コラムの執筆者の方々にはそれぞれ初学者向けに平易かつ密度の濃い論考をご執筆いただいた。食と農に関連する諸領域で学ぶ学生諸君や読者各位が，たべものから現代社会を読み解く導きの書として活用し，学習や研究に取り組んでいただければ望外のよろこびである。

2014年1月12日

桝潟俊子
谷口吉光
立川雅司

食と農の社会学
——生命と地域の視点から——

【目次】

はしがき

序　章　食と農をどう捉えるか……………………………………立川雅司　1
　　　　──農業・食料社会学とその展開
　　　1　食と農──社会学における新たな課題　1
　　　2　農村社会学批判と「農業・食料社会学」の形成　5
　　　3　食の社会学および隣接分野の研究　9
　　　4　日本における農業・食料社会学関連研究　11

第Ⅰ部　工業化とグローバリゼーション

第1章　地球とともに生きる食と農の世界……………………古沢広祐　21
　　　　──揺れるグローバル社会
　　　1　消えゆく生物と食・農　21
　　　2　食と農をめぐる世界と文明の歩み　25
　　　　　──ふたつの世界の出会いとアメリカ文明
　　　3　巨大フードシステムの矛盾　29
　　　4　「食と農の尊厳性」の回復　32
　　　　　──自然の恵みを大切にする心

第2章　多国籍アグリビジネス……………………………………久野秀二　41
　　　　──農業・食料・種子の支配
　　　1　ブラックボックス化する現代の農と食　42
　　　2　見えない巨人──カーギル　44
　　　3　世界最大の食品企業──ネスレ　50
　　　4　種子・遺伝子を制する者は世界を制する──モンサント　55
　　　5　農業・食料のグローバルガバナンス　62
　　　　　──多国籍企業規制と食料主権を求めて

第3章 地域ブランド……………………………………須田文明 71
　　　──ふたつの真正性について
　　1　ホンモノへの需要　71
　　2　地域ブランドの実績と生産者への効果　76
　　3　規格化と近接性　80
　　4　食品の文化遺産化と地域振興　83

第Ⅱ部　危機・安心・安全

第4章 近代科学技術……………………………………大塚善樹 91
　　　──科学的生命理解の視点から
　　1　なぜ有機農業は遺伝子組換え技術を排除するのか　91
　　2　機械論と生気論──生命思想の両極　94
　　3　食と農の科学技術における機械論と生気論　99
　　4　21世紀における生気論の意義について　103

第5章 農薬開発……………………………………………水野玲子 111
　　　──ネオニコチノイド系農薬を事例として
　　1　農薬の歴史──安全神話の形成と崩壊　111
　　2　新農薬「ネオニコチノイド」の登場　115
　　3　農薬の人体影響と予防原則　122

第6章 畜　　産……………………………………………大川利男 129
　　　──工業化・産業化の視点から
　　1　現代の畜産システム　129
　　2　アニマルウェルフェアをめぐって　132
　　3　畜産経営の規模拡大とその影響　136
　　4　放牧畜産とその可能性　140

第7章　生ごみと堆肥 …………………………………………… 谷口吉光　147
　　　——地域循環型農業の崩壊と再生
　　1　生ごみを「燃えるごみ」として出す不思議　147
　　2　ごみ処理のしくみ　150
　　3　江戸時代の「有機物の地域内循環」　153
　　4　近代化による「地域循環型農業」の崩壊　156
　　5　地域循環型農業の再生に向けて　158
　　6　物質循環，生命循環，社会のつながり　163

第Ⅲ部　地域での実践活動

第8章　ローカルな食と農 …………………………………………… 桝潟俊子　169
　　1　食と農をいかにつなぐか　169
　　2　アメリカにおける有機農業の「産業化」の進展　174
　　3　大地と人とのつながりの再構築　177
　　4　日本における地域・「ローカル」への視座　181

第9章　中山間地域 …………………………………………………… 相川陽一　191
　　——生活の場から
　　1　中山間地域から持続可能な暮らしと社会を考える　191
　　2　中国山地の四季　195
　　3　中山間地域とは　197
　　4　地域資源を活かした暮らしの原像と崩壊　201
　　5　過疎の時代を生き抜いてきた人々　206
　　6　地域再生に向けた動き　208

第10章 農の担い手 …………………………………… 高橋　巌 215
　　　　──その多様なあり方
　1　「農」とその多様な担い手　215
　2　国が育成しようとする「担い手」　217
　3　高齢化が進む担い手の状況　219
　4　新規就農（新規参入）の状況と定年帰農の実態　221
　5　「就農」にかかる推移　224
　6　中高年への就農支援と若年層担い手確保の必要性　225
　7　担い手の「多様性」をどう考え，どう支援すべきか　227
　8　「多様な担い手対策」の強化　229

第11章 農村における女性 …………………………………… 靍　理恵子 233
　　　　──エンパワーメントと価値の創造
　1　農村女性を取り巻く状況の変化　233
　2　農村女性起業の実際とその社会的意義　236
　3　いくつかの課題と今後の展望　244

第12章 都市農村交流 …………………………………… 青木辰司 255
　　　　──グリーン・ツーリズムを例に
　1　グリーン・ツーリズムとは？──観光との相違　255
　2　都市と農村の交流はなぜ必要か　259
　3　新たな段階の日本のグリーン・ツーリズム　262
　4　グリーン・ツーリズムは農村に何をもたらしたのか？　265
　5　フェアツーリズムの理念をグリーン・ツーリズムに　267

終　章 食と農をつなぐ倫理を問い直す ……………………… 秋津元輝 275
　1　夕食に何を食べる？　275
　2　食消費行動の現代的特徴　280
　3　自給の思想と広がり　284
　4　実効的食農倫理に向けて　289

あとがき 293
索　引 297

Column

1　イギリス料理とフランス料理…立川雅司　18
2　フード・レジーム…記田路子　39
3　食と農を扱った映像作品…小口広太　68
4　種子の知的所有権と「農民の権利」…西川芳昭　109
5　農薬削減とネオニコチノイド系農薬との皮肉な関係…谷口吉光　127
6　集落ぐるみの有機農業…小口広太　189
　　　　──埼玉県比企郡小川町下里一区の取り組み
7　在来作物と種子を受け継ぐ…江頭宏昌　214
8　女子から農への挑戦状…土居洋平　253

序章　食と農をどう捉えるか
——農業・食料社会学とその展開

立川雅司

キーポイント

(1) アメリカ農村社会学における社会心理学的研究手法への批判から，農業・食料社会学が形成されてきた。社会学的に捉える観点として，歴史的観点，構造的観点，文化的観点，批判的観点がある。
(2) 農業・食料社会学では，農業の工業化，農業技術をめぐる葛藤，農業・食料のグローバリゼーションなどが主な論点として取り上げられてきた。現在では，代替的食料ネットワークなど生産者と消費者との新しい関係を模索する研究がなされている。
(3) 食の社会学は，文化人類学など隣接分野とも相互作用しつつ，独自に展開をとげてきた。構造主義的アプローチと機能主義（物質主義）的アプローチがある。
(4) 日本の農業経済学や農村社会学においても，農業・食料社会学と問題意識を共有する研究が進められつつある。

キーワード

農業・食料社会学，アメリカ農業，食の社会学，構造主義と機能主義（物質主義）

1　食と農
—社会学における新たな課題—

　食べることは人間のもっとも基礎的な活動の一部である。人は食べることで自らの身体を維持するとともに，食べることを通じて社会関係を再確認する。例えば，私たちは誰と食事をともにするか，その際に何を食べるか，正月や祭

りのような特別な日と日常的な食事とでどのような区別を当然と考えるか（次第に区別が明確でなくなりつつあるが），暗黙のうちにある程度のパターンに沿った行動をしている。ただし，正月料理も，伝統的な装いを持ったたべものとはいえ，黒豆やカズノコ，田つくり，さらにはかまぼこやエビといった食材は，グローバルな生産流通の賜物であり，国内産は一部の食材を除いて，ほとんどない。食品加工や保存技術も駆使しながら，海外から集めてきた食材を，日本的伝統文化の再確認のため「おせち料理」として家族や親戚とともに囲んでいるのである。このように食は，伝統や価値観に規定されつつ，同じようなものを食べ続けているように見えるものの，その内実（食材調達や生産加工技術など）は大きく変化しているといえる。

　逆に，同じものを食べつつも，価値観の方が大きく変化した例もある。例えば，砂糖である。かつてサトウキビが一部の地域でしか栽培されていなかった頃は，砂糖は非常に貴重であり（薬でさえあった），ひと昔前までは，結婚式の引き出物の定番品だったりした。ところが今日では，砂糖の取り過ぎに注意が喚起されるとともに，かつては豊かさの象徴でもあった肥満を防止するため，サトウキビからとれる砂糖よりも甘さの少ない砂糖代替甘味料が開発されている。シドニー・ミンツがイギリスの事例をもとに指摘しているように，砂糖生産の増大が，砂糖の社会的な意味づけを変化させてしまったといえる。

　このように食をめぐる現象は，農業生産やその加工流通のあり方，技術や環境条件などに対する理解だけでなく，歴史や文化的背景，すなわち人々がどのような意味や規範を食に対して抱いてきたかについての理解がなければ，十分に把握することができない。農業と食料はその意味で，環境・技術・経済・社会・文化などの多角的側面から構成されており，多くの研究分野からのアプローチが必要な領域であるといえる。

　本章では，食と農をどのように社会学が捉えてきたか，主にアメリカを中心とした研究の流れとその成果をレビューしつつ概観する。特にアメリカ農村社会学の批判から派生した「農業・食料社会学」，また独自に文化人類学などの成果を吸収して展開してきた「食の社会学」というふたつの研究の流れを見る

ことで，食と農をめぐる諸問題に社会学がどのようにアプローチしてきたかを把握する。その上で，日本における関連研究の動向と今後の課題について述べる。

食と農に対する社会学の関心

　食は日常生活の中で最も基礎的な活動のひとつといえるものの，食に関して社会学者が本格的に研究対象として取り組むようになったのは，比較的最近のことである。もともと社会学が問題にしてきたテーマは，社会の変動や個人と社会との関係，紛争や秩序など，社会構造やこれを支える政治・経済関係が中心であり，食べるという日常的な行為に関しては，社会学の古典理論においてはほとんど関心を持たれることがなかったといえる。日常的な食が持つ文化的側面に関して研究してきたのは，社会学者よりも文化人類学者である。レヴィ＝ストロースやメアリー・ダグラスらの文化人類学者は，食生活のパターンや儀礼を通じて，どのような意味が再生産されているかを分析してきた。

　食の問題と比較すると，農（農業と農村の両方を含む）をめぐる問題に対して社会学は，より大きな関心を抱いてきたといえる。特に農村社会学と呼ばれる分野が，海外では20世紀初頭頃より独自の研究分野として発達してきた。日本でも戦前から有賀喜左衛門や鈴木栄太郎らにより農村社会学が形成され，イヱやムラを対象として研究が蓄積されてきた。また社会学以上に経済学は，農業経済学や農業経営学として大学教育や農業関連制度のなかに定着し，農村社会学以上に制度化が進んだといえる。このように農業生産自体に対する社会学的関心は，マルクスやウェーバーなどの時代から，資本主義や近代化との関連で大きな関心が払われてきた。特に，マルクス主義は生産のあり方に強い関心を持つため，当然，農業生産に関心を寄せてきた。この傾向は，その対象を生産以外のアグリビジネス全体にも広げ，現在も引き継がれているといえよう。

社会学的に捉えるとは？

　それでは，食と農を社会学的に捉えるという場合，どのような点に着目する

```
          歴史的観点
             ↑
             │
構造的観点 ← 社会学的分析 → 文化的観点
             │
             ↓
          批判的観点
```

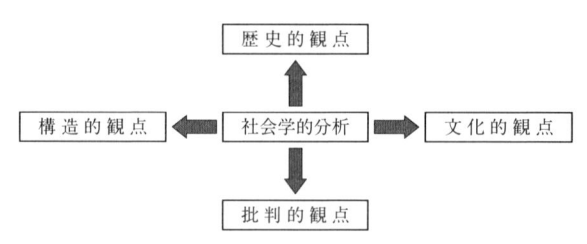

図序 - 1　社会学的想像力を喚起するための 4 つの観点
出所：Germov and Williams (2008) Fig. 1.1.

ことになるのだろうか。次にこの点を考えてみよう。ガーモフとウィリアムズは，C.W. ミルズによる「社会学的想像力」の概念を引用しつつ，食を社会学的に捉える際に 4 つの方向ないし視点を考えることが有効であると述べている（Germov and Williams 2008）。社会学的想像力とは，個人が経験するさまざまなことについて，社会学の視点から現象の背景や社会的意味を捉え直そうとする思考を指すものであり，これを駆使することによって，個人の日常的経験の背後にある社会的要因を発見したり，物事を新たな角度から理解できるとミルズはいう。ガーモフらは，社会学的想像力を駆使する視点として，歴史的観点，構造的観点，文化的観点，批判的観点という 4 つの観点を挙げている（図序 - 1 参照）。

　歴史的観点とは，過去の歴史的経過が今日の食生活や食品にどのように影響を及ぼしてきたかについて検討する視点。構造的観点とは，社会構造や制度が，食をめぐる分配や流通，消費にどのように影響しているかを検討する視点。文化的観点とは，食文化など食をめぐる慣習や意味づけがどのような影響を及ぼしているかを検討する視点。批判的視点とは，現状とは別の食のあり方がないかどうか，また現状を維持することが誰の利益に結びついているかなど，食をめぐる現状を批判的に捉え直そうという視点である。

　以上を踏まえて，「食と農の社会学」もしくは「農業・食料社会学」を筆者なりに定義するならば，「食と農をめぐる諸現象に対して，歴史，文化，構造（社会構造や制度など）による影響やこれらとの相互作用を考慮しつつ，批判的に捉え直そうとする研究領域」であるといえよう。こうした検討を進めるにあ

たっては，既存の社会学の成果，例えば家族社会学や地域社会学，環境社会学，社会運動論，グローバリゼーション論，ジェンダー論などからも，有益な視点や手法を得ることができよう。また社会学以外の学問分野，特に経済学や心理学や文化人類学，倫理学などの視点からも学ぶことが多いだろう。ただ，本書の後段の章で取り上げるように，現代の食と農における新たな動き（ローカル・フードや有機農業，産消提携など）は，既存の経済システムへの批判的対抗運動という側面を有しており，経済的観点からだけでは十分説明できない。その意味で，現在の食と農の新しい動きそのものが社会学的分析を要請しているということができる。食と農の社会学の現代的意義がここにあるといえよう。

2 農村社会学批判と「農業・食料社会学」の形成

次に，「農業・食料社会学」の形成過程(2)とその背景・問題意識について概観することで，社会学が農村だけではなく，どのようにして農業と食料にまで関心を広げていったかについて述べる。

研究分野の形成過程史

アメリカや欧州における農業・食料社会学（Sociology of Agriculture and Food）の形成過程の流れの詳細に関しては，バトルらの『農業の社会学』（Buttel et al. 1990＝2013）に譲りたいが，概略は次のような経過をたどった。もともとアメリカの農村社会学は，コミュニティ研究や社会構造研究が中心であったが，1950年代より社会心理学的手法に依拠した技術革新の普及理論が中心となっていった。しかし，このような農村社会学研究は，技術革新の中身には立ち入らず，その普及過程の分析や採用者の社会心理学的分析に終始していたため，技術革新そのものに対して批判的観点をとる人々に問題視されるようになっていった。例えば，ハイタワーは，州立大学による農業機械化研究がアグリビジネスの利益に貢献している一方で，農業労働者の仕事を奪っていることを批判し，州議会や研究者から注目を集めた（Hightower 1973）。こうしたなか，1970

年代末頃より，農業の工業化とその環境や地域社会に対する悪影響に対して批判的な視点を持つ研究者が，「農業社会学」あるいは「農業の政治経済学」という分野を提唱し研究を開始した。

　この分野における典型的なテーマには，農業の工業化や大規模化（中規模農家の消滅），商品システム分析（Commodity System Analysis, 特定の作物ごとに生産，加工，流通，研究，政策などの形成とその諸変化を分析するもの），経営規模と地域社会への影響（ゴールドシュミット仮説）[3]，家族経営の残存（マン＝ディッキンソン仮説）[4]，農業技術変化の影響（機械化やバイオテクノロジー）などが挙げられる[5]。

　さらに1990年代頃より，マクドナルド化，品質，安全性などの論点が活発に議論されるようになってきたことから，農業社会学は食料に関わる問題も広くカバーする分野であると考えられ，「農業・食料社会学（Sociology of Agriculture and Food）」と呼ばれるようになった。以後は，農業・食料システムのグローバリゼーション，食品安全性やその基準設定，食品の社会的文化的構築に関する分析，フェアトレードやローカル・フードなど代替的な食料流通の模索，食料危機とフードセキュリティなどのテーマにも取り組むようになった。

農業・食料社会学の主な研究テーマ

　農業・食料社会学において取り上げられてきた主なテーマ群のうち，以下では5つのテーマの動向を紹介しておこう。すなわち，①グローバリゼーションや多国籍企業がもたらす農業・食料システムの変化，②遺伝子組換え作物など新たな農業技術がもたらす影響と社会的葛藤，③代替的食料ネットワークの形成，④特定の農産物の社会的構築ないし商品連鎖の変化，⑤規格や基準によるサプライチェーンの再編である。

　①グローバリゼーションに関しては，バトルが整理するように，3つの流れが形成されてきた（Buttel 1996）。第一の流れは，「フード・レジーム」論である（Column 2 参照）。この流れは，レギュラシオン理論，世界システム論，国際政治学などからの理論的影響を受けつつ形成された流れであり，代表的な論者としては，フリードマンやマックマイケルらが挙げられる（Friedmann and

McMichael 1989；McMichael 1994；Buttel and McMichael 2005)。第二の流れは，「農業食料グローバリゼーション理論（Agri-Food Globalization Theory）」であり，フード・レジーム論と関係するものの，いくつかの点で見解を異にする。この立場は，新国際分業体制論やラディカル経済学派による企業再編論（サッセンなど）に多くを学んでいる。代表的な成果としては，ボナーノらによる論文集があげられる（Bonanno et al. 1994＝1999；Bonnano et al. 2009）。最後の流れは，「ワーヘニンゲン学派」と呼ばれるもので，N. ロングやファン・デア・プレーグらを中心とし，主体を中心に置きつつ，グローバリゼーションなど画一的な構造決定論に対して懐疑的な視点をとる立場である。つまり農業者は単に受動的に変化を受け取るのではなく，変化の中で生き残るために，地域性（文化，生態環境，経営資源等）に根ざした適応戦略を自ら選び取っていく主体と考える学派である。

　②新しい農業技術の影響や葛藤をめぐる業績としては，シュルマンやライトの研究などがあげられる（Schurman and Munro 2010；Wright and Middendorf 2007)。社会運動論や科学技術社会論とも接点を持ちつつ，これらの研究においては，グローバリゼーションという変化に行為主体（agency）がどのように対抗できるのかという点が，重要な論点のひとつとなった。

　③ヨーロッパの研究者による代替的食料ネットワーク，アメリカにおけるローカル・フード運動など，生産者と消費者との新しい関係をめぐる研究は，CSA（Community Supported Agriculture)，直売所，フェアトレード，スローフード，地域ブランドなど，さまざまな取り組みが農村振興政策や反グローバル運動などにも刺激を受けながら展開しており，グローバルにも近年隆盛期を迎えているといえよう[6]（第8章参照）。ただし，有機食品などに対する需要が高まることで，アメリカ・カリフォルニア州では有機農業の工業化と移民労働への依存が進展するという逆説的現象が生まれており，工業化の論理が圧倒的なパワーで作用し，かつてオルタナティブだったものを変質させている現実がガスマンによって指摘されてもいる（Guthman 2004)。

　④個別の農産物をとりあげ，その農産物の社会的構築のされ方や，商品連鎖

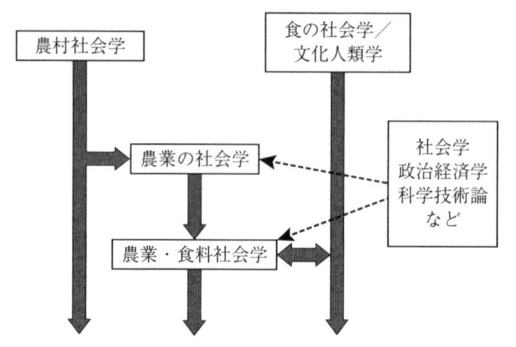

図序-2 農業・食料社会学の形成と隣接分野との関連
出所：筆者作成。

や社会文化的背景を研究した業績が挙げられる（Dixon 2002；Dupuis 2002）。ディクソンは鶏肉を，デュピュイは牛乳を取り上げ，これらの農産物がどのように文化的な表象の中に埋め込まれつつ，かつ近代的なフードシステムに支えられながら食生活に浸透してきたかを分析した。従来の農業社会学においても，トマト生産などに関してフリードランドが商品システム分析を行ったが（Friedland et al. 1981），この分析手法を消費や広告の領域まで拡大したものといえよう。

⑤最後に，農業食料分野における規格・基準をめぐる交渉や第三者認証に関するテーマをあげることができる。この分野に関しては，もともと農業科学技術の批判的研究から出発したブッシュらのグループにより精力的に進められており，国際貿易からスーパーマーケットによるサプライチェーンに至るまで，「客観的な」規格や基準というしくみに着目することで，これらが生産現場にもたらす新たな権力関係とその含意を描き出している（Bingen and Busch 2005；Busch 2011）。

農業・食料社会学の新たな展開として取り上げるべき業績はまだ多数あると考えられるが，近年の傾向としては農業よりも食料分野，特に消費者や市民の観点からあるべき農と食の姿を展望しようという研究に拡大しつつある。

ただし，食料に対する社会学的研究には，次節で述べるように農業・食料社

会学の形成以前から存在していた「食の社会学（sociology of food）」や社会学隣接分野の存在も忘れてはならない。具体的には，食文化論や歴史学，文化人類学などであり，比較的長い研究史を有している。こうした食研究の分野との相互作用も無視できない（図序-2）。

3 食の社会学および隣接分野の研究

先にも述べた通り，20世紀初頭から社会学者が関心を抱いてきた農業や農村の問題に比べると，食に対する社会学や文化人類学的研究は，相対的に新しい分野といえる。以下では，この「食の社会学」分野を概観する。この分野も近年では，マクドナルド化や肥満など食をめぐるさまざまな社会問題が登場するにつれて，現代的問題に関心を向けるようになってきた。そのため「食の社会学」と前節で述べた「農業・食料社会学」の区別はあいまいになりつつある。

食の社会学，文化人類学におけるふたつのアプローチ
食の社会学が扱ってきたテーマは幅広く，食料・栄養・健康の関連性，摂食障害（肥満や拒食症）とアイデンティティ，社会階層や性別，年齢，国ごとの食料消費形態の違い，私的領域と公的領域における食事の位置づけ，料理における歴史的・文化人類学的研究，植民地化と移民がもたらした食文化への影響，食料生産技術の変化とその社会的影響などさまざまなものがある（Mennell, Murcott and van Otterloo 1992）。食をめぐる諸現象（食品，食事，料理，栄養，味覚など）に対して，社会学の分析視点（階級，ジェンダー，アイデンティティ，高齢化，身体性など）を組み合わせていくことで，さまざまな知見を引出していこうとするのが，食の社会学の持ち味であるといえよう。

マーコットは，食の社会学や文化人類学の研究アプローチを，大きくふたつに整理し，構造主義的アプローチと機能主義（物質主義）的アプローチと名づけている（Murcott 1988）。

構造主義的アプローチとは，1970年代頃から，レヴィ＝ストロースやメア

リー・ダグラスらの文化人類学者によって検討された視点である。この視点では，食品選択における文化・象徴的側面が強調され，人々が食べるものは，それぞれの社会において「食べるに適すると文化的に認められたもの」であって，食べることが可能でも，食べてはならないものが存在している点に注意を向けた。例えば，イスラム教徒における豚肉のタブーなど，たべものに社会的ルールが存在することは広くさまざまな社会においてみられることであり，食べられるかどうかは栄養素や個人的嗜好だけで決まっているわけではないと，このアプローチは論じる。また食品そのものだけではなく，料理や食事のルールも構造主義的観点からの分析の対象として，さまざまな角度から検討されてきた。ダグラスは，飲み物や食事を誰と一緒にとるかに人間関係の親密さを表すルールが表現されていると指摘した（Douglas 1972）。例えば，初対面の相手とは一緒にお茶をともにすることはあっても，食事をすることはほとんどない。食事をともにすることは，社会関係における親密さを深めたことを意味するからだ。また恋人同士の場合のように社会的親密さを重視して衛生問題を棚上げすることもある。これも，衛生問題を強調しすぎると親密な関係を傷つけることにもなりかねないからだ（Murcott 1988）。

　他方，機能主義（物質主義）的アプローチは，1980年代に登場し，マーヴィン・ハリス，シドニー・ミンツ，スティーブン・メネルらを代表的論者とする。この考え方では，当該社会の置かれた自然的・技術的条件が，その社会における食品選択に影響を及ぼしていることに注意を向ける。これらの条件のもとで，さまざまな食品の生産コストを比較考量して，摂取する食品が決定されているというわけである。先の豚肉の例に関しても，イスラム教が発達した乾燥地帯の気象条件と結びつけて説明されている。すなわち，豚は汗腺を持っていないために泥水を体に塗りつけて体温を下げようとし貴重な水資源を浪費してしまうこと，また雑食性であるため人間との食料競合が発生してしまうことなどにより，乾燥地帯で豚を飼うことは社会的に高コストになる。そのため豚肉をタブーとして禁止したのだと説明される。要するに，心を満たすより胃袋を満たすことが先決問題だというのが，機能主義（物質主義）の立場である。またメ

ネルの研究は，ノベルト・エリアスの『文明化の過程』を料理やそのマナーの歴史的展開過程に適用したもので，近世以降，食料生産が安定化し増産が可能になったことで，それまでのお祭り騒ぎ的な食事から（ただし，量という外的制約が存在），洗練されたテーブルマナーに基づく食事作法（内面的制約への転換）が発展していった点が指摘されている。[7]

構造主義と機能主義（物質主義），どちらのアプローチも一定の説得力を持つと考えられるが，興味深いのは，現代の食品パッケージにはこのふたつの考え方がどちらも投影されていることである。例えばポテトチップスのパッケージには一方では北海道の大自然などが描かれ，文化的・象徴的なメッセージが記載されているとともに，他方ではカロリー表示や成分表示が記載され，機能的情報も記載されている。消費者である私たちはこの2種類の情報に基づき食品を選んでいるといえる。

こうした社会学分野の研究だけではなく，最近では食をテーマとした社会批評的書籍やDVDが多数刊行され，広く視聴されるようになっている（Column 3参照）。こうした食に関する著作やDVDは，今や人々の食に対する考え方に大きな影響を及ぼしつつある。最近では環境問題や肥満問題などに絡めて，さまざまな批判が工業的農業やファストフード産業に向けられているといえよう。

次節では，以上のような欧米における食と農をめぐる社会学研究から日本に視点を移して，これまでの日本における研究動向とその特徴について述べる。

4 日本における農業・食料社会学関連研究

本節では，農業・食料社会学，もしくはこれと問題意識を共有する研究が日本においてどのように展開してきたのか，また日本の農業経済学や農村社会学との関係でこの分野をどのように位置づければよいか考える。

マルクス主義の導入時期の早さ

先に述べた通り，アメリカにおける農業社会学の形成初期には，マルクス主

義的なアプローチが導入され，伝統的な農村社会学に対して批判的な研究が数多くなされた。これは，マルクス主義にかかわる各種の文献（主としてドイツ語，ロシア語文献）が英語に翻訳され，これらの成果をアメリカ農業の諸問題に適用したことが背景にある。

日本との比較で考えるならば，アメリカにおける農村や農業問題へのマルクス主義の導入は，比較的新しい現象といえる。他方，日本の農業経済学や農村社会学におけるマルクス主義の受容はアメリカよりも早く，例えばアメリカで農業社会学の形成初期に注目された，カウツキーの『農業問題』やチャヤノフの『小農経済の原理』は，それぞれ1933年と1927年に翻訳書が刊行されている。これらの文献は，日本においては比較的早くから農業経済学をはじめとする分野で導入・検討されてきたといえる。その結果，日本の農業経済学や農村社会学においては，翻訳を通じてマルクス主義経済学をアメリカ以上に早く受け入れ，（戦時中は中断するものの）戦後においても重要な位置を占めてきた（福武直や島崎稔などの研究に顕著）。対照的に，アメリカにおける農業経済学分野では，近代経済学の方法論をベースとした研究が主流であったこと，また農村社会学においてもコミュニティ研究や社会心理学的観点が主流であったことから，マルクス主義的なアプローチが農業関連の社会科学の中で大きな影響を残すことはなかったといえる。ようやく1970年代後半以降になって，農村社会学分野にマルクス主義的な観点が導入され[8]，農村社会学からの新たな分野形成を刺激したことで，伝統的な農村社会学とは区別される農業社会学分野の形成につながったといえる。

農業に対する批判的・社会学的研究

以上のように，マルクス主義的な観点は，日本では早くから導入されていたものであり，ことさら新しい学問的観点というには当たらない，ともいえる[9]。とはいえ，農業社会学が当初アメリカ農業そのものを主要研究対象としてきたこと（グローバリゼーション論が登場するのは1990年代以降）から，日本の農村社会学者は，この分野にほとんど関心を向けなかった。農業社会学もしくは農業

の政治経済学に日本の研究者が関心を持ち始めたのは，この分野がグローバリゼーションや多国籍企業論などを展開し始めたころからだと考えられる。なかでも，当時京都大学経済学部の中野一新を中心とするグループは，農業社会学の研究成果に対して，組織的な関心を払った国内最初のグループと考えられる。その背景には，アグリビジネスや多国籍企業論に対するマルクス主義的な批判的観点のように，双方の研究関心が共通していたことがあろう。実際，中野のグループでは，農業・食料社会学と関心を共有する分野でさまざまな成果を公刊してきた（中野編 1998；久野 2002；中野・岡田編 2007）。また農業・食料社会学分野でグローバリゼーションを論じた研究書（Bonanno et al. 1994＝1999）も，共通の関心を持つ研究者によって翻訳されている。

　近年の国内における農村社会学分野の研究では，アメリカとはまた異なった観点から，農業に対して社会学的関心が寄せられてきた。例えば，秋津元輝は，農地集積など農業生産の維持や経営展開のベースに農業者間のネットワークが存在することを指摘し，農業に対する社会学的分析の可能性を指摘した（秋津 1998）。また，徳野貞雄はその「生活農業論」の中で，農業生産が，地域に暮らす人々のさまざまな協力や理解なしには成立しないこと，その意味で生活の中に農業があり，その逆ではないことをフィールド調査を通じて明らかにした（徳野 2011）。農業がそれをとりまく地域生活と切り離しては理解できないという意味で，農業社会学の可能性を指摘するものである。いずれもアメリカの農業構造とは大きく異なった日本農業の特質を踏まえつつ，その特性解明の鍵として社会学的分析の可能性を提起したものとして，今後も継承すべき重要な視点である。また日本においても，農薬や公害問題から端を発して，有機農業や産消提携運動が生まれた経緯があるが，こうした現象とその意義に対して社会学者もさまざまな分析を行ってきた。この分野に関連した研究は，本書の他の章を参照されたい。

食に対する社会学的研究

　以上のような農業に対する分析に比して，食に対する社会学的研究は，管見

の限りではそれほど多くないといえる。国内ではたべものや料理に関する文献は非常に多数出版されているが，社会学的観点からの分析はほとんど見られない。例外として挙げられるものとしては，池上甲一らの『食の共同体』（池上他 2008）や，歴史研究の立場からの藤原辰史『ナチスのキッチン』（藤原 2012）などが挙げられる。なかでも池上は，食育基本法登場の背景に，ネオリベラリズムの強化を見出し，食育のめざす人間像が市場競争を勝ち抜く経済人である点を批判するとともに，地域を離れたところで食育関連ビジネスが形成されつつある点に疑問を呈している。こうした研究は，農業・食料社会学的研究として位置づけうるだろう。

こうして国内においても農と食に対する社会学的関心が徐々に形成されつつあると同時に，欧米の農業・食料社会学の研究分野もさらに拡大しつつある。こうした双方の展開を相互に吸収しあう関係が今後形成されていくことを願いつつ，さらに多様な背景を有する研究者がこの分野の深化に関わっていくことのきっかけに本書を役立ててもらいたい。

【討議のための課題】

(1) 具体的な農産物や食品をとりあげ，その特徴について，歴史的観点，構造的観点，文化的観点，批判的観点から，検討してみよう。

(2) 農業・食料のグローバリゼーションについて，具体的な例をとりあげ，自分の食生活や日本農業に対するプラス面・マイナス面について検討してみよう。

(3) 身近な食品において，以前と現在とでその位置づけや意味が変化したものがあるだろうか（家族や知人に尋ねてもよい）。またそれはなぜ，どのように変化したのだろうか。

(4) 食に関するベストセラーや DVD 作品を視聴し，その感想について話し合ってみよう。

注

(1) ただし，ゲオルク・ジンメルには「食事の社会学（Sociology of the Meal）」（1910年）という論考があり，食事が個人的ニーズと独立して社会的儀礼として形式化していく過程について議論されている（Frisby and Featherstone 1997）。

序章　食と農をどう捉えるか

(2) アメリカ農業社会学の形成過程に関しては，立川（1994）も参照されたい。
(3) ウォルター・ゴールドシュミットによる研究仮説。大規模企業への集中が進む地域社会と家族経営が中心の地域社会を比較した際，後者の方が生活の質が高いことを指摘し，農業の工業化がコミュニティ生活に悪影響をもたらすと問題提起した。
(4) マンとディッキンソンによる研究仮説。農業において資本主義化が徹底されず，家族経営が残存する背景を説明するもの。
(5) Buttel and Newby (1980), Buttel et al. (1990), Friedland et al. (1991) などの著作は，農業社会学分野の確立と社会的認知に貢献した基礎的文献である。
(6) 代表的なものに，Lyson (2004), Marsden and Murdoch (2006), Hinrichs and Lyson (2009), Fonte and Papadopoulos (2010), Goodman, DuPuis, and Goodman (2011) などがあげられる。
(7) Mennell (1985＝1989) では，他にも，イギリス料理とフランス料理の発展史の相違（Column 1 参照），家庭料理が女性によって担われているのに対して，レストランなど職業的調理には男性が中心的役割を担っていることなど，さまざまな興味深い点を議論している。
(8) その意味で，農業社会学を形成した研究者は農村社会学分野のアウトサイダーであったといえる。ニュービィやフリードランド，マックマイケルらは，いずれも農村社会学から出発した研究者ではない。
(9) ただし，着眼点の違いも見られる。日本の農村社会学は，マルクス主義経済学の洗礼を早くから色濃く受けたとはいえ，その批判的視点は，農村における半封建性や国家独占資本主義による農村の経済的収奪といった側面に向けられており，マルクス主義の影響を受けたアメリカにおける農業の社会学が問題として取り上げたような，大規模アグリビジネスやこれに奉仕する農業技術研究に対する批判的関心は限定されたものであったと理解できる。

文献

秋津元輝，1998，『農業生活とネットワーク——つきあいの視点から』御茶の水書房。
Bingen, Jim and Lawrence Busch, 2005, *Agricultural Standards: The Shape of the Global Food and Fiber System*, Springer.
Bonanno, Alessandro et al., 1994, *From Columbus to Conagra: The Globalization of Agriculture and Food*, University Press of Kansas（＝1999，上野重義・杉山道雄監訳『農業と食料のグローバル化——コロンバスからコナグラへ』筑波書房。）
Bonanno, Alessandro and Douglas H. Constance, 2009, *Stories of Globalization: Transnational Corporations, Resistance, and the State*, Pennsylvania State University Press.
Busch, Lawrence, 2011, *Standards: Recipes for Reality*, MIT Press.

Buttel, Frederick H., 1996, "Theoretical Issues in Global Agro-food Restructuring," in David Burch, Roy E. Rickson, and Geoffrey Lawrence, *Globalization and Agri-food Restructuring: Perspectives from the Australian Region*, Aveburry, pp. 17-44.

Buttel, Frederick H., and Howard Newby, eds., 1980, *The Rural Sociology of the Advanced Societies*. Montclair, NJ: Allanheld, Osmun & Co.

Buttel, Frederick H., Olaf F. Larson, Gilbert W. Gillespie Jr., 1990, *The Sociology of Agriculture*, Greenwood Press. (=2013, 河村能夫・立川雅司監訳『農業の社会学』ミネルヴァ書房。)

Buttel, Frederick H. and Philip McMichael, 2005, *New Directions in the Sociology of Global Development*, JAI Press.

Dixon, Jane, 2002, *Changing Chicken: Chooks, Cooks and Culinary Culture*, New South Wales University Press.

Douglass, Mary, 1972, "Deciphering a Meal," *Doedalus* 101(1): 61-81. Reprinted in: Carole Counihan and Penny Van Esterik eds., 2007, *Food and Culture: A Reader*, 2nd edition, Routledge.

Dupuis, E. Melanie, 2002, *Nature's Perfect Food: How Milk Became America's Drink*, NYU Press.

Fischler, Claude, 1988, "Food, Self and Identity," *Social Science Information* 27(2): 275-92.

Fonte, Maria and Apostolos G. Papadopoulos, 2010, *Naming Food After Places: Food Relocalisation and Knowledge Dynamics in Rural Development*, Ashgate.

Friedland, William H., Amy Barton, and Robert J. Thomas. 1981. *Manufacturing Green Gold*. New York: Cambridge University Press.

Friedland, William H., Lawrence Busch, Frederick H. Buttel, Alan Rudy eds., 1991, *Toward a New Political Economy of Agriculture*, Westview Press.

Friedmann, Harriet and Philip McMichael. 1989. "Agriculture and the state system: The rise and decline of national agricultures, 1870 to the present." *Sociologia Ruralis* 29(2): 93-117.

Frisby, David P. and Mike Featherstone eds., 1997, *Simmel on Culture: Selected Writings*, Sage Publications.

藤原辰史, 2012, 『ナチスのキッチン――「食べること」の環境史』水声社。

Germov, John and Lauren Williams, 2008, *A Sociology of Food and Nutrition: The Social Appetite*, 3rd Edition, Oxford University Press.

Goodman, David, Melanie E. DuPuis, and Michael K. Goodman, 2011, *Alternative Food Networks: Knowledge, Practice and Politics*, Routledge.

Guthman, Julie, 2004, *Agrarian Dreams: The Paradox of Organic Farming in*

California, University of California Press.
Hightower, Jim, 1973, *Hard Tomatoes, Hard Times*, Schenkman Pub. Co.
Hinrichs, C. Clare, and Thomas A. Lyson, 2009, *Remaking the North American Food System: Strategies for Sustainability*, University of Nebraska Press.
久野秀二，2002,『アグリビジネスと遺伝子組換え作物——政治経済学アプローチ』日本経済評論社。
池上甲一他，2008,『食の共同体——動員から連帯へ』ナカニシヤ出版。
Lyson, Thomas A., 2004, *Civic Agriculture: Reconnecting Farm, Food, and Community*, Tufts.（＝2012, 北野収訳『シビック・アグリカルチャー——食と農を地域にとりもどす』，農林統計出版。）
Marsden, Terry and Jonathan Murdoch, 2006, *Between the Local and the Global: Confronting Complexity in the Contemporary Agri-food Sector*, Emerald Group Publishing.
McMichael, Philip, 1994, *The Global Restructuring of Agro-Food Systems*, Cornell University Press.
Mennell, Stephen, 1985, *All Manners of Food*, Basil Blackwell.（＝1989, 北代美和子訳『食卓の歴史』中央公論社。）
Mennell, Stephen, Anne Murcott and Anneke H. Van Otterloo, 1992, *The Sociology of Food: Eating, Diet and Culture*, Sage Publications.
Murcott, Anne, 1988, Sociological and Social Anthropological Approaches to Food and Eating. *World Review of Nutriton and Diet* 55: 1-40.
中野一新編，1998,『アグリビジネス論』有斐閣。
中野 新・岡田知弘編，2007,『グローバリゼーションと世界の農業』大月書店。
Schurman, Rachel A. and William A. Munro, 2010, *Fighting for the Future of Food: Activists Versus Agribusiness in the Struggle over Biotechnology*, University of Minnesota Press.
Stephen Mennell, Ann Murcott and Anneke H.van Otterloo, 1992, *The Sociology of Food: Eating, Diet and Culture*, Sage.
立川雅司，1994,「アメリカ「農業社会学」の展開と視野」『農村生活研究』86；16-21。
徳野貞雄，2011,『生活農業論——現代日本のヒトと「食と農」』学文社。
Wright, Wynne, and Gerad Middendorf, 2007, *The Fight Over Food: Producers, Consumers, and Activists Challenge the Global Food System*, Pennsylvania State University Press.

Column 1

イギリス料理とフランス料理

立川雅司

　読者のなかには，フランス料理のレストランで食事した経験をお持ちの方もいるだろう。では，イギリス料理のレストランはどうだろうか。すぐに思い浮かべられる人は少ないのではないだろうか。フレンチといえば有名なシェフがテレビに登場する一方，イギリス料理に関しては，シェフやレストランどころか，どんな料理かさえも思い浮かべることが難しいのではないだろうか。イギリスとフランスは，わずか34 kmのドーバー海峡をはさんで位置しているのに，なぜこのように料理や食文化に違いが生じるのだろうか。この点を社会学の観点から検討したのが，スティーブン・メネルである。

　メネルが着目したのは，次の3つの社会的要因である。第一に，イギリスにおけるピューリタニズムの影響，すなわち清貧を尊ぶ宗教の影響である。第二は，宮廷の役割，特に王室と貴族との間における権力の分配と社会の階層化にみられる両国の差異である。第三に，両国に見られる都市‐農村関係の違いである。これらの要因は互いに関連しているものの，特にメネルが重視したのは，第二の要因である。

　メネルによれば，フランスでは，16世紀から18世紀にかけて，国王を頂点とする宮廷社会が支配階級を形成し，他の階級との明確な境界線が形成されていった。そして，貴族が首都パリに集められたことによって，貴族社会の都市化と王室への従属化が進んだとされる。貴族が土地との直接的な結びつきを失ったことは，後でみるイギリスとは対照的な動きである。さらに，フランス貴族は，独立した軍隊と政府権力から除外されたために，その宮廷生活が儀式の洗練や差別的消費をもたらしたとされている。この傾向が料理の分野にも広がり，今日まで続くフランス料理の洗練をもたらした。要するに，高度に洗練された都市的宮廷社会がフランス料理を育んだのである。

　これに対してイギリスでは，貴族など支配階級と他の階級との境界線はフランスほど明確でなかった。王の宮廷と貴族との間にはフランスほどの格差が形成されず，また貴族とジェントリー（地主層）との相互浸透も存在していた。支配階級は地主社会を形成し，1年のかなりの期間を領地で生活しており，その生活の基盤は農村にあった。彼らは，領地で暮らしつつ，自分の土地の産物を食べていたのであり，「素朴な田舎風のごちそう」が料理の支配的なスタイルだったのである。

　要するに，料理や食文化の洗練には，都市部での宮廷社会の形成が密接に関連しているといえる。食文化には，その社会の歴史が色濃く投影されているのだ。

▷ Mennell, Stephen, 1985, *All Manners of Food*, Basil Blackwell.（＝1989，北代美和子訳『食卓の歴史』中央公論社。）

第Ⅰ部
工業化とグローバリゼーション

第1章	地球とともに生きる食と農の世界
	——揺れるグローバル社会
	古沢広祐

キーポイント

(1) 私たちを支えている自然のしくみ，食と農の存在基盤には，奥深い世界を見出すことができる。
(2) 急速な経済のグローバル化によって，私たちの食と農の世界の多様性が失われ，危機的状況が進行している。
(3) 食と農の尊厳性を再認識することで，自然生態系と調和した社会を再構築していく道が見出せるのではないか。

キーワード

地球環境，グローバル化，フードシステム，多様性，食料主権，第一次産業，自然資本

1 消えゆく生物と食・農

基底としての食・農

人類の歴史の歩みのなかで，私たちは今どのような時代を生きているのだろう。世界の人口動向をみると，過去100年の間に4倍をこえる勢いで増加している（20世紀初めの約16億人が2012年に70億人を突破）。100年以上前の世界では，人口はきわめてゆるやかなペースで増加してきたのだが，20世紀以降は異常ともいえる急膨張が起きたのだ。また近年のエネルギー消費は人口増加以上に伸びてきている。エネルギー消費の急増は，その多くを石油，石炭などの化石燃料に依存しており，結果として排出される二酸化炭素などの温室効果ガスに

よって，地球規模の気候変動を招くに至っている。

こうした状況が今後も続くならば，気候変動などによる深刻な事態を考えるまでもなく，100年後の将来世界は，想像を絶したものとなるだろう。気候変動問題のみならず，急速な人口増加と裏腹に，地球上の生物種は急速に減少しており，地球史上まれにみる大量絶滅の時代を迎えている。20世紀以降の人類大繁栄とともに熱帯林の3分の1が消失し，地球上の2割近い生物種が絶滅するといったまさに生物種の大量絶滅の事態がおきているのだ。

なかなか実感しにくい事態なのだが，推定では年に換算して4万種近い生物種が毎年地上から消えつつあるという。地球上では，過去5回ほど生物種の大絶滅があったと推測され，過去の大量絶滅に要した時間は数十万年から100万年以上とされている。最大規模の絶滅があった白亜紀でさえ，種の絶滅のスピードは10数年に1種（0.1程度）であって，ふつうに平均すると一年間に0.001種（1000年に1種）程度だったと考えられている。現在の年間4万種という絶滅速度は，まさしく想像を絶する重大な事態といってよかろう（環境省2010）。

私たち人間は，いうまでもなく地球上の生物種の一員である。このことを考えると，今起きている人間世界とそれをとりまく激動をどう考えたらいいのか，あらためて問い直す根源的な視点が必要ではないかと思われる。人間社会の根源的な在り方の基底に「食・農」があり，そこから世界を問い直すことが，今日きわめて重要になっているのである。「食・農」から導かれる根源的な視点について，以下その詳細をみていくことにしよう。

人間を支える土台——食と農のピラミッド

食と農の視点から，ヒトと自然（環境）との関わりを理解するには生態系ピラミッドの概念が有効である。生態系ピラミッドとは，生物界の食物連鎖（食べる‐食べられる関係）を立体的な構造図として示したもので，物質・エネルギーの流れを生物量的に図示している（図1-1）。例えば，遊牧民の場合を例にしてみると，20人を養うためには牛が約100頭，そしてその牛のためには牧

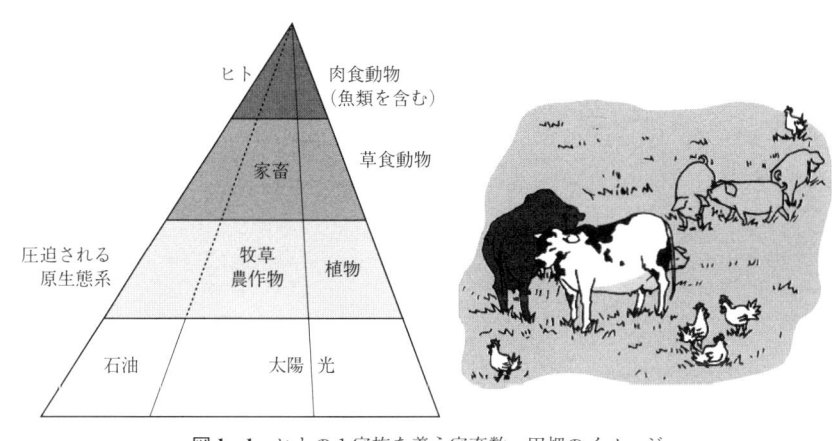

図1-1　ヒトの1家族を養う家畜数・田畑のイメージ
注：1家族（5人）が，1haの耕地，2.6haの牧草地，牛・羊が1頭，豚が4分の3頭，鶏が14羽ほどで養われている。（全陸地面積の3分の1強が農業用地）

草が約500万本（約1km^{2}の面積）必要であるといったぐあいに図式化できる。食物連鎖は，生物の生存を支えるための基本的な基盤，重要なつながりを意味している。生物という存在は，孤立無援に生きているものではなくて外界や他の生物たちとの諸関係の中で生きている。私たち自身も，自然生態系のなかでは，「生産者（植物）」—「消費者（動物）」—「分解・還元者（微生物）」という簡略に概念化された相互依存の循環図式の一部に組み込まれ，その生存が支えられている。

実際に，今日の人間が食物連鎖としてどのくらいの生態系ピラミッドを築いているかを見てみよう。

基本的な食料生産をみると，基礎食料となる3大穀物の米，小麦，トウモロコシはそれぞれおよそ7～8億トンずつで計22.5億トン生産されており（2012年のFAO統計），家畜は牛が約14億頭，羊が約11億頭，豚が約9.6億頭，鶏が195億羽ほど飼われている（2010年のFAO統計）。また，世界の漁獲高は近年ほぼ横ばい状況となり，主要漁種の漁業資源は限界ないしは限界を超えて漁獲されている（2010年のFAO統計によると，世界の総漁獲量は約9000万トン）。

土地の利用状況をみると，全陸地面積（133.8億ha）の約36％が農業用地

(49.7億ha／耕地：13.5億ha，永年作物地：1.1億ha，永年牧草地：34億ha）で，森林が約31％（41.7億ha），その他（砂漠ほか，40億ha）となっている。大ざっぱにイメージすれば，全陸地の約3分の1強が農業用地であり，森林と荒れ地（不毛地）が各々約3分の1弱を占めている。森林資源の多くは木材，薪炭材，パルプ用などに利用されており，砂漠などの不毛の地以外はほとんどの土地が人類の利用対象に組み込まれているのが，今日の世界における土地利用状況である。

こうした状況をイメージしやすいように示すと，平均5人家族の暮らしを支えている食料はそれぞれ年間に，牛・羊をあわせて約1頭，豚が約4分の3頭，鶏が約14羽，魚が約643kgとなり，土地利用としては，耕地が約1ha，牧草地が約2.6ha，森林が約3ha（森林すべてに人間が関与していると想定した場合）となっている。

以上を見ての通り，食物連鎖や資源利用の観点からみるかぎり，人類の巨大な資源利用ピラミッドが地球上に築き上げている姿を思い浮べることができる。

私たち人類が自然界に占める位置は，過去1万年くらいの時間経過のなかで驚くべき拡大と膨張をとげてきた。人口数はすでにみた通りだが，近年深刻化している環境問題は，煎じ詰めれば地域レベルから地球レベルまで，持続可能ラインを逸脱した人間活動によって引き起こされているといっても過言ではない。人間が自然を過剰利用している様子に関しては，エコロジカル・フットプリントという指標が近年注目されており，自然の収容能力（環境容量）を逸脱している様子が端的に示されている。この指標は，人間活動がもたらす環境への負荷や影響を総合的に評価するもので，地球の生態系の再生能力のバランスとの関係で影響度を示す持続可能性評価指標である。詳細は，レポートとしてネット公開（WWF・Japan）されているので参照していただきたい。[1]

2 食と農をめぐる世界と文明の歩み
―ふたつの世界の出会いとアメリカ文明―

歴史的歩み

　自然との関わりで人間世界の形成をみる際，農業は相互融合的な領域である。つまり人間の発展において，自然と人間の相互作用が集中的に現れているのが農業の分野なのである。そこでは，例えば作物や家畜にみられる独特の共生的な関係が形成されてきた。もともとは自然界で独自性を保持していた生物種が，人間との関わりの中で相互依存性を強めて家畜化され，栽培種として作物化されてきたのだ。相互依存性ということでいえば，多くの家畜や栽培植物は，今では人間との関わりなしに安定して存続，繁栄することは難しい存在である。

　栽培植物，農耕，家畜の起源や発展過程をみると，そこには人間と自然との相互関係が長年にわたって積み重ねられてきた進化史的経緯が読みとれる。その経緯も，栽培植物の起源をみる通り多系的な源流からの展開があり，それは，生物同士の関係を越えたより広い世界の形成につながるものである。人間社会において，それはさまざまな共同体的な諸関係や社会形成を基礎づけていく奥深い領域となっている。

　およそ1万年前から始まったとされる農耕の成立とともに，世界各地で古代文明が形成された。人類は，文明形成の基礎に自然を馴化する有力な手段として作物や家畜を生み出すことで安定した生存基盤を確立するとともに，余剰食糧を確保して多彩な文化を花開かせた。限定された地域や範囲を越えて，文化統合と大規模な組織編成の下に形成された諸文明は，交流や対立を繰り広げていった。

　人類進化史的な視点から文化論・文明論を展開したJ. ダイアモンドは，独自に食料生産を始めたことが確証されている地域として，メソポタミア，中国，中米，南米アンデス，北アメリカ東部の5つの地域をあげている。人類活動の展開は，文化統合と大規模な組織編成の下にこれら大規模な諸文明の形成を促

す一方で，地域的に限定されつつ多種多彩に展開された諸文化が，各地で交流と対立，統合を重ねていった。

　初期の文化統合と組織編制過程で大きな力を発揮したのが農業（食料生産システム）であった。例えば日本において，縄文文化から弥生文化への移行過程で水田稲作技術の果たした役割などが典型例としてあげられる。それは単なる生産技術にとどまらず余剰食糧の利用・管理・分配における社会組織の発展を含んだ総合的な力を持つものであった。

　現代につながる歴史の動きを大局的に見れば，古代から中世，近代へと推移し，15世紀の大航海時代以降，世界は西洋化の流れの中で一体化に向かってきた。こうした交流，対立，統合を促す際に大きな力を発揮したのは，食料生産システムをはじめとするさまざまな複合的要素である。前述の J. ダイアモンドが着目した「銃，病原菌，鉄」は，なかでも重要な要素である。銃や鉄はそれぞれ武器あるいは輸送手段や道具として重要な役割を果たしたことは言うまでもない。しかし，それらとともに病原菌に象徴される生物資源要素が重要な役割を果たしたことは特に注目したい。

　世界の統合過程の画期となった「新世界」アメリカと「旧世界」ヨーロッパとの出会いは，対立・統合によって起きるダイナミックな人類史的ドラマを大規模かつ凝縮して私たちに見せてくれた。長い間隔絶されてきたアメリカにとって，旧世界との出会いは人々や生態系に大きな脅威と悲惨な結果を生んだ。直接的な戦闘での死者よりも西洋人が持ち込んだ疫病による死者のほうが多く，先住民の人口は20分の1にまで激減したという。西洋人が持ち込んだ疫病の多くは，インフルエンザにみるごとく起源が家畜との関わりの中で生み出されたものであった。

　当時の世界では，家畜化された代表的14種の大家畜のうち13種がユーラシア大陸に存在し，アメリカ大陸には1種（リャマ／アルパカ）しかなかった。主要作物としては数種類の麦，豆，野菜，果樹などを保持し，鉄と馬による耕作技術を持っていた西洋人に対し，新大陸ではトウモロコシ，ウリ・ポテト類を栽培して独自の生物資源を発展させてきた。新旧世界の出会いの中で，アメリ

カ大陸の生物資源が世界各地へ急速に伝搬し，人類の食料生産システムを多様化させ豊富化させることに大きく貢献した。しかしながら，耕作機械に頼らずかつ採取・狩猟に依存していたアメリカ先住民は，西洋人たちの技術力や組織力そして軍事的に対抗する上でおくれをとった。とりわけ，読み書き能力（情報の蓄積・伝達）や，社会編成を含む高度な技術力の差（社会・経済の発展の差）は大きかった。そして，すでに指摘した通り長年の家畜化のプロセスに伴った生命系領域での質的な差違（病原菌）もまた支配・従属化の契機として働いたのだった（Diamond 1997＝2000）。

　アメリカ大陸には，20世紀以降の大繁栄の拠点となったフロンティア国家，アメリカ合衆国（以下，アメリカ）が生み出された。アメリカは，あふれかえる物質文化を花開かせ，世界中を市場化するグローバリゼーションの拠点として君臨するまでになったのである。戦後日本の近代化プロセスもまた，まさしくアメリカを手本として発展の道を歩んできたのだった。

グローバル化するフードシステム——多様性を失う食と農の世界

　グローバル時代を迎えた今日，地球温暖化問題をはじめとして私たち人類は資源や環境の限界を意識せざるをえない時代に突入した。先述のような人類の食物連鎖の巨大ピラミッドは，特に社会・経済システムにおいて発展し展開をとげてきたものである。そこで，人類の食物連鎖の姿を，一般の生物世界の食物連鎖と区別する意味でフードチェーンと以下では表現することにし，食料の生産・流通・消費の全体はフードシステムと表現しよう。フードチェーンは急速に成長し発展をとげており，その特徴として大きくは4点あげられる。すなわち，生産のモノカルチャー化（工業化），食品の多様化，製造・流通・販売の巨大企業化（寡占化）と，グローバル化である。

　この一世紀あまりの間に，農業生産における品種改良・機械化・化学化（農薬・化学肥料依存）は急速に進み，食料と食品も加工度を上げて多様な商品が産み出され，大量生産・大量輸送技術の進歩と貿易の大幅な拡大によるグローバリゼーションは大きく進展した。それは日常生活を見ればすぐにわかるが，今

日，平均的なスーパーマーケットには約2万5000種類の品物が並び（コンビニで平均2500品目），年間に2万種をこえる飲料・食料品の新製品が産み出されている。原材料まで考えれば，多くの品物が国外から輸入されるもので成り立っていることがわかる（Lang and Heasman 2004＝2009）。

生物世界の食物連鎖は範囲が生息域に限定して成り立つとともに長期的に共生的な相互依存関係を維持する傾向にあるのに対して，人類のフードチェーンは地域から大きくはみ出している。このフードチェーンは，「一次生産 → 輸送，加工（二次生産）→ 流通 → 販売 → 消費 → 廃棄」のプロセスを思い浮かべればわかるように，生産段階から消費段階に至るまで多大な資源，エネルギー，労力が投入され維持されている。人類のフードシステムを考える際は，その構造的特性を認識するとともに問題点を見ていくことが重要である。

こうした生産から流通，消費の末端までグローバルに編成されたフードチェーンの背景には，近年のアグリビジネスの動向がある。かつて1970年代初頭の食糧危機の時代に，アメリカに本拠を置くカーギル社を筆頭に世界の穀物取引が少数の穀物商社によって集中的に支配され，膨大な利潤が蓄積された。その後，穀物生産の過剰と価格低下の中で，流通のみならず生産資材調達・食肉加工・加工食品までのいわゆる経営の多角化が進み，川上から川下まで世界の食料システムが少数の巨大アグリビジネスの強い影響下に置かれるようになった（詳しくは第2章参照）。それは先進諸国の私たちの食事内容が加工食品の割合を急増させ，食品への支出が加工品そしてサービス関連に大きくシフトしていることと密接に結びついている。すでにアメリカでは，消費者が支払う食費のうち，4割ほどが外食費で占められるようになった。

現在，ウォールマートを筆頭に巨大食品小売り業者の上位10社が世界の食品市場の約4分の1を占め，この上位10社の収益は上位30社の収益の3分の2を占めるに至っている。種子の販売では上位10社が世界市場の約半分を占めており，バイオテクノロジー分野では4分の3を占め，農薬市場では上位10社が8割を占めるに至っている。20社ほどの企業が世界の農産物取引の大半を支配しており，穀物からコーヒー・紅茶・バナナ，そして鉱物資源に至るまで，その

貿易の 6 割～8 割が 3～5 社ほどの巨大多国籍企業によって取り引きが独占されている。安い食料の大量生産・大量供給を実現したのは，肥料，農薬，種子，機械の改良，流通・情報網の革新であり，それを推進したのが巨大多国籍アグリビジネスの力であった。今後の食品市場は，バイオ技術の利用が盛衰を左右することから，化学会社，種子・食品関連産業等によるバイオ企業の買収や提携が盛んに行われており，遺伝子特許をめぐる開発競争にしのぎが削られている（Lang and Heasman 2004 = 2009）。

3 巨大フードシステムの矛盾

画一化・集中化がもたらすもの

　現在，WTO（世界貿易機関）や FTA（自由貿易協定）や TPP（環太平洋戦略的経済連携協定）などを梃子にして，貿易の自由化と市場経済の世界的拡大が進行している。日本でも自由化の促進が，財界を中心に至上命題のごとく叫ばれ，より安い食料を世界各地から入手することが豊かさへの導標であるかのような言われ方をしているが，そこには大きな落とし穴が隠れている。この食卓の豊かさ，選択枝の拡大の一方で起こることは，外見上の食卓の多様化とは正反対の世界大での国際分業化，モノカルチャー化（単一耕作化），巨大企業による品種・栽培・加工技術から食品の開発・支配などといった集中化・画一化とそれによる，深刻な多様性の喪失の世界規模での進行である。

　アメリカでは家庭料理が消え去って久しいといわれる。その裏返しとしてファストフード業界の隆盛ぶりは著しいものがある。いかにしてアメリカの食卓が企業の下に組み入れられていったかは，アメリカでベストセラーとなったエリック・シュローサー著『ファストフードが世界を食いつくす』（Schlosser 2001 = 2001）で詳しく紹介されている。かつて一世代前には，食費の 4 分の 3 は家庭での食材費に当てられていたのが，今日では約 4 割がファストフードを筆頭とする外食費に費やされている。ファストフード食品の集中ぶりも一気に進み，例えばアメリカのフレンチフライの 8 割は 3 つの企業によって加工・供

給されているという．さらにその現象は今日まさしくグローバル化し，マクドナルド社だけでも世界中で毎年2000店が新たに開店しているという．

私たちの食卓はたいへんに豊かになってきたと思う反面，多様性の視点でみるかぎりは，集中化，均一化が驚くべきスピードで進んでいる．現在，60ほどの大企業が世界の食品加工の約7割を，20ほどの企業が世界の農産物取引の過半数を占めるようになった．食卓の豊かさ，選択肢の拡大の一方で起きている現実は，外見上の食卓の多様化とは正反対の画一的なモノカルチャー化（単一耕作化）と，巨大なグローバル企業（資本）による囲い込みが進んでいるのである．このような国際的な流通網の中での画一化・集中化，多様性の喪失が世界規模で進行している現実は，世界の食料・農業システムが，いわば安売り競争の下でグローバルにスーパーマーケット化していくような事態が，あるいは画一化という意味での食のマクドナルド化現象が起きているといってもよかろう．

このことは，一面では生産性の向上と価格低下を実現させたことで経済的合理性から見れば効率化が実現できたともいえる．だが，自然環境や人間の社会システムを総合的に捉えるならば，特定の価値尺度だけの一面的な効率向上だけでは見落としてしまう側面がある．環境・社会・文化面など数量化できないところで，巨大な損失や矛盾を増大させてしまう恐れがあるのである．つまり，「食と農」に内在している大地と自然との関係性，地域の食文化や人々の暮らし，農産加工や地域経済など地域的多様性とバラエティに富んだ文化的発展の原動力を喪失していく重大性に目を向ける必要があるということである．

農山村の生活基盤やコミュニティの崩壊とともに生活全体がビジネスの世界に巻き込まれ，売り買いだけの関係が優位を占めてしまい，地域と風土に根づいてきた食文化や生活慣習などが失われて，社会・文化の多様性から自然資源（遺伝子を含む）の多様性までもが消え去りつつあるのが，グローバリゼーションの今日的状況といってよいだろう（Nestle 2003＝2005；Patel 2008＝2010）．

「食料サミット」を契機にNGOの提起した課題——すべての人に食料と貧困解決を

　食と農の未来を考えるにあたり，その原点とも言うべき食と農の尊厳性について論じておきたい。そのために，筆者がかつて参加した「世界食料サミット」での出来事をふり返って，そこでの論点をたどってみることにしよう。

　1996年ローマで開催された国連「世界食料サミット」は，21世紀の世界の食料・農業をどう展望するかという岐路を見定める意味では興味深い会議であった。このサミットで採択されたローマ宣言には，すべての人の食料安全保障の達成や2015年までに世界の飢餓人口の半減をめざすことなどが明記された。宣言の字面を追うかぎりでは，平和，貧困問題，社会的・政治的・経済的な安定，男女平等の確立と参加，農・漁・林業者や先住民を含めての役割の重視などが記された。理念の上では地球サミット（1992年）以来の，世界人権会議，人口開発カイロ会議，社会開発サミット，世界女性会議などの成果が，それなりに盛り込まれていた。

　しかし，各国の国益を土台にする国連会議の限界ともいえるが，先進諸国の富と豊かさがはらむ問題（過剰な消費）や商品作物依存（輸出振興，貿易依存）による途上国の飢餓問題（自給作物が輸出作物に替わる），アグリビジネスによる市場支配などといった矛盾に関してはふれられなかった。それどころか，貿易による食料安全保障の達成やWTO（世界貿易機関）体制の重視，明言はされていないがバイオ技術（遺伝子組換え）による増産技術への期待など，現状を追認する傾向が強い内容であった。

　筆者は本会議と並行して開かれたNGO（非政府組織）によるフォーラムに参加したが，世界80ヶ国から1000人をこえる代表が集まった。ローマ宣言に対し，NGOは独自の声明を発表したが，メインタイトルは「少数のための利益，それとも，すべての人々に食料」，副タイトルは「飢餓の世界化を消滅させるための食料主権と安全保障」であった。ここで注目したいのは，少数＝アグリビジネスの利益という点と，「食料主権（Food Sovereignty）」である。「食料主権」については後にゆずり，まず「少数のための利益」という問題についてみておこう。

　途上国の乏しい土地や資源は，多くの輸出向け「換金」作物の生産に使用さ

れており，例えば，ブラジルは世界第三位の食料・農産物の輸出国になったが，国民の半分近くは栄養不良状態であった（1990年代当時。2001年以降は世界一の農産物純輸出国となり栄養不良人口は約1割）。貿易促進が食料安全保障につながらないことを示すものとして，世界最大の農産物輸出国のアメリカでさえ，その人口の1割以上の人々が食料を十分に確保できない状態（多くがフードスタンプ受給者）にあるという実態が指摘できる（2013年でもアメリカ人口の16％がフードスタンプ受給者）。食料の増産や貿易拡大で飢餓をなくせるという主張は，実際の世界の現状を見るかぎり明らかに成り立たないのである。

　NGOフォーラムが出した声明文の序文の中には，「……経済のグローバル化は，多国籍企業の責任感の欠如，過剰消費パターンの蔓延とともに世界に貧困を増大させた。今日の世界経済は，失業と低賃金そして地域経済と家族農業の崩壊によって特徴づけられる。……」と記されているが，その矛盾は今日では日本を含めてまさにグローバル化しているのである。[(2)]

4 「食と農の尊厳性」の回復
―自然の恵みを大切にする心―

食料主権の考え

　ここで，特に「食料主権（Food Sovereignty）」という言葉について着目しておきたい。「食料主権」と訳されるのが常だが，私の印象としては，食料の独自性の尊重すなわち食の尊厳性と訳した方が，その真意が伝わるものとして理解している。というのも，この言葉は西洋的物質主義文明の支配を批判して文化の独自性の復権を強く主張する南米のNGOグループや先住民グループが以前から訴えてきたもので，1996年のNGOフォーラムでも最終段階で特にタイトル案として提案されて入れ込まれたものだった。

　この食料サミットを契機に，世界的小農民団体ビア・カンペシーナ（Via Campesina：農民の道）は「食料主権」運動を世界的に展開させた。そして今日，この小農民・家族農業団体は世界的なネットワークを拡げて，2013年現在途上

国を中心に世界70ヶ国から 150 の小農民団体（総計2億人の小農民）が加わって，真の食料主権の確立・強化をめざして，重要な問題提起を発信し続けている[3]。

　彼らの主張の根底には，「食と農」の営みの根源には生命や自然との交流・交歓があり，食と農は精神的・宗教的意味を含む地域の民族文化や歴史が深く蓄積されている崇高なものとの認識があったと思われる。そうした「食と農の尊厳性」（文化）が破壊されたがゆえに，食と農の軽視や自然・環境そして地域の破壊が進み，結果的に人類の食料安全保障の基盤が崩されていると理解しているのである。まさにその復権をめざす闘い，いわば文明的な価値の根源的問いかけが，ビア・カンペシーナの「食料主権」という言葉には織り込まれていたのであった。

　こうした根源的問いかけについて，私の印象ではアジアやラテンアメリカ，アフリカの人々がより強く感じ取っているように思われた。日本の伝統文化を多少なりとも認識し，正月，お盆，祭りなどの行事にまつわる食のしきたり，村々の伝統食，そして四季おりおりの季節の恵みと料理の知恵（和食）などを思うかぎり，私自身，食と農の存在感の重さはそれなりに実感できる気がする。さらに，アイヌの伝統文化を思い起こせば明らかだが，世界的に先住民の伝統文化には自然や神（宗教的世界）との媒介としての「食」の存在が非常に重要であるといってよい。古くは植民地政策による文化の破壊から，近年の近代化・開発政策・商業化の波による地域文化や人々のアイデンティティの崩壊といった事態をふまえるならば，「食と農」への思い入れと思想的・文化的な価値の復権・再構築とは，21世紀の文明のあり方への根源的な問題提起といえるのではなかろうか。NGO フォーラムによる声明文の最後の食料の権利に関する提案項目の冒頭には，次のように記述されている。

　「世界食料安全保障の実現のためには，各国の食料の主権が，貿易自由化やマクロ経済政策より優先することを国際法において食料の権利として保障しなければならない。食料は，その社会的・文化的次元における重要性においてたんなる商品と見なすことはできない」

　すなわち，食・農に関わるＮＧＯは，食料安全保障を促進する基礎として，

貿易の促進ではなく地域社会の永続性，持続可能なコミュニティや農村を維持・促進する体制づくりこそが重要だと主張しているのである。つまり農業・農村が持つ地域経済・コミュニティの下支え機能，食文化に象徴される風土・文化形成など社会的基盤形成，地域社会のバランスのとれた公正な維持・発展こそが，世界の食と農を立て直す基本政策となるべきことを世界的に提起したのであった。

自然資本を基盤とする産業と社会形成――自然共生社会がめざす道すじ

　以上，食と農をめぐる全体動向についてみてきたわけだが，最後に，持続可能な社会の実現という方向性，将来展望についてみていくことにしたい。

　今日的状況を単純化して表現するならば，次のようにいってよかろう。かつての自然資源の限界性の中で，それなりの循環・持続型社会が存続していたが，非循環的な収奪と自然破壊を加速化する現代文明が今日の世界を生み出してきた。その現代文明が，地球規模で再び持続可能性という壁を前にすることとなり，新たな循環・持続型文明の形成を迫られている。1992年の地球サミット（国連環境開発会議）において，人類はふたつの国際環境条約（気候変動枠組み条約，生物多様性条約）を成立させたが，これらは現代文明の大転換をリードすべく生み出された双子の条約と位置づけることができる。

　従来の文明の発展様式は，いわば化石燃料（非再生資源）の大量消費に依拠した文明であった。この「化石燃料文明」（非循環的な使い捨て社会）は，気候変動枠組み条約によって終止符ないし転換を迫られている。他方の生物多様性条約は，人類だけが繁栄するモノカルチャー（単一化）的状況の脆さに警告を発し，生命循環の原点に立ち戻っての「生命文明」の再構築（永続的な再生産に基づく社会）への道筋をリードすべく生まれた条約と位置づけられる。

　持続可能な発展の原則に立つならば，使えば無くなる枯渇性資源（過去の遺産的ストック）や生態系に悪影響を与えるものの消費を縮小し，永続的に利用可能な自然資源（再生可能エネルギーやバイオマスなど）や生態系循環をベースとしたものへの依存度を高めていく政策誘導が図られるべきだということである。

危機的事態を回避して環境面での持続可能性を実現するためには,「持続可能性の3原則」に基づいた産業と社会の再編成を進めていく必要がある。

持続可能性の3原則とは,以下を基本とするものである。

①再生可能資源を再生可能なサイクルで利用する。

②枯渇資源利用は,再生可能なものないし利用極小化に向けて置き換えを図っていく。

③汚染物の放出を浄化範囲内に収める。

これらの3条件が基本的に満たされれば,再生可能な系(システム)として永続性が確保される(Daly 1996 = 2005)。

これからの人類には,持続可能性を基礎とする社会を築くことが求められており,それは,社会経済を支える産業の成り立ちにおいても,根本的な組み替えを必要とすると思われる。

これまでの経済発展の道筋は,大きくは自然密着型の第一次産業(自然資本依存型産業)から第二次産業(人工資本・化石資源依存型産業),そして第三次産業(商業・各種サービス・金融・情報等)へ移行するなかで拡大・発展をとげてきた。いわゆる「一次産業 → 二次産業 → 三次産業」を経済・産業発展パターンとする見方(ペティ・クラークの法則)である。これをピラミッド的に示したものが図1-2だが,こうした人間界での展開に対しては,自然界でのいわゆる生態系ピラミッドの図と対比してみるとその違いが見えやすくなる。図の逆三角形が成り立つ背景には,エネルギー密度の高い化石燃料などのエネルギー集約体の大量消費がある。今日,こうした無理を修正していくことが求められている。

人間の社会経済システムは,これまで自然環境の限界や生態系システムとは切り離された存在として発展してきた。しかし現代の時代状況が示すように,巨大化した人間の生産力は環境の限界を突破し,生態系の相互関係性(循環の網の目)を破壊するまでに至った。現在解決が求められている課題とは,巨大化した生産力を自然生態系と調和するものへと再編成し直すことであり,工業的な人工資本依存よりも自然生態系の保全に基づく自然資本(自然の恵み)を

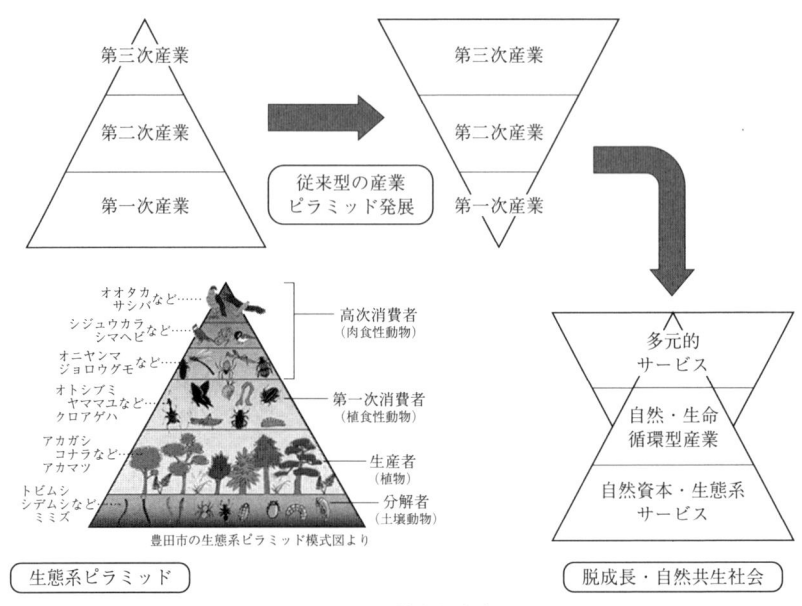

第Ⅰ部　工業化とグローバリゼーション

図1-2　人間・社会経済系の展開

出所：筆者作成，生態系ピラミッドの図は「矢佐久川流域森林物語（豊田市役所森林課）参考資料，生物多様性とは――生物多様性が大切な理由」を使用。

土台とする産業育成と社会経済システムを実現することが重要だと思われる[(4)]（Hawken et al. 1999＝2001）。

　それを概念的に簡潔に描けば，逆三角形の修正として「脱成長・自然共生社会」のような姿になるだろう。かつて自然の制約下にあった近代以前の社会産業構造（自然依存型の生産力段階）が産業革命によって解き放たれて，地下資源とりわけ化石燃料（過去のエネルギーの長期集約・蓄積物）の利用による大規模工業生産が，実現されてきた。この巨大生産力と分業ネットワークの形成が促した市場経済の発展によって，大量生産・大量消費・大量廃棄の20世紀型産業（工業）社会が産み出された。日本の動向にあてはめれば，近代以前の農耕中心社会（就業人口構成の大半が第一次産業に従事）から，近代化と工業化による高度経済成長期（第二次・第三次産業の隆盛）を経て，今日のポスト工業化・情報サービス化社会（第一次産業は数％，3割弱が第二次産業，約7割が第三次産業に従

事）が形成されてきたのであった。

　国の生産力の規模は，経済指標としては国内総生産（GDP）で評価されてきたが，これからの社会では，結果としての GDP よりも，それを産み出す土台となるエネルギーや資源利用のプロセスと質的違いが問題となる。すなわち持続可能性の3原則に基づくならば，使えば無くなる枯渇性資源（過去の遺産的ストック）や生態系に悪影響を与えるものの消費を縮小し，永続的に利用可能な自然資源（再生可能エネルギーやバイオマスなどの再生可能なフローの活用）や，生態系循環をベースとしたものへの依存度を高めていくこと（経済のグリーン化）が，政策誘導として図られるべきだということになる。

　先述した産業構造の展開にあてはめれば，これまでのように逆三角形として示された産業構造を，自然生態系の循環（生態系ピラミッド）に適合した内容に構造変革することが求められる。それは近年一般化してきた農業の六次産業化とも通じる方向性だが（一次・二次・三次産業を複合化する考え方），単なる形式的な六次化ではなく生命循環に基づいた展開を重視したものにしていく必要がある。すなわち，来るべき自然・生命産業の時代においては，第一次産業をあらためて経済の土台として位置づけ直して，自然再生エネルギーに基づく自然素材を大切にする有機的生産の質的意味を評価する仕組みの上に，加工・流通・消費・還元の高度化・高次化を図っていく新たな経済（モノ・サービス・情報のグリーン化を含む）の展開が求められているということである。

　冒頭で述べた通り，私たちの世界は大きな時代的転機にさしかかっている。これからの未来をどのように展望するか，食と農の世界は私たちに重要な視点と手がかりを与えてくれるのである。

【討議のための課題】
(1) 大好きな食事メニューについて，生産地から食卓まで経路を書き出し，そこにどんな問題が潜んでいるか，話し合ってみよう。
(2) 1週間の食事（外食を含む）で，出費した費用の内訳を書き出して，支払ったお金の行き先について話し合ってみよう。
(3) 食と農の尊厳性についてどう考えるか，近年のスローフード運動の動きなど，

思い浮かぶ事柄について話し合ってみよう。

注
(1) WWF・Japan『日本のエコロジカル・フットプリント報告書 2012』(http://www.wwf.or.jp/activities/2012/12/1106511.html)。
(2) 世界食料サミット（外務省）関連サイト（http://www.mofa.go.jp/mofaj/gaiko/fao/syokuryo_s.html）
　世界食料サミットにおける政府と NGO の２つの宣言文（http://www.converge.org.nz/pirm/food-sum.htm）
(3) Via Campesina（農民の道）の関連サイト（http://viacampesina.org/en/）
(4) 関連した動きに，金融機関が「自然資本」という考え方を金融商品やサービスのなかに取り入れていくことを宣言した「自然資本宣言」（「リオ＋20」会議，2012年）がある（http://www.naturalcapitaldeclaration.org/wp-content/uploads/2012/06/natural_capital_declaration_jp.pdf）。

文献
環境省，2010，『平成22年版 環境白書・循環型社会白書/生物多様性白書』（とくに第３章：生物多様性の危機と私たちの暮らし――未来につなぐ地球のいのち）。
Daly, Herman E., 1996, *Beyond Growth: The Economics of Sustainable Development*, Beacon Press.（＝2005, 新田功ほか訳『持続可能な発展の経済学』みすず書房。）
Diamond, Jared, 1997, *Guns, Germs, and Steel*, W. W. Norton & Company.（＝2000, 倉骨彰訳，『銃・病原菌・鉄――１万3000年にわたる人類史の謎』草思社。）
Hawken, Paul, Amory Lovins, and L. Hunter Lovins, 1999, *Natural Capitalism*, Little Brown and Company.（＝2001, 佐和隆光，小幡すぎ子訳『自然資本の経済――「成長の限界」を突破する新産業革命』日本経済新聞社。）
Lang, Tim and Michael Heasman, 2004, *Food Wars*, Routledge.（＝2009, 古沢広祐・佐久間智子訳『フード・ウォーズ――食と健康の危機を乗り越える道』コモンズ。）
Nestle, Marion, 2003, *Food Politics*, University of California Press.（＝2005, 三宅真季子・鈴木眞理子訳『フード・ポリティクス――肥満社会と食品産業』新曜社。）
Patel, Raj, 2008, *Stutted and Starred*, Portobello Books.（＝2010, 佐久間智子訳『肥満と飢餓――世界フード・ビジネスの不幸のシステム』作品社。）
Schlosser, Eric, 2001, *Fast Food Nation: The Dark Side of the All-American Meal*, Houghton Mittlin Harcourt（＝2001, 楡井浩一訳『ファストフードが世界を食いつくす』草思社。）

Column 2

フード・レジーム

記田路子

　フード・レジームとは，農業や食料を支配する国際的な秩序のことを指す概念で，この秩序の歴史的な変遷を世界的な視野から明らかにしようとするところにフード・レジームアプローチの特徴がある。フリードマンとマックマイケルは，フード・レジーム概念を初めて提唱した論文の中で，農業と工業の国民国家内部での相補的な発展をめざす従来の発展モデルに対し，これは戦後一時期のアメリカでのみ実現したモデルであり，農業や食料の生産・消費関係は歴史的に見ればより流動的でグローバルなものであったことを，1870年以来の資本主義の世界的な変化と結びつけて考察することによって明らかにした（Friedmann and McMichael 1989）。彼らによれば，イギリスのヘゲモニー下にあった19世紀後半から20世紀初頭にかけての第一次フード・レジームでは，植民地主義の下，新世界の入植地からの小麦などの「賃金食料（賃労働者の再生産のための食料）」や，その他の植民地からの工業原料としての熱帯作物など，世界中から調達される農産物が，ヨーロッパの国民国家形成を支えていた。戦後のアメリカのヘゲモニー下での第二次フード・レジームでは，前の時代に形成された国民国家システムの下，北側諸国の国内農業保護主義が農産物貿易を支配する一方，ブレトン・ウッズ通貨体制の下でアメリカをはじめとする先進国の剰余穀物が大量に「食料援助」の名目で第三世界へ輸出された。さらに，先進諸国での農業関連技術やアグリビジネスの発展により，農業や食料の分野においても企業活動が活発化しはじめ，これら企業が形成する新たな国際分業関係や国際的な統合関係が，戦後以来の国内農業保護主義の秩序と矛盾するようになった。こうして1970年代頃から，アメリカを中心とした戦後世界秩序の揺らぎとともに第二次フード・レジームも崩壊しはじめ，現在は次なるレジームが形成されつつある再編期とされている。

　このように，フード・レジームアプローチは，国家の枠にとらわれない世界的な視野の下で農業・食料関係を考察しつつ，経済システム（国際分業）と政治システム（国民国家システム）との緊張関係，さらにはローカル，ナショナル，インターナショナル，トランスナショナル，グローバルといったさまざまなレベルでの力学を意識し，その相互の矛盾とせめぎ合いを新たなレジーム変化の原動力と捉えることで，重層的かつ動態的な分析視角を提供している。

　新たなフード・レジームの形成においては，企業的な農業・食料関係の商品循環によって農業を世界的な経済セクターとして再編・統合しようとする流れに対して，エコロジー運動，フェアトレード運動，「オーガニック」運動，スローフード運動，さまざまな新たな農民運動，先住民運動，動物保護運動などの市民社会の側からの多様な運動が，力を弱めつつある国民国家に代わってどれほどの影響力を持てるかが注目されている。

▷Friedmann, Harriet and Philip McMichael, 1989, "Agriculture and the State System: The Rise and Decline of National Agriculture," *Sociologia Ruralis*, 29(2): 93-117.

第2章	多国籍アグリビジネス
	——農業・食料・種子の支配
	久野秀二

> キーポイント

(1) 多国籍アグリビジネスとは，農業生産から食料消費に至る商品価値連鎖のグローバル化に伴って，農業・食料関連産業を構成する各産業部門において寡占化を強める企業群を指す。
(2) 農産物取引加工部門においてはカーギルなど少数の巨大商社が世界の農産物貿易を支配しており，農産物貿易の自由化や各種規制の国際的整合化など国内外の政策形成過程でも大きな政治的影響力を行使している。
(3) 加工食品には数多くのブランドが存在するが，その多くはネスレなどの巨大食品企業の傘下にある。消費者の目に直接晒されるため，事業活動が経済・社会・環境に及ぼす影響への批判に敏感に対応し，さまざまな「企業の社会的責任」イニシアチブに取り組んでいるが，その不十分さも指摘されている。
(4) 農業・食料の商品価値連鎖の始点でもある種子部門ではモンサントなどの農業バイオテクノロジー企業による寡占化が進んでいるが，それに加えて遺伝子組換え作物の開発と普及が経済・社会・環境に及ぼす影響への懸念が高まっている。
(5) 世界食料不安が高まる今日，多国籍アグリビジネスによる農業・食料・種子の支配を制御し，公正で持続可能な農業・食料を実現するガバナンスをいかに構築するかが喫緊の課題となっている。

> キーワード

多国籍アグリビジネス，市場の寡占化，多国籍企業の政治的影響力，企業の社会的責任，遺伝子組換え作物，農業・食料のグローバルガバナンス，食料主権，食料への権利

第Ⅰ部　工業化とグローバリゼーション

1　ブラックボックス化する現代の農と食

　農産物の貿易は統計上，国と国との関係として表現される。世界貿易機関（WTO）農業協定や環太平洋戦略的経済連携協定（TPP）をめぐる貿易自由化交渉も国家間の関係として理解される。それは国民経済・国際経済のあり方を考える上では不可欠な視点である。しかしながら，政府が一元的に管理する方式が一部の国や品目に残されているものの，世界の農産物貿易の大半は民間事業者によって担われている。多くの農産物が国境を越えて取引されているが，そこで対峙しているのはA国の農業生産者とB国の農業生産者や食料消費者であるわけではなく，その間には農産物を商品として取り扱うさまざまな企業（多国籍アグリビジネス）が介在しているのである。ただし，バナナやパイナップルのように，ドールやチキータ，デルモンテといった企業ブランド名で売られる生鮮青果物の例を除けば，総合商社や専門商社の名前が表に出てくることは希であるから，彼らの存在を意識するのは容易ではない。後述するカーギルやブンゲのように穀物や油糧種子を大量に扱う企業であればなおさらである。

　他方，加工食品はそれ自体が食品加工企業や食品流通企業の取扱商品だから，誰が製造し誰が販売しているのかは一目瞭然である。日本には海外でも活躍する食品加工企業が多数存在する。おなじみの調味料や菓子類，インスタント食品や冷凍・半調理食品がスーパーマーケットやコンビニエンスストアの食品棚には溢れかえっている。他方，コカコーラやペプシコ，ネスレ，ダノン，ケロッグ，ナビスコ（現モンデリーズ）のような世界的企業も日本の市場に根付いている。だが，国内企業か外国企業かは大きな問題ではない。本籍にかかわらず，主要企業は軒並み多国籍化しており，自社の商品を世界各地で製造・販売しながら，各国・各商品市場で寡占化を強めていることに変わりはない。日本で買える外国ブランドの加工食品も多くは国内製造拠点で生産されている。逆に冷凍食品のようにすべて海外工場で生産し逆輸入しているものも少なくない。また，加工食品は数多くの原材料で構成されており，それらを国内で調達でき

なければ「メイド・イン・ジャパン」といっても最終工程だけの話である。だから，最終商品だけ眺めていてもその背景に何があるかは見えてこない。しかし，原料農産物の生産・調達まで遡っていけば，農と食との間の空間的・段階的な距離が著しく拡大してしまったこと，つまり「農と食のブラックボックス化」の実態をよく理解できるだろう。そのためにも，生産と消費の間に介在してグローバルに事業展開する多国籍アグリビジネスの姿が明らかにされなければならない。

アグリビジネスというのは本来，農業・食料関連産業を包括して表現する概念であるが，個別の，特に大手の農業・食料関連企業を指して用いられる場合も多い（久野 2008b）。農業・食料関連産業は実際，農業生産から食料消費に至る商品価値連鎖を通じて複雑に連関し合いながらもそれぞれ別個の論理に基づく産業部門によって構成される。より具体的には，①種子や農薬，肥料，農業機械，飼料などの農業生産財部門，②農産物を集荷・貯蔵し，製粉・破砕などの一次加工や流通・販売を担う農産物取引部門，③加工食品や冷凍食品を製造する食品加工部門，④レストランや給食などのサービスを提供する食品サービス部門，⑤最終消費者向けに食品を販売する食品小売部門などに分類される（図2-1）。個々の産業部門では，水平的統合を通じて寡占化を強めたり，商品価値連鎖に沿って関連事業の垂直的統合や戦略的提携を強めたりする傾向を伴いながらも，それぞれ異なった顔ぶれの企業が事業を展開している。

本章はこのうち多国籍企業を対象にしている。多国籍企業を他の企業と区別する最大の特徴は，海外に子会社を設立し，その資産の所有と支配を通じて海外で直接事業活動を行っている点にある。複数国での事業活動という意味では多国籍（multinational）だが，国境を自在に跨いでいるという意味で超国籍（transnational）と形容されることもある。彼らはその圧倒的な市場影響力によって世界大での利益最大化を追求する経済主体であるだけでなく，国内外の政策形成過程においても政治主体として重要な役割を果たしている（Beder 2006；Fuchs 2007；Hisano 2013）。本章では，まず第2節で，世界農産物取引で圧倒的なシェアを握る巨大穀物商社のカーギルを例に多国籍企業の政治経済的

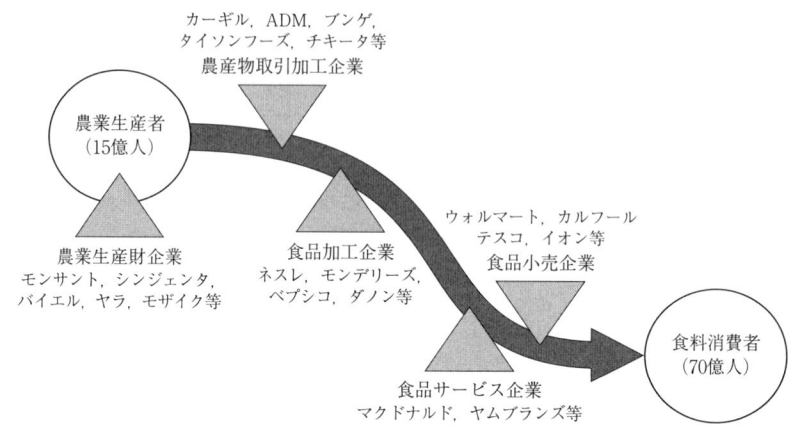

第 I 部　工業化とグローバリゼーション

```
                カーギル，ADM，ブンゲ，
                タイソンフーズ，チキータ等
                農産物取引加工企業
   農業生産者
   （15億人）
                                      ウォルマート，カルフール
                                      テスコ，イオン等
                                      食品小売企業
   農業生産財企業      食品加工企業
   モンサント，シンジェンタ， ネスレ，モンデリーズ，                        食料消費者
   バイエル，ヤラ，モザイク等 ペプシコ，ダノン等                            （70億人）
                       食品サービス企業
                       マクドナルド，ヤムブランズ等
```

図 2-1　農業食料関連産業（商品価値連鎖）

な影響力について論じる。つづく第3節で，世界最大の多国籍食品加工企業ネスレを例に「企業の社会的責任」のあり方について論じる。第4節では遺伝子組換え作物の商品化で独占的地位を確立する多国籍農業バイオ企業モンサントを例に「種子と技術の支配」がもたらす経済的・社会的・環境的な諸問題について論じる。そして第5節では以上を総括し，世界食料不安時代における農業・食料ガバナンスのあり方を，農業・食料・種子を取り戻すための国際社会の世論と運動にも注目しながら展望したい。

2　見えない巨人
―カーギル―

農業・食料の総合商社，垂直的統合の完成形

　2010年5月19日付の英フィナンシャル・タイムズ紙に，典型的なイギリス式朝食の写真とともに次のような解説記事が掲載された。曰く「豚肉から塩や砂糖，ココア，綿布に至るまで，このアメリカ企業が供給する製品が食卓を席巻している」。すなわち，世界最大の非上場企業，カーギルのことである。例えば，同社は世界第三位の食肉加工企業として，ベーコン・ソーセージはもちろ

ん，目玉焼きのような卵料理の原料も供給している。パンの小麦やマーガリンの油糧作物，シリアルのトウモロコシは，世界最大の穀物商社ならではの主力取引商品であるし，乳製品もカーギルが穀物・油糧作物を集荷・加工した家畜飼料（世界第二位）なしには生産できない。トマトやマッシュルームなどの栽培に必要な化学肥料は合弁子会社モザイク（世界第三位，2011年に売却）が，ベイクドビーンズの調味料として使われる塩もカーギルが扱っている。さらに，ブラジル最大のオレンジ果汁加工・輸出企業でもあり，カップに使われるプラスチックまで，大豆やトウモロコシを原料にカーギルが開発している。ココアやチョコレートの原料であるカカオ豆と砂糖の取引・加工でも世界最大，そしてプレースマットやテーブルナプキンの原料綿も主力商品のひとつで，世界第二位の取引高を誇る。

　一般に，市場での自由競争と公正取引を阻害する寡占状態を示す指標に「上位4社の占有率が40～50％以上」という目安がある。主要品目の市場占有率を整理した表2-1を見るかぎり，国際農産物市場における寡占度の高さは明らかである。とりわけ数多くの品目で上位企業に名を連ねるカーギル，ADM（アーチャー・ダニエルズ・ミッドランド，アメリカ），ルイ・ドレイファス・コモディティーズ（LDC，オランダ），ブンゲ（アメリカ）などの巨大穀物商社はしばしば「穀物メジャー」（石川 1981；小沢 2010；2011）と呼ばれ，頭文字をとってABCDの俗称でも知られる。そのなかで「見えない巨人」（Kneen 1995＝1997）とも称されるカーギルは，同じく非上場企業のLDCとともに経営実態の詳細がベールに包まれてきた。彼らが最終製品を生産・販売することは希であり，したがって消費者がこれらの企業名やブランド名を目にすることはない。「見えない巨人」という形容句は，株式非公開という意味だけでなく，農産物の商品価値連鎖における圧倒的なプレゼンスにもかかわらず私たち消費者の目に直接触れることがない，という意味でもある。私たちは知らず知らずのうちに，カーギルをはじめとする巨大穀物商社＝農業食料複合体のお世話になっているのである。

　1865年に設立されたカーギルは世界65ヶ国で事業展開し，総従業員は14万人，

表2-1 主要農産物の国際取引に占める上位企業のシェア

品　目	上位3～6社（ドイツ議会資料）	その他のデータ	主　要　企　業
小　麦	80～90%	上位4社 73%（2003）	カーギル, ブンゲ, ADM, ルイ・ドレイファス
トウモロコシ	85～90%	米国輸出上位3社 80%	カーギル, ADM, ブンゲ
大　豆	―	大豆圧搾上位4社 73% ブラジル大豆上位4社 60%	ブンゲ, ADM, カーギル, ルイ・ドレイファス
コ　メ	70%		ルイ・ドレイファス, オーラム
サトウキビ	60%		カーギル, ルイ・ドレイファス, ブンゲ
コーヒー豆	85～90%	上位3社 50%（2010） 焙煎加工上位3社 40%（2010）	専門商社 ネスレ, モンデリーズ, D.E.
カカオ豆	85%	上位5社 65%（2011） チョコレート上位5社 43%（2010）	カーギル, ADM, オーラム モンデリーズ, ネスレ, マース, ハーシーズ
茶　葉	80%	上位7社 85%（2006） 英国ブレンド上位3社 59%（2010）	ユニリーバ, タタ・グループ ユニリーバ, タタ・グループ, ABF
バナナ	70～75%	上位5社 81%（2003）	チキータ, ドール, デルモンテ
綿　花	85～90%	上位6社 51%（2004） 米国輸出上位3社 85-90%	ルイ・ドレイファス, カーギル, アレンバーグ

出所：Doris Fuchs, Business Power in Global Governance, Lynne Rienner, 2007, p.55, および各種業界資料を参照して作成。

2013年度の売上高は1367億ドル（約13.5兆円）に及ぶ。出自でもある穀物・油糧作物の取引を中心に，それらの加工，飼料生産，畜産，食肉加工，事業者向け加工食品を扱う垂直的な事業拡大，オレンジ，綿花，砂糖，カカオなどを扱う水平的な事業拡大に加え，これらの農産品原料から澱粉・糖化製品（グルコース，異性化糖など）や脂質製品（レシチンなど），合成樹脂（ポリ乳酸），エタノールなどを商品開発する複層的な垂直的事業拡大，農業生産者や実需業者向けの各種サービス（ソリューション）事業，そして国際商品取引の必要と経験とノウハウに基づくエネルギー・運輸事業や金融・保険事業など，水平的・垂直的に統合してきた広範囲にわたる事業間の有機的連関と各事業部門の市場シェアには目を見張るものがある。農産物取引の利幅は小さく薄利多売を余儀なくされる面もあるが，カーギルなどの巨大穀物商社は，①国際取引市場を寡占支配しているため，②農産物を商品として取引するだけでなく，それらを原料と

する川下の付加価値事業を展開しているため，③国際農業市場において「情報独占」とも言えるような状況を構築しているため，④自社事業に直接統合するだけでなく各分野の主要企業と戦略的提携を進める柔軟性も備えているため，そして⑤金融・リスク管理を重視し，長年にわたる経験とノウハウを蓄積してきたため，経営は総じて安定的であり，近年強まっている農産物市場の不安定化（価格乱高下）の影響を受けるどころか，逆にそれを有利に活用して巨額の利益を上げ続けている。

　巨大穀物商社はバルク（大量取引）商品の原料調達（購入）と資材供給（販売）の各市場における高い占有率と川下事業への垂直的統合の強みを発揮して，農産物の価格形成に大きな影響力を行使することができる。そのしわ寄せは中小の集荷・加工会社や農業生産者に及ぶことになる。特にカーギルは食肉加工事業でのプレゼンスが顕著であり，川上の家畜飼料事業や生産者サービス事業と合わせて，その影響力は計り知れない。例えばアメリカでは，牛肉加工処理能力の85％を占める上位4社，豚肉加工処理能力の65％を占める上位4社のいずれにもカーギルが含まれる。食肉加工部門での寡占度が高まるにつれて，畜産農家の減少と規模拡大が急速に進んだ。1992年に3万4058戸あった養豚経営は2002年までの10年間に1万1275戸へ激減し，2007年には8758戸となった。豚生産量で全米第1位のアイオワ州では，一経営当たりの豚飼養頭数が同じ時期に747頭から3582頭，そして5068頭へと爆発的に増加した。同州では食肉加工企業上位4社のシェアが90％前後に達しており，生き残りをかけて規模拡大した養豚経営者の大部分が食肉加工企業と生産契約や販売契約を結んでいる。このような市場環境が強まった1990～2010年の20年間で，牛肉の生産者受取価格は3割減，豚肉の生産者受取価格は4割減となっているが，近年の飼料価格高騰時でさえ生産者受取価格がそれに比例して上がることはなかった。規模拡大と工場型畜産経営の広がりは自然環境や農村コミュニティに負の影響を及ぼすだけでなく，地域経済への経済的波及効果という点でも決してプラスにならないことが各種の調査によって明らかにされている（Food & Water Watch 2012）。

政治的な影響力

　フードポリティクスという言葉がある（Nestle 2002＝2005）。一般に，国際政治といえば外交や安全保障上のルールをめぐる国家間の権力闘争を指し，国際経済もそうした国家間関係の政治力学に支配されるとする伝統的な考え方がある。しかし，経済的取引の増大を通じて相互依存関係を深めてきた現代の国際社会の秩序に注目すれば，そこには国家・政府組織だけでなく，政府間組織や非政府組織（市民社会組織），多国籍企業も国際関係の重要なアクターとして国内外の政策形成過程で重要な役割を担っていることがわかる。グローバル化が進み，国際的なルールや規範を形成する場が国家から相対的に離れつつある。代わって存在感を高めてきたのが，今や国家の GDP をも凌ぐ規模にまで成長した巨大多国籍企業である。経済主体である多国籍企業が政治主体として政策形成過程で影響力を行使すると同時に，新たな市場環境や政策展開に柔軟に対応しながら一貫して強大な存在感を示している様子は，特に農業・食料分野で顕著である。ここではフードポリティクスを「食料の生産から消費に至る価値連鎖と市場制度を調整ないし規制するための政策形成過程に関与する利害主体間の関係」と定義しておきたい（久野 2011b）。

　多国籍企業が政治過程に影響を及ぼす方法には，第一に，政府関係者や議員に対する政治資金の拠出やロビー活動，あるいは「回転ドア」とも呼ばれる双方向の人事交流などの直接的なやり方がある。例えば，レーガン政権下のガット・ウルグアイラウンド農業交渉でアメリカ提案を起草したのがカーギル元副社長のアムスタッツであったことは有名である。同氏は1960〜70年代にカーギル副社長を務めた後に農務省の国際交渉担当次官となり，1980年代後半に通商代表部に異動してウルグアイラウンド農業交渉の主任担当官に任命され，任務終了後は業界ロビイストや国際穀物理事会事務局長，あるいはカーギル相談役として活動を続けた人物である。第4節で取り上げるモンサントも，この種のやり方によってアメリカの農業バイオテクノロジー政策に絶大な影響力を行使してきたことで知られる（久野 2002）。

　第二に，議会の公聴会や政府機関に設置される各種の専門家諮問委員会への

積極的な関与を通じた，公の場における企業・業界利益の表明とその政策や法案への反映である（Hisano 2013）。2011年12月にアメリカ下院歳入委員会貿易小委員会で開かれたTPPに関する公聴会でウォルマートの副社長とともに民間部門を代表して証言に立ったのはカーギルの国際事業担当重役であった。カーギルは専門家諮問委員会に正式メンバーとして参加する頻度も高く，アメリカの通商政策できわめて重要な役割を果たしている貿易諮問委員会・農業政策部会には同社副社長が毎回出席している。同社は個別企業としてだけでなく，理事会員を務める北米製粉業協会やトウモロコシ精製業協会，アメリカ飼料産業協会，アメリカ食肉協会，食料品製造業者協会等の業界団体，さらに共同議長や理事を務める「TPPのための米国企業連合」や「APECのための米国ナショナルセンター」などの業界横断的産業団体を通じても，政策形成過程に関与することができる。

　第三に，政策形成過程に直接・間接の影響を及ぼすだけでなく，法的拘束力のある公的規制を回避するために率先して自主規制（規格・認証・表示）の制度構築に参加し，あるいはそれを主導することも珍しくない（久野 2008a）。プランテーションでの劣悪な労働条件や農薬禍・環境汚染，労働組合の弾圧，契約生産農家の経済的搾取といった問題が指摘され，社会的批判を浴びてきたバナナやコーヒー，紅茶などを扱う取引加工企業の多くが，個別ないし業界団体を通じて社会・環境基準や行動規範を策定し，各種のフェアトレード認証を取得している。チキータやスターバックスに顕著だが，第3節で取り上げるネスレもそのひとつである。他方，コーヒーやバナナと異なり，複雑な商品価値連鎖を経て加工食品原料や家畜飼料，近年はバイオ燃料の原料としても利用される「見えない作物」である大豆やパーム油，サトウキビでも規格・認証制度の構築作業が進められており，カーギルなどの農産物取引企業も積極的に関与している。例えば，アブラヤシ農園の拡大に伴う森林生態系の破壊や住民の伝統的土地利用への脅威が問題視されているパーム油について，利害関係企業と国際NGOが協力して「持続可能なパーム油の円卓会議（RSPO）」を2004年に設立，翌年に「基本方針」が採択された。そこには「透明性の確保」や「環境に対す

る責任と自然資源・生物多様性への配慮」「労働者と被影響コミュニティに対する責任ある対応」「新規農園開発の際の責任」などが含まれているが，あくまでも自主的行動規範ゆえ，実施の可能性や効果は疑問視されている（満田2008）。ブラジルのアマゾン地域やセラード地域において貴重な自然生態系の大規模破壊を引き起こしているとして批判を集めている大豆についても，2005年に「責任ある大豆生産に関する円卓会議（RTRS）」が発足し，国際基準の策定と実施に向けた議論が続けられている。世界自然保護基金（WWF）やオックスファムなどの世界的な市民社会組織も加わったこの円卓会議の席に，カーギルや ADM などの農産物取引企業，ネスレやユニリーバなどの巨大食品加工企業，カルフールやテスコなどの巨大小売業者を座らせることに成功した点は評価されるが，労働組合組織や小農・農場労働者組織，先住民コミュニティ，多国籍企業行動監視団体のなかには円卓会議そのものに批判的な意見も少なくない。実際，各種の社会的・環境的な行動規範や規格・認証制度の導入と普及が進む間にも，生産現場での環境破壊や生活破壊，世界の食料需給への深刻な影響が続いている。

3 世界最大の食品企業
―ネスレ―

世界的なブランド戦略

　清涼飲料を主体とするアメリカのペプシコやコカコーラ，日本では日用品で有名なユニリーバ（オランダ・イギリス），乳製品とボトルウォーターのダノン（フランス），M&M'S やスニッカーズで知られるマース（アメリカ），シリアル食品の代名詞ともなっているケロッグ（アメリカ），総合食品メーカーのゼネラルミルズ（アメリカ）やモンデリーズ・インターナショナル（旧クラフトフーズ，アメリカ）など名だたるライバル他社を優に圧倒する食品企業が，スイスの老舗多国籍食品企業ネスレである。世界86ヶ国（営業拠点を含めると113ヶ国）に468の工場を展開し，約34万人を雇用，2012年の売上高は約1005億ドル（飲食

品事業は835億ドル），純利益は約11.6億ドルにも達する。製品グループ別構成比をみると，飲料14.9％，乳製品・アイスクリーム18.0％，調理用・調理済食品13.1％，チョコレート・菓子類10.9％，ペットケア11.7％，ボトルウォーター7.8％，栄養食品8.5％，その他（事業者向けサービス，ネスプレッソ，医療合弁事業）15.1％など多角的な事業戦略を進めていることがわかる。社名自体がひとつの世界ブランドだが，むしろネスカフェ，ネスプレッソ，ブイトーニ，マギー，ピュリナ，キットカット，ミロ，ペリエ，ヴィッテルなど商品ブランド名の方が馴染み深いかもしれない。その多くは，同社の発展史を特徴づける数々の企業買収によって獲得してきた商品ブランドである。

　表2-2にみられるように総売上高で他の食品企業を大きく引き離しているが，各事業部門でも圧倒的な市場シェアを誇っている。出自のひとつである粉ミルクでは世界市場の23％を占め，10数％のシェアで並ぶダノン，ミードジョンソン，アボットを含む上位4社で62％に達する。コーヒー生豆取引ではドイツとスイスの専門商社3社が5割を占めるが，その大口実需者がネスレを筆頭とする食品加工企業であり，購入上位3社でコーヒー焙煎加工市場の4割近くを占めている。ネスレはネスカフェに代表されるインスタント・コーヒー市場でも5割以上のシェアを誇る。カカオ取引加工では，カーギルやADMをはじめとする上位5社が過半を支配しているが，チョコレート菓子市場ではモンデリーズに次ぐ2位で，マースを含む上位3社で4割以上を占める。ペットフードでもマースに次ぐ2位で，上位5社で5割を超える。急成長著しいボトルウォーター市場では，ネスレを筆頭に，ダノン，コカコーラ，ペプシコの4社で4割以上を占めている。

　清涼飲料やスナック菓子・チョコレート菓子，アイスクリーム，冷凍食品・レトルト食品など加工食品の多くは一般に「ジャンクフード」と呼ばれ，消費者とくに子どもの栄養と健康に及ぼす影響が問題視されている（Nestle 2002＝2005）。これに対して，ネスレやコカコーラ，ペプシコ，ゼネラルミルズ，モンデリーズなど巨大多国籍食品企業10社で構成する国際業界団体IFBAは，2004年に世界保健機関（WHO）で決議された「食事・運動・健康に関するグ

第Ⅰ部　工業化とグローバリゼーション

表 2-2　世界の主要飲食品企業　(2011/12年度, 100万ドル)

	企　業　名	国	飲食品販売額	主　要　部　門
1	ネスレ	スイス	83,505	加工食品, 菓子類, コーヒー等
2	ペプシコ	米国	65,881	清涼飲料, 菓子類
3	クラフトフーズ	米国	54,365	加工食品, チーズ製品
4	コカコーラ・カンパニー	米国	46,542	清涼飲料
5	ADM アーチャー・ダニエルズ・ミッドランド	米国	42,639	穀物取引・加工
6	JBS	ブラジル	34,770	食肉加工
7	タイソンフーズ	米国	32,246	食肉加工
8	ユニリーバ	オランダ・英国	31,930	加工食品, 紅茶 (生活用品除く)
9	マース	米国	30,000	菓子類, ペットフード
10	カーギル	米国	28,000	穀物取引・加工, 食肉加工
11	ダノン・グループ	フランス	26,852	乳製品, ボトルウォーター
14	ゼネラルミルズ	米国	14,880	シリアル食品, 冷凍食品
15	フォンテラ	ニュージーランド	14,325	乳製品
16	フリースランド・カンピーナ	オランダ	13,380	乳製品
17	ケロッグ・カンパニー	米国	13,198	シリアル食品
20	スミスフィールド・フーズ	米国	13,094	食肉加工
21	ディーン・フーズ	米国	13,055	乳製品
22	日本ハム	日本	12,765	食肉加工
23	明治ホールディングス	日本	12,368	菓子類, 乳製品
24	コナグラ・フーズ	米国	12,303	ソース類, 加工・冷凍食品
25	味の素	日本	12,050	調味料, 加工食品, 飲料等

注：アルコール主体の飲料企業は除外してある。
出所：*Food Engineering*, October 2012, p.94.

ローバル戦略」に則って，より健康な食品の開発と提供ならびに消費者への啓蒙に努めるとしているが，事業報告の大半は自己宣伝の域を出ていないとの指摘もある (The Economist 2012)。たしかに「糖分や脂肪分を減らした」あるいは「栄養価を高めた」新規加工食品の開発と販売に戦略的重点を移しつつあるが，実際にはジャンクフードの大量生産・大量販売，大人だけでなく子どもをもターゲットにした大々的な宣伝活動が続けられているし，加工食品需要の拡大が今後も見込める新興経済国や途上国でのジャンクフード・ビジネスにも余念がない。

　さらにネスレの場合，これらの問題に加え，主力商品である粉ミルクのマーケティングや，典型的な途上国産品であるコーヒー豆やカカオ豆の調達に関わ

る問題，水資源の枯渇が懸念されるなかで急成長著しいボトルウォーター事業にまつわる問題など，総事業規模の大きさと個別商品市場における寡占的シェア，特に発展途上国市場での圧倒的な存在感ゆえに，同社は常に国際社会からの批判に晒されてきた。

相次ぐ社会的批判と問われる「企業の社会的責任」

　第一に，途上国における粉ミルクのマーケティング戦略に対する国際的批判への対応を見ていこう。1970年代初頭，発展途上国における粉ミルクの普及と乳児の栄養失調・死亡率との関連性が国際的に問題視され始めた（George 1976 = 1984）。当時，世界市場で5割近くを占め，途上国での非倫理的マーケティングが市民団体や小児栄養の専門家の批判を集めていたネスレは，自社利益の防衛と社会的批判への対決姿勢を強めたため，1970年代後半に世界各地で不買運動を招くことになった。同社は広告会社・メディアを利用した攻撃的な広報活動や運動団体への圧力，資金供与を通じた専門家やジャーナリストの懐柔，政策形成過程での露骨なロビー活動を展開したが，1981年の世界保健総会で「母乳代替品の販売流通に関する国際基準」が採択され，不買運動がさらに拡大するなかで，1984年にようやく国際基準に合意し，対決姿勢から対話姿勢へと方針転換するに至った。こうして不買運動が終結したのも束の間，監視を続けていた市民団体によって国際基準違反が発覚し，1988年に不買運動が再開した。その後，再三にわたる世界保健総会決議にもかかわらず違反事例は後を絶たない。

　第二に，カカオ豆栽培における強制的児童労働問題への対応についてである。ネスレはカカオ豆取引においてはカーギルや ADM などの巨大商社には及ばないものの，チョコレート菓子では前述の通り3社で世界市場の4割を超える寡占企業の一角を占めており，カカオ・チョコレート産業界の中心メンバーとして，社会的批判を免れない。当初は責任を否定していたカカオ・チョコレート産業界も，2001年にアメリカ議会代表の仲介で共同声明（ハーキン＝エンゲル議定書）に署名し，カカオ生産現場における強制的児童労働撤廃の必要性を確

認した。これを受けて「国際カカオ・イニシアチブ」が2002年に発足している。ところが，監査・認証制度の具体化と実施戦略を構築するという当初の約束は果たされずにいる。研究機関による実態調査も進められているが，問題解決にはほど遠いのが現状である。議定書の対象であるコートジボアールとガーナだけで約180万人の児童労働が報告されており，救済措置が執られたのは前者で4％前後，後者でも30％にとどまるという。こうした状況を受けて，アメリカの人権団体がネスレ，ADM，カーギルを相手に，国内外の不法行為を禁じ，被害者を救済する連邦法「外国人不法行為訴訟法」および「拷問被害者保護法」を根拠に訴訟を起こしている。

　第三に，世界全体で12〜17億人の人々が水資源の不足する地域に住み，さらに16億人の人々が経済的理由で十分な水資源にアクセスできないでいるという。その一方で，1970年代に取引量が10億リットルだった世界のボトルウォーター市場は2000年に840億リットル，2010年には1525億リットルに達した。平均して水道水の1000倍以上の値段で販売されており，2010年の市場規模は993億ドル，2015年までに1263億ドルに成長すると見込まれている。そうした状況下で，ネスレをはじめとする多国籍企業による水資源の囲い込みや水源汚染，偽装表示などの問題が取りざたされてきた。先進国市場の飽和に伴い，近年は南アジア，東南アジア，中南米への進出が目立つが，取水の是非をめぐり，地域住民との間で摩擦が生じている。

　以上にみられるように，ネスレは数々の問題をめぐって国際社会から強烈な批判を浴び続けてきたが，その一方で，否，それゆえに「企業倫理」や「企業の社会的責任」に積極的に取り組んできたのも事実である。1997年に採択されたILOの「多国籍企業及び社会政策に関する原則」や2000年に改訂されたOECDの「多国籍企業行動指針」，国連のアナン事務総長（当時）が1999年に提唱した「国連グローバル・コンパクト」など，「企業の社会的責任」の制度化を目指す動きが国際的に強まっている（Vogel 2005＝2007）。ネスレも1998年に「ビジネス原則」（2004年に改訂）を定め，消費者・農業生産者・雇用労働者・地域社会への責任，環境配慮，水資源の持続的利用，乳幼児の健康・栄養

問題や児童労働問題への対応など,法令遵守姿勢,社会的対話姿勢を印象づけ,2004年には「国連グローバル・コンパクト」への参加が認められている。また,前述の「国際カカオ・イニシアチブ」を通じたカカオ生産者の労働・生活条件の改善努力のほか,2002年にダノン,ユニリーバとともに「持続的農業イニシアチブ（SAI）プラットフォーム」を立ち上げ,農業生産者,流通業者,研究者,NGO,行政など広範な利害関係者の参加と対話,技術と情報の共有を通じ,自然資源・地域社会・農業経営の持続可能性を追求していることが注目される。2013年2月にオックスファムが発表した多国籍食品企業10社の社会的責任に関する評価報告書「Behind the Brands」（Oxfam International 2013）も興味深い。これは各企業について,①原料調達など事業活動の透明性,②女性の生活と権利,③農場労働者の生活と権利,④農業生産者の生活と権利,⑤農地への権利と持続可能な利用,⑥水への権利と持続可能な利用,⑦気候変動問題への対応の各項目を10点満点で採点したもので,70点満点中38点にとどまるものの,スコア上はネスレが最上位となった。

　しかしながら,こうした社会的責任イニシアチブが結局は新手の PR 活動に過ぎないのではないかとの疑念も小さくない（Christian Aid 2004）。例えば,現在ではマクドナルドやコカコーラなど他の大手食品企業も参加する SAI プラットフォームの取り組みが,多国籍企業と農業生産者・消費者との非対称的な関係ゆえに引き起こされてきた社会経済的・環境的な諸問題を全体としてどこまで改善しうるのか,楽観できる状況からはほど遠いのが現実である。ネスレをはじめ多国籍食品企業の社会的責任イニシアチブに対して一定の評価を導き出すためには,第三者的な実態調査を含む慎重な検証が必要である。

4　種子・遺伝子を制する者は世界を制する
―モンサント―

種子市場の寡占化と遺伝子組換え作物の急速な普及

　農業生産からみれば「川上」に相当する農業生産財部門は,さらに作物種子,

表2-3 世界種子市場における上位10企業 (2011年, 100万ドル)

企業名	種子販売額	市場シェア	農薬販売額	市場シェア	順位
1. モンサント（米国）	8,953	26.0%	3,240	7.4%	⑤
2. デュポン／パイオニア（米国）	6,261	18.2%	2,900	6.6%	⑥
3. シンジェンタ（スイス）	3,185	9.2%	10,162	23.1%	①
4. リマグラン（フランス）	1,670	4.8%	—	—	
5. ランド・オーレイク（米国）	1,346	3.9%	—	—	
6. KWS（ドイツ）	1,226	3.6%	—	—	
7. バイエル・クロップサイエンス（ドイツ）	1,140	3.3%	7,522	17.1%	②
8. ダウ・アグロサイエンス（米国）	1,074	3.1%	4,241	9.6%	④
9. サカタのタネ（日本）	548	1.6%	—	—	
10. DLFトリフォリウム（デンマーク）	548	1.6%	—	—	
※. BASF（ドイツ）	—	—	5,393	12.3%	③
上位10社計	25,951	75.3%	33,458	76.0%	

出所：ETC Group, "Who Will Control Agricultural Inputs, 2013?", September 2013.

農薬，肥料，農業機械，動物医薬，飼料，動物育種といった副部門に分かれる。市場規模は必ずしも大きくないが，種子部門が最重要と言っても過言ではないだろう。農業・食料の商品価値連鎖は生命の源である種子に始まるからであり，生命科学の発展と遺伝子組換え育種技術の利用によって，種子は生産（栽培技術）と消費（機能性成分）に関わるあらゆる情報がコード化された情報財としての経済的価値を飛躍的に高めてきたからである。そうした種子の潜在的価値の大きさゆえ，それまで農家による自家採種・種苗交換や公的試験研究機関による公的育種・種苗配布が一般的だった種子市場も，1980〜90年代を通じて企業買収合戦や規制緩和・民営化の波に飲み込まれ，表2-3にみられるような寡占化が急速に進んだ。世界種子市場の規模は2011年で約345億ドルと推計されているが，上位4社の市場シェアは58%，上位10社では75%に達する。なかでもモンサント，デュポン，シンジェンタ，バイエル，ダウ，BASFの計6社は世界農薬市場で76%のシェアを有する巨大農薬企業である。これら6社は巨額の研究開発投資を通じて農業バイオテクノロジーの商品化に邁進してきた。その産物が，後述する遺伝子組換え（GM）品種である。GM品種を作出するためには，GM技術を用いて組換えられた遺伝子（組換え形質＝特定の機能を持つ目的遺伝子に，その導入と発現に必要な遺伝子を結合した一連のDNA断片）を既存の

表2-4　世界の遺伝子組換え作物栽培状況　(2012年，百万ha，%)

国別	面積	構成比	作物別	面積	構成比	栽培総面積	GM割合
米　　国	69.5	40.8	大　　豆	80.7	47.4	100.0	80.7
ブラジル	36.6	21.5	トウモロコシ	55.1	32.4	159.0	34.7
アルゼンチン	23.9	14.0	綿　　花	24.3	14.3	30.0	81.0
カ ナ ダ	11.6	6.8	ナ タ ネ	9.2	5.4	31.0	29.7
イ ン ド	10.8	6.3	合　　計	170.3	100.0	—	—
中　　国	4.0	2.3	品種特性別	面積	構成比	適用作物	
パラグアイ	3.4	2.0	除草剤耐性品種	100.5	59.0	(大豆，トウモロコシ，ナタネ，綿花，甜菜，アルファルファ)	
南アフリカ	2.9	1.7					
パキスタン	2.8	1.6	害虫抵抗性品種	26.1	15.3	(トウモロコシ，綿花)	
その他	4.8	2.8	スタック品種	43.7	25.7	(トウモロコシ，綿花)	
合　計	170.3	100.0	合　計	170.3	100.0		

出所：ISAAA, Global Status of Commercialized Biotech/GM Crops: 2012, ISAAA Brief 45—2013 をもとに作成。

優良系統品種に組み込まなければならない。BASFを除く5社が既存の種子企業を次々と買収してきたのも，種子企業が有する遺伝資源（優良系統品種）と従来育種技術，それに商品種子販売網なしには種子ビジネスを展開できないからである（久野 2002）。

各国あるいは各作物に分解すれば，その寡占度はよりいっそう明瞭となる。アメリカの主要作物種子市場を例に見てみよう。トウモロコシ種子市場の上位4社シェアは1980年にすでに6割あったが，2008年にはモンサントだけで6割を占めるに至った。1980年時点で公的試験研究機関が育成した公共品種が7割を占めていた大豆種子市場でも，1998年までに公共品種が1割に減少し，モンサントとパイオニア（デュポン）の2社で4割，2008年にはモンサントだけで6割を超えるに至った。次のターゲットは小麦と言われている。小麦は現在も自家採種が種子需要の8割をカバーし，2割にとどまる商品種子のうち公共品種がなお6割を占めているが，2009年に小麦種子会社を買収して市場参入したモンサントをはじめ，多国籍農業バイオ企業の存在感が増している。

農業バイオテクノロジー業界シンクタンクのISAAAによると，2012年のGM作物栽培面積は世界全体で1.7億haに達した（表2-4）。GM作物の商業

栽培が1996年に開始されて以来，一貫して対象作物（大豆，トウモロコシ，綿花，ナタネ），品種特性（除草剤耐性，害虫抵抗性），生産国（アメリカ，ブラジル，アルゼンチン，カナダ）に大きな偏りが見られるものの，データ（James 2012）に従えば，世界の全栽培面積に占める GM 品種の割合は大豆と綿花で81％，トウモロコシで35％，ナタネで30％となっており，その世界的広がりを軽視することはできない。特に日本が農作物輸入の多くを依存するアメリカでは，大豆とトウモロコシの作付面積の9割が GM 品種で占められている。大豆についてはアルゼンチンのほぼすべて，ブラジルでも7割を GM 品種が占めるとされる。ナタネの主要輸入先であるカナダも同様の状況にある。日本の総合商社をして非 GM 品種の調達に苦労しているのもそのためである。さらに驚くべきことに，モンサントの組換え形質が組み込まれた GM 品種が全 GM 栽培面積に占める割合（複数企業の形質を含む場合は重複カウントした延べ面積）は9割近くに達する。

顕在化する経済・社会・環境への悪影響

　種子市場の寡占化と GM 作物品種の急速な普及は経済・社会・環境面での影響を顕在化させている。

　第一に，例えばアメリカにおける主要農作物の単位面積当たり種子費用や単位重量当たり種子小売価格の推移をみると，種子市場の寡占化が著しく GM 品種が9割前後を占めるトウモロコシ・大豆・綿花と，公共品種がなお一定割合を占め，GM 品種も実用化されていない小麦・ソルガム・大麦との間で，さらに同一作物であっても GM 品種と非 GM 品種との間で，特に2000年代に入ってから著しい乖離を示してきたことが確認できる。1994年に GM/非 GM を併せて単位重量当たり73ドルだったトウモロコシ種子は2000年に88ドル，2010年には229ドルまで急上昇したが，非 GM 品種の152ドルに対して GM 品種は247ドルとなっている。大豆についても，1994年の14ドルから2000年の17ドルまで緩やかに上昇した後，2010年には52ドルへと高騰した。ここでも非 GM 品種34ドルに対して GM 品種は54ドルである。これに対して，公共品種

が大勢をなす小麦や大麦は1.4～1.7倍の値上がりにとどまっている。多国籍農業バイオ企業による地元種子企業の買収と市場寡占化を伴いながらGM品種が普及してきた一部の開発途上国でも価格上昇が顕著だが，零細農家に大きな打撃となっていることは言うまでもない。

　第二に，除草剤耐性品種は除草剤散布を量・回数ともに減らすことで雑草防除を効率化するだけでなく，ラウンドアップなどの非選択性除草剤の自由度が増すので，土壌浸食を防ぐ上で効果的とされる不耕起栽培が容易になるため環境保全効果も高いとされてきた。しかし，当初みられた除草剤散布量の削減効果はすでに失効しており，同品種の普及とともにラウンドアップ除草剤の有効成分グリホサートの利用が拡大するのは当然としても，ラウンドアップの単位面積当たり散布量・回数とも着実に増加しているため同除草剤の散布量は著しく増加している（Benbrook 2012）。トウモロコシでは，GM品種導入前の1995年に1070トンだったグリホサート散布量が2000年（除草剤耐性品種の普及率7％）に1996トンに増え，さらに2005年（同26％）に1万420トン，2010年（同70％）には2万6100トンに急増した。大豆についても，やはり1995年の2867トンから2000年（同54％）の1万8980トン，2006年（同89％）の4万320トンへと急増している。

　この背景に各地で相次いでいる除草剤耐性雑草の出現が指摘されている（Food & Water Watch 2013）。対処法として栽培体系の工夫による耕種的防除が有効だが，コストと手間がかかるため栽培農家に周知徹底するのは難しい。そのため，農業普及機関も開発企業も除草剤耐性品種の導入で不要になるはずだった既存除草剤の併用を指導せざるをえず，枯葉剤の成分として知られる2,4-D，欧州連合では使用が禁止されているアトラジンやパラコートなど，毒性や環境ホルモン作用の強い除草剤の散布量が再び増えつつある。それらの除草剤に耐性を持つ新たなGM品種の開発も進められているが，除草剤耐性品種の普及が耐性雑草を出現させ，ゆえに除草剤使用量が急増するという悪循環が際限なく続くのではないかと危惧される。除草剤耐性大豆が大豆栽培面積の7割を占めるブラジル，ほぼ100％に達するとされるアルゼンチンやウルグア

イでも同様の問題が指摘されている。ブラジルでは2000年～2009年の9年間で農薬使用量が360％増加し，アルゼンチンでも1996年～2011年の15年間でグリホサートの使用量が約12倍に増えている。ボリビアやウルグアイでもグリホサート使用量が3～4倍に増えているほか，前述した毒性の強い除草剤も急増している。これら南米諸国ではGM大豆の生産拡大が大規模農場の手によって農村コミュニティを破壊しながら強引に進められており，規制を伴わない無秩序な農薬散布が周辺農家の圃場や生態系の破壊，住民への健康被害をもたらしていることが問題視されている。

　これだけ多くの問題が指摘されているにもかかわらず，アメリカや南米諸国の農家はなぜGM品種を積極的に受け入れるのだろうか。第一に，コスト増を補って余りある労力軽減効果は特に大規模経営にとって十分に説得的であるし，2009年～2011年にアメリカで施行されたGM作物栽培農家の作物保険料を減額するバイオテクノロジー作物補償措置も，割高なGM種子のマーケティングとして有効に作用したと思われる。第二に，農家がすでに品種の選択肢を奪われている点も重要である。各地の優良品種系統を育成してきた多くの種子企業が多国籍企業に買収され，あるいはライセンス供与を通じて囲い込まれるなかで，農家は非GM品種に戻ろうと思っても，もはや非GM種子を入手するのも困難な状況に陥っている。さらに第三に，農家がGM種子の購入時に交わす技術使用同意書には，農家の自家採種や種子譲渡を禁じ，企業側に圃場の査察やサンプルの採種・検査を行う権限を与える条項が含まれている。モンサントはこれを徹底するため大勢の調査員を雇っており，近隣間の監視・通報を促すため専門ダイヤルまで設置している。深刻なのは，非意図的混入であっても契約違反で提訴され，多額の罰金を科されるおそれがあることだ。すでに多くの訴訟が同社によって起こされている（Center for Food Safety 2013）。非GM品種の栽培を貫き，あるいは自家採種・種子交換の慣行を貫くことはますます困難になっている。

消費者の選択の自由と GM 食品表示を求める世論の動き

　消費者の選択の自由が奪われていることも，農家の GM 選択と無関係ではないだろう。消費者の安全性への懸念は払拭されたわけではない。GM 食品摂取のもたらすリスクを示唆する研究結果も間断なく発表されている。しかし，日本やオーストラリア，ヨーロッパ諸国など多くの国で（程度の差はあれ）義務化されている GM 食品表示のルールがアメリカには存在しない。その一方で，農業バイオテクノロジー業界団体や推進派科学者はさまざまなシンクタンクや推進組織を立ち上げ，政府・議会向けのロビー活動のみならず，消費者や教育者向けの「安全」情報の提供にも力を入れてきた。

　そのアメリカでも最近になって GM 食品表示を求める動きが活発化している。2012年11月にカリフォルニア州で GM 食品表示法案の是非を問う州民投票が実施された。投票日前の９月下旬に行われた世論調査では法案支持が61％，不支持が25％，態度保留が14％だったが，反対票を組織するためにモンサントやコカコーラ，ペプシコ，コナグラ，ケロッグ，ハインツなどの大手農業食品企業が計4600万ドル以上の資金を投入して宣伝攻勢を仕掛けた結果，最終的には支持47％，不支持53％で否決されてしまった。それでも，投票者の67％は依然として GM 食品表示を望んでおり，不支持票を投じた有権者の約２割が義務表示の必要性を認めているとのことである。こうした動きはカリフォルニア州だけにとどまらない。連邦上院議会では農業法に対して「GM 原料が含まれる食品への表示を州レベルで許可する」修正案が出された。2013年５月に賛成27票，反対71票で否決されたものの，これまで箸にも棒にもかからなかった義務表示要求に27名もの上院議員が賛成票を投じた事実は重要である。州レベルでも，2013年６月にコネチカット州議会とメーン州議会で GM 食品表示法案が可決されたほか，すでに下院で可決され上院の審議待ちとなっているバーモント州など北東部諸州を中心に2013年現在26州で GM 食品表示法案が提出されており，州民投票の実施が検討されている州もある。

第Ⅰ部　工業化とグローバリゼーション

5　農業・食料のグローバルガバナンス
―多国籍企業規制と食料主権を求めて―

　2007年～2008年に世界を襲った食料高騰がアメリカ発金融危機と世界的景気後退で一服したのも束の間，2010年に続いて2012年にも，穀物生産輸出国の天候不順による不作と世界的な需給逼迫見通しから穀物の国際価格が高騰し，トウモロコシと大豆で史上最高値を記録した。だが，今後も頻発することが予想される近年の天候不順は，食料高騰の引き金ではあっても問題の本質ではない。今日の食料危機的状況はいくつもの構造的要因に由来する，そのかぎりでは必然的な帰結である。すなわち，輸出国の論理で設計された自由貿易システムと新自由主義的「構造調整」政策が，食料輸入国，特に低開発途上国の持続的農業発展を妨げ，あるべき小農支援体制を破壊してきたこと，先物市場での野放図な金融投機や大規模直接投資による農地収奪が新たな問題として急浮上していること，過大なバイオ燃料推進政策が穀物需給の逼迫を煽っていること，そして，これらの背後で利益を貪る多国籍企業が規制されないまま影響力を増長していることなど，改めるべき問題は明らかである。ところが国際社会の対応は後手に回ってきた。1980年代以来の新自由主義的イデオロギーの根は深く，海外直接投資を通じた大規模農業開発と農業バイオテクノロジーなどの先進農業技術の採用による農業生産性の向上や，規制緩和と自由化を通じたさらなる貿易円滑化による食料市場アクセスの向上をもって世界の「食料安全保障」だとする新自由主義的食料安全保障論がなお優勢である。

　農業生産性の向上や食料市場アクセスの改善は不可欠であろう。しかし，こうした生産力主義・自由貿易主義に基づく農業政策・通商政策が全面展開してきた1990年代以降，世界の農業と食料を取り巻く状況は悪化の一途をたどってきた。これまで国際社会で一般に用いられてきた「食料安全保障」概念が，食料の増産と食料入手機会の向上には言及するものの，その食料をどのように・どこで・誰の手によって生産するのか，そして食料の分配と消費のあり方をど

うするのかといった根本問題に踏み込んでこなかった点を問題視し，1996年11月の国連食料農業機関（FAO）の「世界食料サミット」に向けて代替概念として提唱されたのが「食料主権」である。それは「すべての国と民衆が自分たち自身の食料・農業政策を決定する権利」，より具体的には「すべての人が安全で栄養豊かな食料を得る権利」であり，そうした食料を「小農・家族経営農民，漁民が持続可能なやり方で生産する権利」であり，そして「多国籍企業や大国，国際機関の横暴を各国が規制する国家主権と，国民が自国の食料・農業政策を決定する国民主権を統一した概念」である（真嶋 2011）。もともとはビア・カンペシーナなどのグローバルな小農・市民社会組織による政治的主張としての意味合いが強かったが，世界食料不安時代の到来を受けて，現在では国連人権理事会やFAO世界食料安全保障委員会をはじめ国際社会でも支持を集めつつある。

　他方，国連人権理事会を中心に議論されてきた「食料への権利」論も注目を集めている（久野 2011a）。これは，すべての人が適切な食料またはその調達手段への物理的・経済的アクセスを有することを人間に固有の尊厳と不可分な基本的人権（社会権的権利）のひとつとして確認するものである。国際人権章典に根拠を持つ「食料への権利」概念が特に重要なのは，それが権利主体と義務主体の規範的関係を含意したものであり，義務主体である国家は，①適切な食料へのアクセスを妨げるいかなる措置も執らないことを約束する「尊重の義務」，②適切な食料へのアクセスが企業や他の諸個人など第三者によって奪われないことを確保する「保護の義務」，③適切な食料へのアクセスとその利用を強化するために国家が積極的に行動するとともに，もし個人や集団が自らの力を超える理由によって適切な食料への権利を享受できない場合に国家が直接に権利を付与するという「充足の義務」を負うことが明示されているからである。さらに，経済グローバリズムのもとで国際経済機関や多国籍企業の影響力[5]が国家の規制を凌ぐまでに高まり，あるいは国家の規制能力を剥奪しながら「食料への権利」をはじめとする社会権的権利を侵害する場面が増えている状況に鑑み，非国家的主体である国際経済機関の責務や多国籍企業規制の必要性

までもが国際法上の枠組みの中で議論されている点も重要である。国家の義務は国際的義務でもある。それは貿易・投資協定の締結や政府開発援助など政府自身の政策措置による対外的な影響はもちろん，企業活動が投資先国で引き起こす影響に対する責任をも含む。従来，国家の法的管轄権を飛び越えてグローバルに事業展開する多国籍企業を直接に規制するには限界があると考えられてきたが，多国籍企業による権利侵害行為を，「企業の社会的責任」イニシアチブのような自主的行動規範や，立場の弱い投資受入国政府の政策判断に委ねるのではなく，国家管轄権を超えて法的に規制するためのメカニズムが必要であるとの認識が国際的に広がりつつある。国連「食料への権利」論はその基盤となる可能性を備えているのである。

　もちろん，国連を中心とする農業・食料のグローバルガバナンスの展開は，ビア・カンペシーナをはじめ「食料主権」を掲げる市民社会運動の今日的な到達点を反映している。今後さらに両者のベクトルが相乗的に効果を発揮しながら，食料・農業資源の囲い込みを進める多国籍企業や新自由主義的グローバリズムを食料・農業政策に持ち込もうとするフードポリティクスに対抗する世論と運動の趨勢を創り出せるかどうかが注目される。

【討議のための課題】

(1) 上場企業と非上場企業とで企業経営や事業戦略に関する情報のアクセシビリティにどのくらいの違いが見られるか，穀物メジャーを例にWEBサイトや財務諸表から調べてみよう。そして，食品加工企業も含め，多国籍アグリビジネスが取り扱う農産物・食品に依存せざるを得ない消費者として，企業の情報開示のあり方はどうあるべきか，考えてみよう。

(2) 経済主体である多国籍企業が政策形成・決定過程に政治主体として深く関与し，私たちの食のあり方に大きな影響力を行使していることについてどう考えるべきか，みんなで議論してみよう。

(3) 遺伝子組換え作物・食品は世界の食料問題を解決するために不可欠なイノベーションであるとする考え方が根強い。食品安全性以外の論点を含め，この技術の是非について，みんなで議論してみよう。

(4) 農業と食料を生産者と消費者の手に取り戻すために，世界各地でさまざまな取り組みが実践されている。具体的にどのような取り組みがあるか調べ，自分たちがそれにどう関わっていけるか・関わっていくべきか，みんなで議論してみよう。

注

(1) 衛生的な水が手に入りにくい途上国で，粉ミルクの無料試飲品を提供したり保健所や病院を販売促進に利用したりすること。
(2) 参加企業は50社を超えており，耕種作物，牛肉，コーヒー，乳製品，果樹の各作業部会に加え，2007年にはネスレが部会長を務める「水と農業」作業部会が新たに設置されている。
(3) トウモロコシ種子の単位重量が8万穀粒である以外は，100ポンド（16オンス，約453.6グラム）。
(4) 作物には影響を与えず対象とする雑草だけを枯らす選択性除草剤に対して，非選択性除草剤は接触したすべての植物を枯らす。モンサントのラウンドアップのような非選択性除草剤を作物生育中に散布できれば，時期や雑草の種類に応じて複数回散布していた他の選択性除草剤を大幅に減らせる，というのが除草剤耐性品種の謳い文句であった。
(5) ここでは特に，世界銀行，国際通貨基金（IMF），世界貿易機関（WTO）が念頭に置かれている。

文献

Beder, Sharon, 2006, *Suiting Themselves: How Corporations Drive the Global Agenda*, Earthscan.
Benbrook, Charles M., 2012, "Impacts of genetically engineered crops on pesticide use in the U.S.—the first sixteen years," *Environmental Sciences Europe*, 24: 24.
Center for Food Safety, 2013, Seed Giants vs. U.S. Farmers, Center for Food Safety (http://www.centerforfoodsafety.org/reports/1770/seed-giants-vs-us-farmers).
Christian Aid, 2004, Behind the Mask: The real face of corporate social responsibility (http://www.st-andrews.ac.uk/media/csear/...docs/CSEAR_behind-the-mask.pdf).
Food & Water Watch, 2012, *The Economic Cost of Food Monopolies*, Food & Water Watch.
Food & Water Watch, 2013, *Superweeds: How Biotech Crops Bolster the Pesticide Industry*, Food & Water Watch.
Fuchs, Doris, 2007, *Business Power in Global Governance*, Lynne Rienner Publishers.

第 I 部　工業化とグローバリゼーション

George, Susan, 1976, *How the Other Half Dies: The Real Reasons for World Hunger*, Penguin Books.（＝1984, 小南祐一郎・谷口真理子訳『なぜ世界の半分が飢えるのか——食糧危機の構造』朝日選書。）

久野秀二, 2002,『アグリビジネスと遺伝子組換え作物——政治経済学アプローチ』日本経済評論社。

久野秀二, 2008a,「多国籍アグリビジネスと CSR——社会・環境基準の導入と普及をめぐる問題点」『農業と経済』74(7)：15-28。

久野秀二, 2008b,「多国籍アグリビジネスの事業展開と農業・食料包摂の今日的構造」農業問題研究学会編『グローバル資本主義と農業』筑波書房, 81-127。

久野秀二, 2011a,「国連『食料への権利』論と国際人権レジームの可能性」村田武編『食料主権のグランドデザイン』農文協, 161-206。

久野秀二, 2011b,「世界食料市場のフード・ポリティクス」池上甲一・原山浩介編『食と農のいま』ナカニシヤ出版, 58-75。

Hisano, Shuji, 2013, "What does the U.S. Agribusiness Industry Demand of Japan in the TPP Negotiations?" *Kyoto University Graduate School of Economics Working Paper*, 127.

James, Clive, 2012, Global Status of Commercialized Biotech/GM Crops: 2012, ISAAA Briefs 44.

石川博友, 1981,『穀物メジャー——食糧戦略の「影の支配者」』岩波新書。

Kneen, Brewster, 1995, Invisible Giant: Cargill and Its Transnational Strategies, Pluto Press.（＝1997, 中野一新監訳『カーギル——アグリビジネスの世界戦略』大月書店。）

真嶋良孝, 2011,「食料危機・食料主権とビア・カンペシーナ」村田武編『食料主権のグランドデザイン』農文協, 125-160。

満田夏花, 2008,「マレーシア・インドネシア——アブラヤシ農園の面積拡大のインパクト」『農業と経済』74(3)：67-78。

Nestle, Marion, 2002, *Food Politics: How the Food Industry Influences Nutrition and Health*, University of California Press.（＝2005, 三宅真季子・鈴木眞理子訳『フード・ポリティクス——肥満社会と食品産業』新曜社。）

Oxfam International, 2013, Behind the Brands: Food justice and the 'Big 10' food and beverage companies, *Oxfam Briefing Paper* 166, February (http://www.behindthebrands.org).

小沢健二, 2010,「穀物メジャーに関する一考察 (1)」日本農業研究所研究報告『農業研究』23：1-84。

小沢健二, 2011,「穀物メジャーに関する一考察 (2)」日本農業研究所研究報告『農業研究』24：87-178。

The Economist, 2012, "Food for Thought: Food companies play an ambivalent part in the fight against flab," *The Economist*, December 15th print edition.

Vogel, David, 2005, *The Market for Virtue: The Potential and Limits of Corporate Social Responsibility*, Brookings Institution Press.（＝2007，小松由紀子・村上美智子・田村勝省訳『企業の社会的責任（CSR）の徹底研究』一灯舎。）

第Ⅰ部　工業化とグローバリゼーション

Column 3

食と農を扱った映像作品

小口広太

　近年，食と農に関する映像作品が次々と制作され注目を集めている。その内容は単に食と農の現状を解説するだけにとどまらず，食と農との間で深い連関性を持っている環境やエネルギー，社会に至るまで幅広いテーマを扱っている点に特徴がある。また，内容の構成は農業の近代化やグローバル化の進展に伴い歪んだ食と農の現状を取り巻く社会構造を鋭く指摘し，食と農の問題を身近な地域や暮らしの視点から捉え，観客の関心を引きつけている。このような映像作品は，ミニシアターのような小さな映画館で上映されるのが一般的だが，そのなかでロングラン上映される作品も少なくない。

　2007年からは年1回のペースで「国際有機農業映画祭」が開催されており，自主上映会の新たな動きが創り出されている。市民のボランティアによって組織された運営委員会が国内のみならず，世界各国から集め，翻訳・字幕をつけた作品を選定しているため，未公開の作品も多く上映される。

　国際有機農業映画祭の取り組みは，全国各地に広がりつつある。例えば，「つくば有機農業映画祭」「国際オーガニック映画祭 in Kagoshima」「とちぎ国際有機農業映画祭」「なごや国際オーガニック映画祭」などである。「食と農の映画祭in広島」では，1週間にわたって1日に5〜6作品を上映している。また，公民館，カフェなどを利用した自主上映会では作品のテーマに関連するゲストを呼び，作品への理解を深め，参加者同士が交流する機会を与えている。さらには授業の教材にも適しており，さまざまな場面で食と農について学ぶ糸口を与えている。

　観客の年齢層は幅広く，20〜30代の若い世代の参加が目立つ。観客のなかには自分が置かれている社会の現状をただ知るだけではなく，食と農という暮らしに最も身近な実践の場から問題意識を高め，少しずつ行動につなげたいと考えている人々も多い。映画祭がそのきっかけとなり，食べ方を変えて日常の暮らしから行動を起こす人もいれば，一歩進めて農的暮らしや移住する人もいる。つまり，人々の生活意識の変化を反映しながら作品が受け入れられているのである。

　ここでは邦画と洋画をそれぞれ10本ずつ紹介する。(1)・(2)・(3)・(4)・(5)では，近代農業の矛盾を描きながら，農の営みを育み，都市と農村が支え合い地域を豊かにする本来の農業の姿に迫る。(6)・(7)は，作品のタッチに違いはあるが，巨大開発と農山村の暮らしは相容れないことを訴え，あらためて自然と共生し，自給する農とそれに支えられる食の姿を浮き彫りにする。環境の視点からは，近年問題視され，EUでは使用規制が進むネオニコチノイド系農薬の危険性を訴えた(8)を取り上げた。(9)は，在来作物をめぐって奮闘する人々の情熱が伝わってくる。牛の生命と向き合う家族の記録を描いた(10)は，食が生命によって支えられていることをあらためて実感できる内容だ。

　(11)・(12)・(13)は，食と農を支配する多国籍企業の活動から，(14)・(15)は，南北問題の視点からグ

Column 3 食と農を扱った映像作品

ローバルな社会構造を明らかにする。⑯・⑰は，そのような社会矛盾に対して地域からどう行動を起こすのかという実践記録と具体的な提案である。食との向き合い方をあらためて考えさせられる⑱・⑲・⑳は，私たちがこれから暮らしを創っていくヒントを与えてくれる。

⑴ 『有機農業で生きる——私たちの選択』（2012年／36分／監督：岩﨑充利）
　有機農業で生きることを選択した人々への豊富な取材を通して農的暮らしを大切にし，地域コミュニティを育む社会への転換を提案する。

⑵ 『川口由一の自然農というしあわせ with 辻信一』（2011年／60分／制作：ナマケモノ倶楽部）
　「耕さず，肥料・農薬を用いず，草々・虫たちを敵にしない」。奈良県桜井市で自然農を実践する川口由一さんの語りとともに，生命の循環が映し出される。

⑶ 『みんな生きなければならない』（1983年／80分／監督：亀井文夫）
　農薬の健康被害により有機農業に取組んだ大平農園。土づくりや生き物との共生，消費者グループとの提携など，有機農業運動の原点が記録されている。

⑷ 『お米が食べられなくなる日』（2012年／35分／監督：小池菜採）
　生産と消費の現場への豊富な取材と詳細なデータ分析を通して，政策が招いた混乱や自由貿易の矛盾を指摘し，自給の意味や生産者と消費者の関係性を考える。

⑸ 『いのち耕す人々』（2008年／100分／監督：原村政樹）
　有機農業の里と知られる山形県高畠町。20年前に記録した映像を紹介しながら，有機農業の軌跡を辿り，都会の若者たちとの交流を描く。

⑹ 『水になった村』（2007年／92分／監督：大西暢夫）
　ダム建設が決まり，廃村した岐阜県徳山村。たべものを自給し，自然と寄り添いながら自給的暮らしを続けてきた老人たちの記録。開発とは何か，豊かさとは何かを問い直す。

⑺ 『それでも種をまく』（2011年／24分／制作：国際有機農業映画祭運営委員会）
　福島第一原発の事故によって暴力的に"つながり"を断ち切られた有機農家たちと放射能汚染との闘いを追い，これからの社会のあり方を模索する。

⑻ 『ミツバチからのメッセージ』（2010年／57分／監督：岩崎充利）
　ミツバチの大量死とネオニコチノイド系農薬の因果関係に迫る。さらにその悪影響がミツバチだけでなく，人体にも及んでいることを訴える。

⑼ 『よみがえりのレシピ』（2011年／95分／監督：渡辺智史）
　かつては世代を超えて受け継がれてきた在来作物。消失しつつある在来作物に新たな息吹を与えるために奮闘する農家，シェフ，研究者の取り組みを追う。

⑽ 『ある精肉店のはなし』（2013年／108分／監督：纐纈あや）
　大阪貝塚市で代々，牛を育て，食肉処理をし，販売している精肉店。いのちを食べて人は生きるという生の本質を見つめ続けている家族の一年間を記録。

⑾ 『モンサントの不自然な食べもの』（2008年／フランス・カナダ・ドイツ／108分／監督：

第Ⅰ部　工業化とグローバリゼーション

　　マリー＝モニク・ロバン）

　遺伝子組換え作物を通じて世界の食料を支配するモンサント社。そのモンサント社の実態を暴き，企業がタネを支配する歪んだ構造に疑問を投げかける。

(12)　『キング・コーン――世界を作る魔法の一粒』(2007年／アメリカ／90分／監督：アーロン・ウルフ）

　大学卒業後，農地を借りてコーンをつくってみようと行動を起こした2人の若者。遺伝子組換えコーンの現状から米国の歪んだ食と農の姿を浮き彫りにする。

(13)　『フード・インク』(2008年／アメリカ／94分／監督：ロバート・ケナー）

　一部の巨大企業による寡占化が進むアメリカの食品産業。大規模かつ工業化が進んだフードシステムがつくり出す構造的な問題を鋭く暴く。

(14)　『おいしいコーヒーの真実』(2006年／イギリス・アメリカ／78分／監督：マーク・フランシス，ニック・フランシス）

　世界で最も日常的な飲み物であるコーヒー。その裏側では原材料を生産している農家が困窮している。国際貿易の不公正なシステムを明らかにする。

(15)　『ありあまるごちそう』(2005年／オーストリア／96分／監督：エルヴィン・ヴァーゲンホーファー）

　大量生産による飽食の時代のなかで，大量廃棄される多くの食品。一方で飢餓に苦しむ人々が毎年増加しているという矛盾。食料システムの問題点を流通の視点から指摘する。

(16)　『幸せの経済学』(2010年／68分／監督：ヘレナ・ノーバーグ＝ホッジ）

　「本当の豊かさとは」という疑問に対し，世界の環境活動家たちがインタビューに応じた作品。ローカリゼーションに基づく豊かさのモノサシを提案する。

(17)　『未来の食卓』(2008年／フランス／112分／監督：ジャン＝ポール・ジョー）

　南フランスの小さな村が舞台。村長が子どもたちの未来を守るために断行した学校給食のオーガニック化や学校菜園での野菜づくりを追う。

(18)　『レイチェル・カーソンの感性の森』(2008年／アメリカ／55分／監督：クリストファー・マンガー）

　『沈黙の春』の著者であるレイチェル・カーソンの生涯や家族，数々の作品に込めた思いなどをまとめた。感じることの大切さを訴えたカーソンからの最後のメッセージ。

(19)　『スーパーサイズ・ミー』(2004年／アメリカ／98分／監督：モーガン・スパーロック）

　監督自らが1日3食，1ヶ月間ファストフードだけを食べつづけ，ドクター・ストップがかかりながらも決して実験をやめなかった食生活を記録。

(20)　『いのちの食べかた』(2005年／ドイツ・オーストリア／92分／監督：ニコラウス・ゲイハルター）

　大規模かつ機械化によって肉や卵，野菜などが大量に生産される現場とそこで働く人たちの姿をナレーションやBGM一切なしで淡々と描く。

第3章　地域ブランド
——ふたつの真正性について

須田文明

キーポイント

(1) 経済がグローバル化し，標準的な産品が低価格で入手可能になる一方で，地域に特徴的な農産品や食品の持つ「ホンモノらしさ」(真正性)への需要が高まっている。
(2) 伝統的なノウハウやローカルナリッジにより生産された農産品や食品が文化遺産化される傾向が見られる。
(3) 地理的表示制度を活用することで，比較的規模の大きな農業経営はある程度の経済効果を期待できる。
(4) 農産品の真正性は，地理的表示制度による技術仕様の規格化とトレーサビリティによりもたらされる場合もあるが，生産者と消費者との「近接性」によりもたらされる場合もある。
(5) 農産品の地域ブランド化は，産品を遠くまで送り届ける「旅券」効果を持つと同時に，観光客を呼び寄せることで地域振興にも役立つ。

キーワード

地域ブランド，地理的表示，真正性，ローカルナリッジ，統制原産地呼称(AOC)，地域振興，規格化，近接性

1　ホンモノへの需要

グローバル化経済下での郷土食品の文化遺産化

　農産品や食品の品質は多様な価値を含み，安全性だけでなく，生産者と消費者の多様な期待によって品質が共同で構築されているとも言える。もちろん食

品についての社会的イメージも品質の構成要素のひとつである。こうした品質特性にあわせてさまざまな公的品質表示や民間の自主的基準も作られており，例えば環境的な品質（有機農業）や倫理的品質（フェアトレード）などが思い浮かべられよう。もちろん品質表示や環境的品質といった要素が複合的に連結している場合もある。地理的近接性（いわゆる「顔の見える関係」）の価値は，地産地消的産品に具体化されているが，日本の提携運動のように倫理的品質と環境的品質とが有機農産物として具体化されている事例もある。

　本章は，地域ブランドとして知られている地域的な品質について，フランスの地理的表示産品を事例に検討する。フランスはヨーロッパ随一の農業国で，北部での耕種部門，北西部ブルターニュ地方での集約型畜産を中心に，高い価格競争力を持った農業を展開する一方，ボルドー地方やブルゴーニュ地方の高級ワイン，中央部や南部での高品質産品（チーズやフォアグラなど）によって，その美食イメージを高めている。近年の経済グローバリゼーションの流れは，生産性向上による競争力強化に拍車をかけると同時に，消費者のホンモノ志向，つまり真正性への需要に応えることで，産品の高付加価値化を促している。本章ではこうした真正性を，特異な産品と，代替不可能な地域との結合，あるいは自然や家畜，作物に関するローカルナリッジ（容易に規格化しがたい地域固有の伝統的知識）との統合として捉える。このような農産物や食品はすでに文化遺産でもある。フランスでは1990年代以前には主に建造物を農村文化遺産としてきたが，1994年のＩ．シヴァ報告書では「土地に生きる人々が長年にわたり作り上げてきた景観」をはじめ，食品のテロワール産品，その生産に関わる技術・ノウハウも含め，これらを真正な農村文化遺産として取り上げている。さらに2010年11月にはフランス料理がユネスコの無形文化遺産に登録された。当時の貿易大臣は，こうしたフランスの美食イメージを最大限に活用して，とりわけ新興国を対象にした食品輸出振興に着手することを明言しているし，当時の農業大臣もまた，「フランスの美食は料理のフォークロアではない。自動車産業や航空産業と同様，それは，何百万人もの雇用を伴う輸出の争点をなしている」と述べている（Agra Prese Hebdo, 3281）。日本の「和食」もユネスコの

世界無形文化遺産へ登録されたことで，日本政府もこれによる経済振興を推進しようとしているところである。

　フランスでは，伝統的なノウハウないしローカルナリッジを媒介にして，当該産品に特異性を与えているような地域の独自性を表現するために，「テロワール（terroir）」という概念がしばしば使用される。フランス国立農業研究所（INRA）と全国統制原産地呼称機構（INAO）によれば，テロワールとは，「限定された地理的空間である。すなわちそこでは，人間共同体がその歴史を通じて，物理的・生物学的環境と人的要因全体との間の相互作用に基づいた生産の集合的地域を形成しており，このような社会技術的軌跡がこうした地理的空間に由来する産品に特異性を付与し，その評判を高めている」。物理的・生物学的環境と人的要因（ノウハウ）との相互作用という規定はフランスの地理的表示である原産地呼称の定義にも現れており，「原産地呼称は，当該産品の品質が自然的要因と人的要因を含む地理的環境に由来する，ある国もしくは地域，地方」の名称である（消費法典 L.115-1）とされる。EU の地理的表示（「保護原産地呼称（PDO）」）もまたこれに倣っている。

　このように，自然的要因および人的要因と，当該産品の品質との不可分の結合こそがテロワールを特徴付け，その相互作用が産品に対して特異性を与えている，という考え方は，地理的表示をめぐる紛争を解決する際の重要な基準となる。例えばフェタチーズ事件では，イギリスやフランス，デンマークなどがヤギ乳チーズの一般名称として，フェタチーズを使用してきたのに対して，欧州裁判所は，これをギリシャ産ヤギ乳のチーズのみが使用できる PDO としたのである。すなわち，当該地域における温暖な冬と長い夏，日照時間の長さ，またバルカン半島の山岳地帯に固有な植物相に由来する「自然的要因と人的要因との相互作用，とりわけ圧縮無しでのホエー排除を要求する伝統的製造手法が，フェタチーズに対して注目すべき国際的評判を与えてきた」（欧州裁判所 CJCE，2005年10月25日）との判決を下したのである。

ふたつの真正性のありよう

　ある農産品ないし食品が真正なものとされるためには，一般的産品や「ニセモノ」，あるいは模造品と区別されるように，その産品の生産仕様が規格化され，トレーサビリティを通じて生産と流通がコントロールされなければならない。こうして規格化されることで真正なる産品は世界の隅々まで輸出可能となる。しかしテロワール産品は芸術作品と同様，真正性についての根本的な逆説を有している。つまり，規格化しようにも，当該産品のどの要素が真正性の根幹をなしているのか（品種なのか，伝統的ノウハウなのか等々）を知ることが困難なのである。テロワール産品間の競争によっても，絶えず真正なる産品と一般製品との間の境界線が揺らぐ。かつての真正なる産品が，より真正だと思われる産品の登場により，一般製品に近いものとなってしまう例も散見される。

　他方，規格化に基づかない真正性もあり得よう。例えば生産者と消費者との地理的近接性に基づいた真正性がこれにあたる。生産者による農場での直売，あるいは野外市場での直売などにより両者の親密な関係が形成され，消費者の側が真正性の構築に積極的に関与するのである。このように，グローバル化された経済における真正性のふたつのありようが示唆されるが，本章では，とりわけ地理的表示に基づいた真正性に絞ってみていく。

地域ブランド──フランスから欧州への普及

　地理的表示が最初に制定されたのは，ブドウのネアブラムシ病禍によりワインの水増しや産地偽装という不正が見られたフランスで，1905年に不正防止法が制定されたことに端を発している。1935年に制定された法律が統制原産地呼称（AOC）ワインの生産条件を設定し，これを認定する職能団体からなる委員会を設置することで，その基礎を確立した。さらに，1990年の法律においてワインのみならず食品全体へと AOC を適用することになった。

　このようにフランスを発祥とする地域ブランド，地理的表示制度は，欧州共通農業政策（CAP）改革や GATT ウルグアイ・ラウンドをめぐる国際政治の交渉過程を背景にして，ヨーロッパ全域に広がることになる。とりわけ1988年

7月28日の欧州委員会提案「農村世界の将来」が，農産物・食品の品質をめぐる議論を促した。これは CAP 改革をめぐる当時の交渉の中で，いっそうの貿易自由化に向けた農業生産の多角化，特徴的産品による付加価値向上を目指すものであった。具体的には，「その製造手法あるいはその原産地に帰せられる特徴ある産品」「特別な製造方法を遵守する産品」の保護と承認を目的としていた。

こうして1992年にはヨーロッパレベルで「PDO」と「保護地理的表示(PGI)」というふたつの地理的表示が制定されることになった（欧州規則2081/92）。PDO がフランスの AOC を踏襲して，原料生産から一貫して決められた地域で生産されなければならないとするのに対して，PGI は，製造過程の一部が当該地域でなされており，なおかつ産品の評判が高ければ登録されるという違いがある。もっともこうした地理的表示規則の導入に際してはアングロサクソン諸国とラテン諸国との間に対立があった。アングロサクソン諸国は消費者への品質の情報提供には商標があれば十分であり，規則による表示方法の制定は消費習慣を固定させ，国内生産者を利するため競争をゆがめるとした。対してワイン文化圏の伝統を有するラテン諸国は商標や単なる成分表示だけでなく，地理に由来する品質を表示することも要求していた。こうした欧州の南北間の対立があったものの，大方の予想に反して1992年に地理的表示規則が導入されることになった。当初反対していたドイツが，支持に回ったことがその後押しとなった。

ところが地理的表示規則をめぐる対立は，その後 EU とアメリカやオーストラリアなどとの貿易交渉をめぐる争点となっており（地理的表示と商標との関係をめぐる2005年の WTO パネル），今や WTO ドーハラウンドでの焦点のひとつともなっている[1]。こうした背景において，EU は地理的表示に関する新たな規則を制定し（EEC/510/2006），フランスも国内法を改訂し，生産過程や最終製品のチェック体制を第三者認証機関に担わせるなどの制度改革を行うことになった。

2 地域ブランドの実績と生産者への効果

EU域内およびフランスでの生産額

　EU域内での地理的表示産品の販売額は2005年に約485億ユーロだったが，2010年には約543億ユーロとなっている。2010年の内訳はワインが55.9％，食品が29.1％，スピリッツ15.0％となっていて，ワインが半分以上を占める。販売額の割合を順位別に見るとフランスのワイン29％，イタリアの食品11％，イタリアのワイン10％，イギリスのスピリッツ8％，スペインのワイン6％，フランスの食品6％などとなっており，地理的表示産品においてワインの占める割合が絶大であるのがわかる。またEU加盟国の地理的表示登録数割合を見るとワインが56.4％，食品が31.3％となっている。さらにワインを除いた食品の登録数で見るとイタリアの登録数193に対して，フランス168，スペイン126，ギリシャ86，ポルトガル111と，南欧が地理的表示の登録に積極的であることがわかる（European Commission 2012）。

　ところがこれらの南欧諸国で，一様に地域的な品質の産品が生産されているわけではない。表3－1は，フランス，イタリア，スペインの地理的表示産品数（ワイン含まず）と，当該農地全体に占める有機農業面積比率について，欧州統計地域区画NUTS3をもとに，地域的品質の強い農村地帯と弱い地帯，および有機農業に特化した地帯を分類している。3ヶ国の農村地帯の平均PGI数が3.5に対して，PDOが4.6，耕地面積に占める有機農業面積比率3％である。この3ヶ国のすべての地帯でテロワール産品が同程度に生産されているわけではなく，こうした産品の生産に恵まれた地帯と，そうでない地帯がある。他方で地域的品質よりも有機農業に強く特徴付けられる地域がある。これはとりわけイタリアに顕著で，イタリアはEUの有機農業が農業全体の19％を占め（2010年），全国で均質的に高い有機農業比率を示しているのに対し，フランスやスペインでは有機農業は特定の地帯に偏っている。地域的品質の弱い地帯は有機農業の面でも低い比率を示している。203の農村地帯全体のうち，この弱

表3-1 農村地帯での地域的品質の分類　(数, %)

数	平均	強	中	有機	弱
PGI 数　(2008)	3.5	8.6	4.4	2.3	1.8
PDO 数　(2008)	4.6	11.1	5.5	4.2	2.4
有機面積比（2000）	3.0	1.1	2.1	13.7	2.1

出所：Hirczak et al.（2013：25）.

表3-2 フランスにおける公的品質表示産品（2010年）

	経営の特徴					経営者年齢	
	経営数	中規模%	大規模%	法人%	平均人数	40歳未満%	平均（歳）
PDO	23,400	44	41	43	1.98	23	48
PGI	8,200	40	51	50	2.18	22	47
LR	22,000	44	47	47	1.88	25	42
公的品質表示全体	49,000	43	45	45	1.95	23	47
CCP	22,200	31	61	55	2.39	24	46
その他品質表示	52,100	30	63	56	2.25	24	46
品質経営全体	106,500	36	54	50	2.12	23	47
経営全体数	490,000	31	33	31	1.53	17	51

出所：Agreste Primeur no.294（2012）.

い品質地帯は102を数え，こうした地域は集約的畜産を特徴とするフランス北西部ブルターニュ地方のように高い生産性によって国際競争力を有していると言えよう。

　以下では，より詳細に，フランスのワインを除いた食品部門について地理的表示の現状を見ておこう。表3-2は厳密な意味での地理的表示（PDO，PGI）の他，ラベルルージュ（LR），製品適合性認証（CCP）[3]，その他の品質表示（団体商標，山岳地表示，地鶏表示など）も含んでいるが，有機農業は含んでいない。ちなみに有機農業経営数は2012年には2万4425経営であり，2007年に比して倍増している（Agence Bio, 2013）。表に示されるように，地理的表示産品に取り組む経営のほとんどは中規模（年間生産額2万5000ユーロ以上）および大規模（同10万ユーロ以上）である。経営に従事する平均人数も地理的表示産品に取り組む経営の方が雇用創出的であることが認められ，経営者の年齢も若く，また家

族的な形態の法人（有限責任農業経営：EARL 24%，共同経営農業集団 18%）がこうした行動に取り組んでいることがわかる。このように地理的表示に取り組む経営のほとんどは大中規模経営である。ここにはこうした地理的表示登録に係る認証費用の他，生産者集団への加盟など，さまざまな追加コスト（金銭以外のコストも含めて）のために小規模経営が地域ブランドに取り組めないことが示唆されており，何らかの対応が求められる。とりわけ第三者機関によるチェック体制の厳格化は，生産者にとって過剰な負担となっている。トレーサビリティを確保するために，書類作成などの煩雑な作業が農業者に課せられ，例えば，PDO 産品のブレス鶏では，その生産に特化している生産者は少なく，穀物や乳牛肉牛生産などとの複合経営であったり，高齢農業者の場合には，ブレス鶏養鶏を廃業する場合もある（Beard 2012）。ほかにも2010年のフランス中部のアルデシュ県のクリ生産812経営のうち，「アルデシュのクリ」（AOC 取得，PDO 申請中）生産者は165であり（20%），AOC に取り組む経営の平均面積が43.6 ha に対し，これに取り組んでいない経営のそれは22.4 ha と規模が小さい。またこうしたクリ生産者のうちで有機農業にも取り組む経営は AOC に取り組んでいる農家の37%を占めるのに対して，AOC に取り組んでいないクリ農家では14%でしかない（Agreste Rhone-Alpes no. 150 2013）。総じて，テロワール産品に取り組む経営の方がダイナミックな経営であることが窺える。

生産者への効果

　それでは，こうした地理的表示が経営に与えた効果はどうであろうか。ヨーロッパレベルで見ると，ワインは標準産品の2.75倍，食品では1.55倍の価格で販売されている（European Commission 2012）。食品のうち肉調製品は1.80倍，オリーブオイル1.79倍，チーズ1.59倍と多様である。

　このように地理的表示には農業所得支持効果が期待されている。フランスの事例をより詳細に見ておこう。例えば2005年にローヌ・アルプ州は全国のチーズ生産の7.9%しか占めていないものの，全国の AOC チーズ生産量の18.4%を占めている。同州のような集約型酪農に適さない山あいの地方では，AOC

による高付加価値化が鍵をなしている。例えば2008年に，量販店での AOC チーズの平均販売価格はキロ当たり12.4ユーロであったのに対し，非 AOC チーズのそれは8.5ユーロでしかなかった（CNAOL Chiffres cles 2009）。フランス全体では，2008年6月時点で，生産者乳価1000リットル当たり326.00ユーロであったが，フランス随一の集約畜産地帯ブルターニュは308.75ユーロ，これに対しローヌ・アルプでは372.45ユーロであった（Kroll 2009）。このように AOC 制度により，条件不利地帯での農産品を高付加価値化することができる。

またフレスィーニュは，フランスの地理的表示のふたつの事例をもとに，その効果を説明している（Frayssignes 2007）。ひとつはフランス南西部のロト県を中心としたヤギ乳チーズ（ロカマドゥール Rocamadour, 当地で伝統的にカベクー cabecau と呼ばれ，1996年に AOC 取得）を事例とするもので，標準品との価格差や生産量増加，雇用・就農増への効果に関して，次のように分析している。

- 農家がチーズ製造企業に出荷するヤギ乳価格は，AOC 取得以前では490ユーロ（1000リットル）であったのが，AOC 取得後には560ユーロに上昇した。
- 県内のチーズ生産量が1996年の440トンから2006年の1056トンに増加した。
- 県内に3つの AOC チーズ製造企業が設立され，100人の雇用を創出した。
- 県の就農全体に占めるヤギ乳経営への就農の割合が，2000年の1.9％から2004年には14％へと増加した。

もうひとつの事例はタルブのインゲン豆（1997年にラベルルージュ，2000年にPGI）で，やはりフレスィーニュによってその効果が分析されている（Frayssignes 2007）。フランス南西部オートピレネー県でのインゲン豆の作付け面積は1906年には1万2000 ha，1930年には1万 ha であったのが，1960年代にハイブリッド・トウモロコシの栽培が導入されたことにより，1970年に55 ha，1986年にはわずか4 ha にまで落ち込んでしまった。しかしラベルルージュ化とその後の地理的表示の導入により2005年には98 ha に持ち直している。フラ

ンス国内全体のインゲン豆生産量が2800トンなのに対して、アルゼンチンからの輸入が5万3000トン（2005年）と圧倒的ななか、1994年の生産額13万ユーロから、2006年には130万ユーロまで伸びている。また500グラムの缶詰調製品はアルゼンチン産のインゲン豆の場合2〜3.5ユーロであるのに対し、タルブ産インゲン豆では6.50ユーロとなっている。たしかにインゲン豆の単作だけで経営が成立しているわけではなく、多くはトウモロコシ栽培や畜産経営との多角化を伴っている。穀物の就農に際しては多くの土地面積が要求されるものの、このインゲン豆栽培を導入することで、比較的小規模な面積での就農が可能となっており、インゲン豆生産組合の組合員92人中15人はこの作物がなければ新規就農がかなわなかったとしている。乾燥インゲン豆はキロ当たり4.60ユーロで組合に買い取られ、インゲン豆1 haはトウモロコシ5 haに匹敵する所得をもたらしているからである。

3 規格化と近接性

テロワール産品の規格化

　第1節で農産物の品質特性をテロワールに結合することの重要性にふれた。ただし、テロワール産品がその真正性を確保するためには、厳格な仕様書の作成と、産品のその仕様書への適合のチェック体制が不可欠である。さもなければ偽装表示が横行することになろう。こうした仕様書では生産地帯（ゾーニング）の厳格化が見られ、作物や家畜の品種を指定する場合が多くなっている。農産品の真正性を消費者に提示する際には、当該産品の品種における遺伝的オリジナリティが重要な要素を構成している。すなわち、品種が自然環境的要因と人的要因（伝統的ノウハウ）とを媒介し、これが産品に特異性を与えているからである。

　チーズや精肉といった家畜産品のAOCを見ても、品種を指定している産品が今や半数を占める（表3-3）。例えばアルプス北部のAOCチーズに活用される乳牛種はモンベリアルド（Montbeliarde）の他に、アボンダンス（Abondances）

表 3-3　家畜産品 AOC と品種指定

	～1980年	1981～1990年	1991～2000年	2001～2005年
AOC 数	29	37	45	50
品種指定有（％）	2 (6.9)	6 (16.2)	18 (40)	25 (50)

出所：Lambert-Derkimba et al. (2006).

とタランテーズ（Tarentaise）などがある。後者のふたつの在来種は伝統的に山岳地帯での夏季放牧に適しており，テロワールとの結合を彷彿とさせるものである。

　こうした品種指定の増加の背景には，AOC 産品間の競合が増すなかで，それぞれの AOC がその仕様書を見直す際，テロワールとの結合性を強化しようとしていることがある。例えば羊乳チーズ（Ossau-Iraty, 1980年に AOC 取得）は1993年から2000年にかけて仕様書を見直し，生産地帯を狭め，羊の品種を3つの在来種に絞った。さらに2000年以降の見直しでは，搾乳の季節性の重視（9月～10月を含めて非搾乳期間を100日以上設定），放牧240日以上，地区外からの飼料購入制限，遺伝子組換え飼料禁止，搾乳量制限（年1頭当たり230リットル）などの措置を講じ，産品とテロワールとの結合を厳格化させることで，イメージの向上を図っている。

　このようにテロワール産品は，その真正性を確保するために，産品の特異性とテロワールとの結合について，仕様書という形で規格化を図り，その内容もますます厳格化される傾向にある。ところがこうしたローカルナリッジの規格化やチェック体制の厳格化は，生産者と産品との関係を微妙に変化させることになる。例えばあるブレス鶏処理会社の担当者がクライアントとともに農家を訪問するとき，以前であれば農業者は鶏の行動や草地の質について語っていたのだが，今や彼らは，仕様書に規定されている飼養密度や鶏小屋の大きさを強調するようになったという（Beard 2012）。こうした地理的表示産品のノウハウに係る規格化は農業者自身の仕事観をも変化させることになった。

「旅券」としての真正性と近接性の真正性

　地理的表示産品についての先行研究では，当該産品と一般類似品との間で流通経路によって「逆説的な」価格差が生じている点が指摘されている。例えば，農業者がヤギ乳生産からチーズの熟成までを一貫生産する上述の AOC ヤギ乳チーズ（Rocamadour 農場産品）と，同様の伝統的製造手法で製造されてきた同一カテゴリ（同じ重量，大きさ）の一般製品（cabecou）の農場出荷価格を表3-4に示す。

　表3-4に見られるように，農場直売では，AOC 取得による製品の高付加価値化は顕著ではなく，野外市場などでは一般製品（cabecou）の価格の方が高い場合すらある。しかしそれでも AOC に利点があるのは，量販店を通じてより遠くまで販路を拡張できることであり，その際，地理的表示はその技術的仕様とトレーサビリティを通じて本来の地域的環境を脱却するためのいわば「旅券」のような役割を果たすことができる。量販店での販売において他の AOC 産品との競合が生じ，結果として価格が引き下げられるとしても，季節的に限定された観光客や地域住民相手の農場直売，野外市場での直売と異なり，周年でのチーズ生産販売が可能になるのである。

　こうした事例研究から示唆されるように，AOC 産品の真正性が伝統的ノウハウの規格化とトレーサビリティにより確保される一方で，小規模 AOC 生産者による直売は，こうした真正性によっては高付加価値化されず，地元の市場では AOC 産品はそれほど差別化されていない。むしろ小規模生産者は AOC を取得せず，伝統的なカベクーチーズとして販売することで，消費者との「近接性」を高付加価値化の源泉としている。また比較的規模の大きい生産者が AOC 産品を地元の量販店に出荷するのに対して，地元のチーズ製造企業は，その製品を全国レベルの大型量販店に出荷するという棲み分けも見られる。

　このようにあえて AOC として制度化することなく，また厳格なチェック体制に服することなく，消費者と生産者の「近接性」に由来する真正性がある一方で，AOC に見られるような「評判」と客観的仕様を通じた品質特性の地域への結合，ないしこうした結合のイメージからなる真正性もある。こうしたふ

第3章 地域ブランド

表3-4 Rocamadour AOC と cabecou 一般製品の価格
(ユーロ/個)

	農場直売	野外市場	量販店
AOC	0.49	0.55	0.43
Cabecou	0.47	0.57	0.36

出所:Frayssignes (2007) より加工。

たつの真正性のあり方の相違は消費者の評価ないし関与の度合いと関連づけられ,生産者と消費者とによる真正性の共同構築という興味深い論点を提示している。

4 食品の文化遺産化と地域振興

本章の締めくくりとして,地域ブランドを通じた地域振興のあり方について述べておこう。上述のように地理的表示は言わば「旅券」として役立ち,例えばボージョレヌーボーのように,この地理的産品は世界各国へと輸出することができる。また先の AOC ヤギ乳チーズの例では,卸や量販店に向けられるのが生産量の60%であるのに対して,地域や県内のチーズ専門店,レストラン業者に販売される量は25%,農場や野外市場での生産者直売が15%であった(Moity-Maizi and Devautour 2001)。このように,テロワール産品は,その評判に応じて,地理的表示を通じて遠くまで運ばれる。

それとは逆に,地域に特徴的なテロワール産品を通じた観光客の呼び込みによる地域振興もある。そうした事例として,フランスの「味の景勝地(SRG)」制度を紹介しよう。

「味の景勝地」の取り組み

制定の背景

SRGは全国料理技芸委員会(CNAC)が,農業省をはじめとした関連省庁の支援の下,「フランスの料理に関する文化遺産総覧」(1994年)を各州別に編纂したのをきっかけとしている。CNACは,関連省庁代表(文化省,農業省,教育

省，観光省，厚生省）と著名な料理人，企業家から構成され，1990年に設立され，1999年まで活動していた。その活動の一環として，農業省および観光省，環境庁との密接な連携の下，CNACが100地区のSRGを選定したのである。

SRGの定義と目的，認定

全国SRG連合会規約によれば，SRGは以下のように定義されている。すなわち，

味の景勝地は，以下の4つの基準に応える生産地を指すものとする。
(a) 高品質で，地域のエンブレムとなるような，また評判と歴史を享受している農産品を有すること。
(b) 農産品生産に関連した建築および環境的側面において類い希なヘリティッジを有すること。
(c) 農産品とヘリティッジ，人々との間の結合を広く知らしめるような，観光客受け容れ設備を有すること。
(d) こうしたコンセプトの4つの側面（農業，観光，文化，環境）を中心としたアクターたちの組織化がなされていること。

こうして特徴的な農産品と，それに密接に関連した景観や環境，伝統とを関連付けることで観光客を呼び込み，現地での産品およびサービスの消費を促すことにより地域を振興することがSRGの目標とされている。

以下では，ニヨン地方特産のオリーブを事例に取り上げ，テロワール産品の真正性を通じた高付加価値化と関連した地域振興を検討しよう。

ニヨンのオリーブ栽培におけるSRGの特徴を挙げれば以下のようである。

• 中心となる地理的表示産品：生産北限地に適した在来種のオリーブ（PDO）
• 景観：2000年以上のオリーブ栽培の歴史と，関連する搾油場やオリーブの道（遊歩道）

- オリーブを中心とした，景観・環境・観光・アロマセラピーなどの地域資源のまとまり
- オリーブ生産者組合を中心とした生産者団体と観光関連業者のまとまり

　SRGの目標は地域に特徴的な産品と景観との相乗効果を通じてツーリズム振興を図ることであり，ニヨンのオリーブの場合，遊歩道や直売所を整備するほか，オリーブ生産者組合と地元のレストラン業者とが協定を結び，加盟レストランには「味の景勝地メニュー」を提供するよう義務づけている。レストランはニヨンのオリーブオイル（PDO）をベースにした料理を提供し，店先に「味の景勝地が推薦する店」と表示することができる。

　ニヨンのオリーブという特異な産品と，それと密接に結びついた景観や伝統とがもたらす地域全体の高付加価値化の効果について紹介しよう（Pecqueur 2011）。ニヨンのオリーブオイルは1994年にAOCを取得しているが，2007年になると国内8つのAOCと競合するようになっている。2007年時点でヨーロッパの地理的表示制度（PDO）取得済のオリーブオイルは，実に90もある。ニヨンのオリーブオイルはこうしたなかでも最も高値で販売され，標準産品が1リットルあたり5.8ユーロであるのに対して，ニヨンのオリーブオイルは20.4ユーロもの価格で取引されている。

　PDO産品内での競争激化にもかかわらず，ニヨンのオリーブオイルが高価格を保っているのは，製品そのものの内在的品質に由来する製品差別化効果のみならず，この産品の地域イメージがもたらす外部効果によると考えられる。例えばニヨン地方の農家民宿の平均宿泊料金が，この地方の属するドローム県内の同クラスの中で最も高いことにもそれは示されている（一週間で県平均297ユーロに対し334ユーロ）（Mollard et al. 2006）。ここから，消費者がニヨンのオリーブ畑の景観を高く評価し，産品の特異性と景観ないしテロワールとの結合がオリーブ価格と民宿料金とを相互に高めあっていることが窺われる。

　本章で紹介してきたようなテロワール産品は，地域のエンブレムとして生産者のみならず多くのアクターを関与させ，地域住民および特定の消費者にとっ

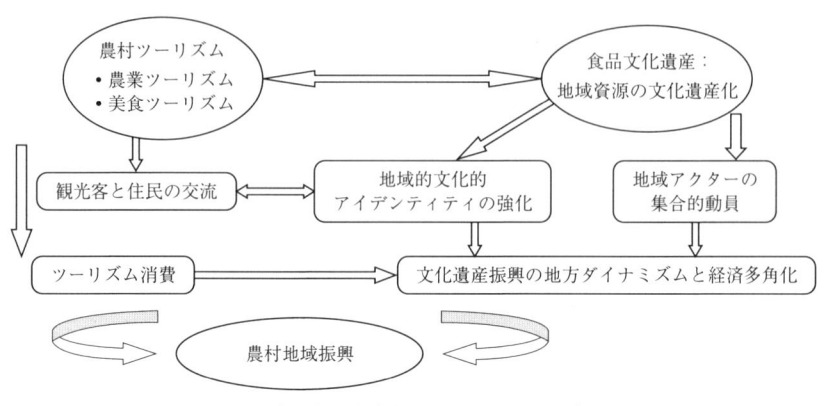

第Ⅰ部　工業化とグローバリゼーション

```
            農村ツーリズム                    食品文化遺産：
            ・農業ツーリズム      ⇄          地域資源の文化遺産化
            ・美食ツーリズム
                ↓                ↓              ↓
         観光客と住民の交流  ⇄  地域的文化的        地域アクターの
                              アイデンティティの強化    集合的動員
                ↓                ↓
            ツーリズム消費  →  文化遺産振興の地方ダイナミズムと経済多角化
                        ⇲      農村地域振興      ⇱
```

図 3-1　食品文化遺産を通じた農村ツーリズム振興
出所：Pouech (2010：40).

ては「アイデンティティ産品」ともなっているのである。こうしたテロワール産品を通じた地域振興を図示すれば図3-1のようになろう。

　本章を締めくくるに当たり，以下のことを再確認しておこう。農産品や農村の「ホンモノらしさ」ないし真正性の需要が高付加価値化の源泉として考えられる。しかしこうした需要が商品化されるやいなや，これらの産品がかつて有していた荘厳な雰囲気（「オーラ」）が急速に色あせていくことがしばしばある。農業や食品生産に関連した景観や伝統的知識は，地方公共財ないし文化遺産としてその真正性を保証されなければならないであろう。そのためには本章で紹介したような地域ブランド制度の確立もしくは近接性に基づいたふたつの真正性のありようが課題として立ち上がることになる。

【討議のための課題】
(1) グローバル化した経済の下での安価な農産品の輸入増という背景の下，いかに地域の農産品の付加価値を向上させることができるだろうか。
(2) 農産品や食品の真正性を確保するためには，生産仕様の規格化とトレーサビリティを通じたコントロールの厳格化が必要である。他方で，生産者と消費者との近接性が作り出す真正性についても考察する必要性がありそうである。それぞれの真正性を維持する条件を考えてみよう。

第3章　地域ブランド

(3) 農産品の真正性への需要を捉えることで，どのようにして地域全体の振興を図ることができるだろうか。
(4) 本章で説明された議論をもとに，日本の地域ブランドの事例を考察してみよう。

注

(1) EU の地理的表示の保護制度の詳細については内藤他（2012）を参照せよ。
(2) EU の地域統計分類単位の NUTS3 地帯とは，人口15万人～80万人の区画で，ほぼフランスやイタリア，スペインの県に該当し，この中でイルクザクらは，OECD の定義による農村地帯（人口密度150人以下/km^2）に当たる区画を採用し，フランス 85，スペイン 43，イタリア 75 の区画を分析対象としている（Hirczak et al. 2013）。
(3) ラベルルージュは，同種の産品よりも高品質な生産条件（例えば，鶏であれば80日以上の飼養期間など）を設定しているフランスの公的品質表示であり，400品目ほどある。製品適合性認証は，ある食品ないし農産品があらかじめ決められた特性に適合していることを第三者機関が認証する製品で，300品目ほどある。

文献

Agence Bio, 2013, La Bio en France.
Agra Presse Hebdo, No. 3281, 2010年12月27日付.
Agreste Rhône-Alpes, 2013, no. 150.
Beard, L., 2012, "Contrôler la typicité par les tiers: l'AOP volaille de Bresse", Bonnaud, L. Et Joly, N., eds., *L'Alimentation sous Contrôle*, Quae, 155-168.
CNAOL, 2009, Chiffres clés.
European Commission, 2012, *Value of production of agricultural products and foodstuffs, wines, aromatized wines and spirits protected by GI*.
Frayssignes, J., 2007, *L'Impact économique et territorial des Signes d'Identification de la Qualité et de l'Origine, Rapport d'étude*.
Hirczak, M. et al, 2013, "Systèmes de qualité et trajectoires agricoles," *RERU*, no. 1, 11-35.
Kroll, J. C., 2009, *Filière laitière de Franche-Comté*, ENESAD.
Lambert-Derkimba et al., 2006, "L'inscription du type génétique," *INRA Prod. Anim.*, 19(5), 357-370.
Puech, S., 2010, *Les Marques Territoriales*, Université de Toulouse Le Mirail.
Moity-Maizi, P. And H. Devautour, 2001, "Réactiver la tradition par l'AOC," Etud. Rech. Syst. Agraires Dev. 32, 179-194.

Mollard, A. et al., 2006, "Aménité environnementale et rente territoriale sur un marché des services différenciés," *PER*, 116(2), 251-275.

内藤恵久・須田文明・羽子田知子, 2012, 『地理的表示の保護制度について――EU の地理的表示保護制度と我が国への制度の導入』農林水産政策研究所 (http://www.maff.go.jp/primaff/koho/seika/project/pdf/gi-zenbun.pdf)。

Pecqueur, H., 2011, Valorisation de l'offre territorial des Baronnies Provençales: Approche par le modèle du panier de biens et de services. Master 2 *Labels de qualité et valorisation de territoires*, Université Bordeaux 3.

第Ⅱ部
危機・安心・安全

第4章 近代科学技術
——科学的生命理解の視点から

大塚善樹

> **キーポイント**
>
> (1) 食や農における科学技術の問題は，機械論と生気論という生命思想の歴史を振り返ることで，より根底的に考えることができる。
> (2) 機械論と生気論の違いは，生命に対する距離感にある。機械論者は生命を他者とみなして技術的に介入するが，生気論者は生命を自己と同一視する。
> (3) 生気論は，①生命の固有性に関するパズルを提供することで機械論の発展を促し，②生命の自律性を守るために機械論の技術的介入を批判する，これらふたつの役割を果たしてきた。

> **キーワード**
>
> 生命思想，生気論，機械論，有機農業，遺伝子組換え技術，栄養学，農芸化学

1 なぜ有機農業は遺伝子組換え技術を排除するのか

　この章では，近代科学技術が食と農に及ぼしてきた影響について考える。
　私たちは，安全でおいしいもの，つまり身体によいものを食べたいし，そのたべものをつくる農業は自然にやさしいことが望ましい，そう思っているだろう。しかし，そのような食と農を実現する方法について，私たちの考えは必ずしも一致しない。特に科学技術を用いて生命や自然を作り変えるという場合には。
　具体例を考えよう。遺伝子組換え作物と有機農業だ。除草剤耐性（特定の除

草剤をかけても枯れない）や害虫抵抗性（特定の害虫を殺す）の遺伝子を導入した遺伝子組換え作物は，農薬の使用量を減らすことができるので，人にも環境にもやさしいと言えるかもしれない。他方，有機農業は，化学肥料や農薬を使わないことで，人と環境を守ろうとして始まった。目的は同じに見えるが，有機農業団体は遺伝子組換え技術に反対している。日本で2006年に公布された「有機農業の推進に関する法律」も，「遺伝子組換え技術を利用しないこと」を有機農業の定義に含めている。

　では有機農業は，なぜ遺伝子組換え技術を排除するのだろうか。1998年に遺伝子組換え生物の栽培禁止を呼び掛けた国際有機農業運動連盟（IFOAM）は，①人の健康への脅威となる，②環境へ不可逆的な悪影響をもたらす，③一度自然界へ放出すると回収不能となる，④農業者と消費者の選ぶ権利を否定する，⑤農業者の基本的所有権を侵害し経済的自立の脅威となる，⑥IFOAMが定義する持続可能な農業と両立しない，以上の理由を挙げている（IFOAM 1998）。⑥の持続可能な農業について，「有機農業の推進に関する法律」は，次のように述べている。

　　第三条　有機農業の推進は，農業の持続的な発展及び環境と調和のとれた農業生産の確保が重要であり，<u>有機農業が農業の自然循環機能（農業生産活動が自然界における生物を介在する物質の循環に依存し，かつ，これを促進する機能をいう。）を大きく増進し</u>かつ，農業生産に由来する環境への負荷を低減するものであることにかんがみ……（以下略，下線筆者）。

　下線部分は，生物は水や窒素や炭素などの物質を循環させていて，有機農業はその循環を促進することを意味する。これは，より複雑なシステムである生物や農業生態系が，より単純な物質の動態を形成しているという主張である。ところが，遺伝子組換え技術を生み出した現代の生物学は，より単純な物質間の因果関係によって，より複雑な生物の構造や行動を説明する――機械論（mechanism）や還元主義と呼ばれる――方法によって発展してきた。つまり，

有機農業の前提とは，説明する方向が逆向きであることに注意してほしい。

　17世紀に現れた機械論や還元主義は西欧近代科学を特徴づける方法として，それ以外の生命理解の方法——生気論（vitalism）や目的論——を非科学的だと排除してきた。これに対して有機農業は，そのような近代科学に基づく農業技術への批判として出発したのである。

　この章で論じたいことは，現代の食や農で用いられている科学技術の問題は，生命を理解する際の異なったふたつの思想の流れ——おおよそ300年にわたる対立の歴史を持つ機械論と生気論——を振り返ることで，より深く考えることができるということである。ただし，有機農業を生気論に位置づけることには，有機農業を推進してきた人々からは，異論があるだろう。なぜなら，機械論＝正統な科学，生気論＝非科学的な宗教やドグマ，という偏見が前世紀を通じてきわめて強力だったからである。

　しかし，「反生気論の時代」は過ぎ去りつつある（米本 2010）。すでに20世紀初期に，機械論と生気論を統合しようとする全体論やシステム論が現れていた。エピジェネティクスと呼ばれる研究領域からは，ランダムではなく方向性を持った進化という考え方も出てきた。機械論がその説明力を失ったわけではまったくないが，独占の時代は終わり，生気論との関係が新しい局面を迎えているのである。

　この章では，機械論と生気論の関係を，フランスの科学哲学者・科学史家であるジョルジュ・カンギレム（Canguilhem 1965＝2002）に倣って，次のように捉えたい。すなわち，両者は見たところ対立するが，同じコインの表と裏のような関係であり，相互に影響を与え合うことで生命思想のダイナミズムを作ってきた。遺伝子組換え作物と有機農業も，その背景となる生命思想から考えると，単なる対立以上のものが見えてくるであろう。それはまた，食と農のあり方に対する社会学的批判に，生命をどう捉えるかという視点を加えることにもなる。

2 機械論と生気論
―生命思想の両極―

なぜ機械論は現代生物学の主流となったか

カンギレムによると,「生物学の理論はその歴史を通じて分裂した振動する思考として現れている」(Canguilhem 1965＝2002)。ここでいう分裂とは,機械論と生気論,因果論と目的論,前成説と後成説,還元主義と全体論など多岐にわたる。それらが振動と表現されるのは,生物学の歴史では一方が他方の批判として繰り返し現れ,発展してきたからだ。

生命の機械論は,生物を複雑な機械として捉える立場である。あらゆる生命現象は個別の要素に分解可能で,それらの力学的な因果関係として理解することができるとする。これに対して生気論は,生命には機械のアナロジーでは捉えきれない固有性があるとする立場である。

「振動する思考」のうち,因果論と目的論は,説明の時間的向きが違う。因果論は現在の事実によって未来を予測するが,目的論は未来に設定されている目的から現在を説明する。また,還元主義と全体論の違いは,説明の空間的向きに関わる。還元主義は小さなものから大きなものを説明するが,全体論は大きなものから小さなものを説明する。

現在の生命の機械論的理解は,因果論的かつ還元主義的である。しかし,機械をモデルとして生命を理解しようという本来の意味の機械論(廣野・林 2002)は,機械の製作者の意図や各部品の機能の統合という面で目的論を含むことが可能で,最近のシステム生物学のように全体論的な展開もあり得る。したがって,機械論は,因果論や還元主義と完全には重ならない。

機械論が,因果論とともに近代科学の原理としてヨーロッパの自然哲学者の間に広がるのは,17世紀の科学革命からだ。古典力学を創始したガリレオ・ガリレイ,動物＝機械説のルネ・デカルト,そして空気をバネのように考えたロバート・ボイル,彼ら科学革命の立役者たちが依拠したのが機械論的で因果論

的な自然観であった。機械が動くのは各部品間の連動の結果であり，当時の最も精巧な機械である時計のように，そこに神秘的な原理はない。

ただし，因果論が生物学の領域に広がるのは，19世紀のチャールズ・ダーウィンによる自然選択説を待たねばならなかった。自然選択説では，生物のランダムな変異が生存競争を通じて選択され，結果として環境に適した変異を有する生物が子孫を残す。この考え方によって，創造者の目的や生物の意思など，それまで進化の原動力と考えられてきたものは不要になり，偶然的な事実の因果的な連鎖だけで，方向性を持たない進化を説明できた。

ダーウィン自身は，自然選択以外の進化の道筋も考えていた。しかし，科学史家の米本昌平によると，19世紀から20世紀の生物学は「大因果論化の時代」（米本 2010）であった。『一般形態学』（1866年）のエルンスト・ヘッケル，『生殖質説——一つの遺伝理論』（1892年）のアウグスト・ヴァイスマン，そして1920年代にショウジョウバエの交配実験で遺伝粒子理論を唱えたトーマス・モーガンらの研究を経て，遺伝学の基本的な理論が形成された。その結果，1940年代にダーウィンの自然選択説とこの遺伝学理論が統合され，遺伝子のランダムな突然変異と自然選択によって機械的に生じる進化というネオ・ダーウィニズムが生物学の主流派の理論として成立した。

ほぼ同時期に，遺伝現象を分子レベルで解明しようとする分子生物学が盛んになり，1953年にジェームズ・ワトソンとフランシス・クリックがDNA分子の相補的な二重らせん構造を発見し，遺伝子の複製メカニズムを解明した。そして1960年代には，DNA→（転写）→mRNA→（翻訳）→タンパク質という遺伝情報の流れが，生物に普遍的なメカニズムであると考えられるようになった。この分子生物学の登場により，ネオ・ダーウィニズムは，説明項を分子レベルにまで還元し，階層的な理論を構築することが可能になった。これらの歴史的経緯の結果として，機械論は，因果論や還元主義の様相を含みながら，現代のほとんどの生物学者に共有される前提となったのである。

生命の機械論の重要な特徴は，生命への技術的介入と並行して発展した点である。機械は技術的人工物であり，操作可能な客体である。生命を機械のアナ

ロジーで理解することは、生命を操作することに対する倫理的な障壁を低くする。逆に、生命を操作できれば、機械として理解することは容易になる。ここには、技術的介入の成功が機械論を正当化し、機械論的理解が技術的介入を促進するという相互関係がある。

　例えば、解剖学やルイ・パスツールの実験による自然発生説の否定、そしてフリードリヒ・ヴェーラーに始まる有機物の化学合成は、生気論が唱える生命の固有性を否定し、機械論的な生命理解を促進する上で一定の役割を果たした。20世紀初期に機械論を唱導した生理学者ジャック・レーブは、科学の目的は現象を予測することだけにあるのではなく、自然をコントロールすることにあるとした（Allen 2005：269-274）。

生気論は生命のどのような固有性を主張するのか

　生気論は、17世紀に現れた機械論に対するロマン主義的な反動として一般的に理解されるが、生物学が固有の学問領域として成立したことの顕れでもあった。もし機械論的な物理学によって生命を完全に説明できるならば、生物と非生物の境界に意味はなく、生物学は必要ない。18世紀末まで、博物学は鉱物まで含むすべての自然界を同等に扱っていた。生物学も生命という概念も存在しなかった。

　フランスの思想家ミシェル・フーコーの『言葉と物』は、生物学の成立を経済学や言語学と並べて描き、西欧の知の構造変化をつかみ出した大著である。その構造変化とは、物を表す言葉としての18世紀までの知の体系が崩れ去って、それぞれの物の内面にある固有の特徴から新しい知が組織される過程である。18世紀末に盛んになった生気論とは、生物の内面にある生命の固有性が認識され、生物学が成立する過程の副産物であった（Foucault 1966＝1974：252, 288）。

　では、生命の固有性とは何だろうか。17世紀ドイツの医師ゲオルク・シュタールは固有性として霊魂を想定した。霊魂は、身体が機械論的な法則にしたがって腐敗することを抑制する、非物質的な何かである。フランスの医師ポール・バルテスは、自然治癒力を重視し、特別な治療や投薬は行わなかったとい

う古代ギリシアのヒポクラテスに倣って，生命現象を生み出す原因としての原理の存在を考えた。「医学上の生気論は，生命に対する技術の力への，本能的ともいうべき不信の表現なのである」(Canguilhem 1965＝2002：95)。

　18世紀の生気論は，実験や観察に基づいて生命の固有性を考え始める。ニワトリの胚を観察した生理学者のカスパル・ヴォルフは，さまざまな器官の原形が前もって胚に存在するとする前成説を否定し，何もないところから器官が形成されるとする後成説を唱え，ここから発生学が興ることになる。このような器官の自律的な形成は機械論的に説明することが難しいため，そこに生命の本質的な力を想定することになる。ゲッティンゲン大学のヨハン・ブルーメンバッハは，この発生時の器官形成能力を生命の形成衝動と名づけた。

　さらに，19世紀になると，ハンス・ドリーシュが，受精卵からの個体発生における形態形成が胚の空間的位置に依存しないことを見出し，非物質的な因子としてエンテレヒーを定義した。米本によると，エンテレヒーとは「情報を空間中へ供給し，その支配下にある現象を制御する」ある種の情報概念であるという（米本 2010：175）。

　19世紀までの生物学における生気論の歴史では，生命の本質は自己を自ら形成すること，すなわち自律性にあると思われる。それを典型的に示すのが，発生のプロセスであった。生命の自律性について認識することは，自然を人間と同じ自律的で主体性を持ったものとみなすことにつながるだろう。

　カンギレムによると，生気論者は自分を「自然の子ども」であると感じ，「自然のなかに自分を見て，自分のなかに自然を見る」。「自然にたいして子としての感情，共感の感情を抱く科学者は，自然現象を異様で疎遠なものと考えず，まったく自然に自然現象のうちに生命と心と意味を見出す」のが生気論者である。しかし，機械論者は，「疎遠で不可解な客体を前にしているように自然に対面する」(Canguilhem 1965＝2002：97-98)。

　すなわち，機械論と生気論の根本的な違いは，生命に対する観察者の距離感にある。機械論者は，疎遠な身体や生物に，あくまでも他者として技術的に介入する。つまり，科学者が主体となって，それら物質に過ぎない他者を客体と

97

してコントロールする。レーブが強調したように、コントロールできることが、科学者として認識できることの証しである。

これに対して、生気論者にとっては、人間の身体も他の生物も自己と同等の存在である。生命について考えることは、自分が自分について考えることであり、第三者としての客観的な観察は不可能だ。しかし、「自分のなかに自然を見る」のだから、要素に分解しなくても、すでに生命とは何かを知っている。「生気論とは、生命への生体（生きているもの）の信頼の表現であり、生きていることを意識している人間的生体における、生命の、自己自身との同一性の表現である」(Canguilhem 1965＝2002：95)。技術的な介入はそうした自己と生命との同一性を破壊するからこそ、避けるべきこととなる。

フーコーは、カンギレムの議論を受け、生気論はふたつのインディケーター（指標）としての役割を果たしてきたと論じている。

　　第一に、解決すべき問題の理論的インディケーター（すなわち、一般的に生命の独自性を構成するもの。ただし、自然から独立した領域を構成することはまったくない）。第二に、避けるべき還元という批判的インディケーター（すなわち、生命の科学は、保存、調節、適応、生殖などを際だたせるような、ある種の価値付けなしですますことはできない、という立場を忘れさせてしまうような還元の批判）。(Foucault 1994＝2006：436)

この第二の批判的インディケーターが、生命への信頼に基づいて技術的介入を批判する機能である。生命を分子や物質の運動として理解する機械論は、特定の価値に染まらない客観性を保持しているように見えるが、実際には生命を道具や手段とみなして技術的に介入する行為だ。生気論にはそういう批判を可能にするモラルとしての役割がある。

他方、第一の理論的インディケーターは、生命の固有性の領域を示すことで、機械論に解かれるべきパズルを提供する。これは、イマニュエル・カントの古い議論と重なる (Kant 1790＝1966：下 130)。カントは、機械論的な理解が科学

的説明には必須であるとしつつ，目的概念を用いないで生命を理解することは困難だとして，目的論的な生命観を支持した。ここにも，機械論と生気論の相互関係が現れているであろう。

3　食と農の科学技術における機械論と生気論

食における機械論としての栄養学の成立

　丸井英二によると，近代科学として形成された初期の栄養学は「分析的，還元的な方法論として立ち現われ，その限りで一人の人間を単位としてとらえようとする人間栄養学とは異なるものとなった」（丸井 2001：86）。

　一般的な栄養学史の記述によると，18世紀の末頃，フランスのアントワーヌ・ラボアジェが呼吸は燃焼と同じ化学反応であることをつきとめ，食べることを化学の視点で説明することが始まった。19世紀中頃には，ドイツのユストゥス・リービヒが，『動物化学すなわち有機化学とその生理学および病理学への応用』を著し，生理学に化学分析を導入した。リービヒはタンパク質を主要なエネルギー源と考えたが，これに異論を唱えたアドルフ・フィックやエドワード・フランクランドは，脂肪酸や炭水化物がエネルギー源であることを実験的に示した。こうして，たべものの機能が物質レベルで同定され，20世紀の初めにはアメリカのウィルバー・アトウォーターが，カロリー計算の基礎となる食品成分ごとのエネルギー換算係数を定めた。さらに，1940年に最初の食品成分表がイギリスで出版され，たべものを食品成分とエネルギーに還元するシステムが整備されたのである。

　日本は形成期の栄養学を明治期に輸入し，主にふたつの方向で展開した。ひとつは，栄養調査を行って，人々が何をどれだけ食べているかを明らかにすること，もうひとつは，食品の栄養素を明らかにし，食品成分表を作ることであった（丸井 2001）。明治中期に重視された栄養学上のテーマは，軍隊や都市住民における脚気であった。海軍軍医の高木兼寛は，1884年の疫学的な実験から，脚気をタンパク質の不足によると考え，海軍で洋食や麦飯食を推進した。

その後，高木にはじまる脚気＝栄養欠乏説は，1910年に陸軍軍医の都築甚之助が発表した動物で脚気を誘導する実験，米ぬかの成分が脚気の予防に有効であるという発見を経て，1920年代にビタミン B1 の欠乏によることを確定するに至った。

カンギレムによる機械論の説明を当てはめるならば，栄養学は，食べる身体と食べられる生物を観察者から分離する。そこに，病気の身体と原因となる食物という，物質間の関係が問題として現れる。この問題を解決するために，還元主義的な食品成分の概念を用い，栄養調査や分析疫学のような実験的・因果論的な手法で身体と食品成分の因果関係を説明する。そして，最終的には，人間の食習慣の改変という技術的介入によって，身体的自然をコントロールする，と見ることができるだろう。

脚気論争に際して，食の改善を推進した高木に陸軍軍医の森林太郎（鷗外）が反対したことは有名である。鷗外の主張は，端的に言うと，歴史的に形成された日本食を信頼せよ，というものであった。丸井は「ドイツ的な観念論の影響を著しく受けているといわれる森鷗外がむしろ日本の現実に即した研究を行ったという点は逆説的である」と述べている（丸井 2001）。しかし，ドイツ観念論のロマン主義——ゲーテは人文領域での代表的な生気論者である——との親近性を考えるならば，逆説的とは思われない。もちろん，森がドイツで細菌学を学び，脚気＝病原菌由来説を支持していたことも関係していよう。

農における機械論としての農芸化学の成立

人間の食に関する機械論が栄養学や医学だとすれば，植物のそれは肥料学や農薬学である。リービヒは，1840年執筆の『有機化学の農業および生理学への応用』（Liebig 1876＝2007,『農芸化学』と呼ばれる）において，化学によって農業を革新することをめざした。リービヒが唱えた「無機栄養説」は，それまでの有機質（堆肥・厩肥）の施肥や，それを理論化したアルブレヒト・テーアの「有機栄養説」を批判した。すなわち，有機質はそのままでは植物に吸収されず，土壌の肥沃さは無機成分に依存するというのだ。リービヒは炭素だけでな

く，窒素も大気中から植物に取り込まれると考えていた。土壌は物質であって化学の原理にしたがうので，そこに自ら再生する生命の要素を認めることはできない。したがって，土壌中の無機栄養分は収穫ごとに失われるので，それを人為的に土壌に戻すことが必要になる。もっとも，当時は，まだ無機肥料の生産が十分ではなかったので，リービヒは効率の面で堆肥（土壌中で無機質へと化学的に分解されると考えた）を推奨した。

　このような考え方は，土という生命の自律性を認めずに，人間の技術的介入を推進するという点で，典型的な機械論である。リービヒは，農業は何千年も前から土壌を貧困化しており，それを回復するのが，化学の役割であるとした。これに対して，ドイツ農学の父と言われるテーアは，生気論者と言ってよいだろう。彼が推奨する腐植土とは，「有機的な力の創造物であり，炭素，水素，窒素，酸素を原料とする化合物であり，自然の無機的な力はそれを作り出すことはできない」（Patzel 2010：211）ものであった。

　環境史家のヨアヒム・ラートカウによると，ヨーロッパで無機肥料が本格的に用いられるのは，1840年代のチリ産グアノが最初という（Radkau 2000 = 2012：302-303）。その後，塩化カリウムとリン酸の大量投入が始まり，1880年頃には，ドイツは世界最大のカリウム採掘国となった。日本でも，1885年に多木久米次郎がリン酸肥料を製造し販売を開始している。窒素肥料は，19世紀はチリ硝石が用いられていたのが，1912年にドイツのBASF社がハーバー＝ボッシュ法による製造を開始すると，急速に普及していった。しかし，カリウムと窒素の製造で世界のトップに立ったドイツの農業は，「過剰な施肥の持つ有害な効果を早期に発見していた」（Radkau 2000 = 2012：368）。

生命の自律性を尊重する有機農業の始まり

　農業の工業化が進行した19世紀末から20世紀初頭のドイツにおいて，科学技術によって工業化された都市生活を見直そうとする生活改善（Lebensreform）運動が起こった。目標は自然な生活スタイルへの回帰で，そこから自然療法，自然食品，有機農業，菜食主義などが生まれた。これらの運動は，自然のなか

に自律的な生命力や治癒力を見出す点で，生気論の流れをくむと言えるだろう。そのなかで，有機農業の推進に最も影響を与えたのが，人智学者ルドルフ・シュタイナーの1924年の連続講義から始まったバイオダイナミック農法である。シュタイナーの人智学には生物のエネルギー場としての生気体という概念があり，バイオダイナミック農法では鉱物質の無機肥料を否定し，生物由来の有機肥料を用いた。この環境配慮型の農業技術は，「血と土」，すなわち民族の血と祖国の大地をスローガンとするナチスの農業政策に取り込まれてしまったのだが，ラートカウの表現を借りると，「ナチのイデオロギーのいくつかは，自然との関わりの喪失が多くの人びとのうちに生み出した不満に対する，より鋭敏な嗅覚を備えていた」（Radkau 2000＝2012：366）。

　ドイツの生活改善運動と似た動機によって始められたイギリスの運動に，ペッカム実験（The Peckham Experiment）がある。これは，地域住民が健康な生活を自ら作り出す試みで，病理学者のジョージ・ウィリアムソンと医師のイネス・パースが，1935年にパイオニア・ヘルス・センターという地域医療施設を開いたことから始まった。スタッフは診察室のほか，プール，ジム，レストランを運営するが，それらの活動は利用者の自治に任せ，レストランには専用農場で有機栽培された野菜と果物が供給された（Reed 2010：39-41）。ウィリアムソンとパースは，1946年に発足したイギリスの有機農業団体，土壌協会（Soil Association）の主要メンバーとなる。

　ペッカム実験の目的は，健康を自ら作る人間の自律性を探求することにあった。これは，生命の自律性への信頼を前提としている点で，生気論的な生命観に位置づけることができる。さらに，ウィリアムソンとパースは地域の共同体を有機体として捉え，その自律性を施設の民主的な運営や国家からの独立に求めた。結果として，ペッカム実験とレディ・イーヴリン・バルフォア――有機農業と慣行農業の比較実験を初めて行ったイギリスの女性農学者――との出会いから生まれた土壌協会，そしてその後のイギリスの有機農業運動は，ドイツの有機農業とは反対に，地域主義的な社会運動としての経路を歩むことになる。

　イギリスの土壌協会を創始したバルフォアは，有機的循環としての生命原理

を強調した人物である（Patzel 2010：212）。彼女に多大の影響を与えた——しかし土壌協会とは，その発足時に袂を分かつことになった——人物が，植民地インドでインドール農法を確立したアルバート・ハワードである。ハワードは，リービヒに始まる化学肥料への依存をNPKメンタリティ（Nは窒素，Pはリン酸，Kはカリウムで，この3つが化学肥料の基本成分である）と呼んで批判した。リービヒの時代は，「土壌やそのなかの腐植を，それ自身で有機的に成長するものとはみなさずに，単なる物質の集合と見た。そこには，生命ある自然という考え方が一切なく，腐植に生息する菌類や細菌に関する知識もなかった」（Howard 2006：70）。バルフォアやハワードを含め，ドイツとイギリスで始まった有機農業運動を生気論の系列に含めることは，十分に妥当であろう。

4　21世紀における生気論の意義について

遺伝子組換え作物は機械論の産物か——再考

　遺伝子組換え技術は，栄養学やNPKメンタリティのように，外部から物質を働かせて生命を補完するのではなく，生物を文字通り機械のように扱い，部品を交換するように遺伝子を置き換えたり，追加したり，作動しなくしたりする。遺伝子組換え技術を開発した企業の科学者が「緑の遺伝子機械（green gene machine）」（Fraley 1992）と呼び，その批判者が「フランケン・フード」と揶揄したことは，双方がこの技術を機械論の成果と考えていることを示すであろう。

　しかし，病害虫抵抗性や除草剤耐性の遺伝子組換え作物には，化学農薬に対する批判から生まれた側面がある。すなわち，化学農薬と害虫や雑草の抵抗性とのイタチごっこや化学農薬の薬害に関する人々の危惧が農薬開発コストを押し上げた結果，農薬企業は新たな技術としての遺伝子組換えを採用するに至った（大塚 1999）。化学農薬の問題を批判してきた有機農業は，批判的インディケーターの役割を果たしたのではないだろうか。さらに，遺伝子組換え技術は化学ではなく生命の情報理論に基づいて生物の機能を高めるものであり，それ

はドリーシュらの19世紀の生気論が提起した理論的インディケーターへの機械論側の回答とも言えるだろう。つまり，遺伝子組換え技術は，生気論が準備したことになる。

だから，有機農業家の少なくとも一部の人々は，遺伝子組換え技術を利用すべきかどうかについて，逡巡したはずである。しかし，結果として，有機農業は遺伝子組換え技術を拒絶した。そのとき，植物の分子生物学に将来の農業技術の希望を見ていた人々は，ある種の失望を経験したであろう。だがそれは，有機農業と遺伝子組換え技術の間にある距離感——前述の「緑の遺伝子機械」と「フランケン・フード」という捉え方の違いにあらわれている——を認識していないからである。その距離感とは，本章2節で論じた，生気論と機械論の対立の中核にある生命への信頼の差が生じさせる距離感である。

生気論は，「自然のなかに自分を見て，自分のなかに自然を見る」ことにより，生命の自律性を尊重し，あらゆる生命を活かそうとする。これに対して機械論は，生命に不完全な部分を見出して，それを人為的に改変しようとする。しかし，その不完全さは，人間の目的や価値にとって欠陥とみなされたに過ぎない。だから，機械論的技術には人間の目的や価値が隠されている。生気論の批判的インディケーターとしての役割は，そうした人間の目的や価値を明るみに出すことである。

したがって，遺伝子組換え技術が引き起こす多国籍企業による種子や市場の独占は，意図せざる経済的側面として「技術そのもの」の問題から分離できない。それは，この技術の機械論的な生命理解のなかに，当初から埋め込まれていた。その点では，遺伝子組換え技術だけが特殊なのではない。20世紀初頭から近代的育種が盛んになり，ハイブリッド種子がつくられていたが，すでにそこには人間の目的や価値が，因果論的・還元主義的な科学主義とともに紛れ込んでいた。

21世紀の食と農における生気論の意義

では，現代の生気論は，今後の生命科学，そして食と農にどのような意義を

持つのだろうか。まず，理論的インディケーターについてだが，遺伝子組換え技術に対する生物学的な批判は，遺伝子決定論，あるいは DNA 還元主義への批判であった。この批判は，1970年代後半に起きた，人間の行動や文化が進化生物学で説明できるかどうかについての社会生物学論争ですでに現れていたものである。このときの批判の科学的背景には，機械論的・還元主義的なネオ・ダーウィニズムへの懐疑があった。その後，生物学の内部では，リン・マーギュリスの共生進化説やエピジェネティクスなど，ネオ・ダーウィニズムへの批判が相次ぐが，理論的インディケーターとして興味深いのは，現代のシステム生物学を主導しているマーク・カーシュナーの分子生気論（molecular vitalism）という表現である（Kirschner et al. 2000）。

　カーシュナーらは，細胞内のタンパク質間の相互作用には生気論的に見える分子の振る舞いがあることを指摘し，ゲノム解析後の重要な研究テーマとして問題提起した。20世紀末から進んだゲノム解析では，予想以上に遺伝子の数が少なく，ひとつの遺伝子の産物が複数の異なった役割を果たしていることがわかった。言い換えると，遺伝子型は表現型の推定に役立たない。これは，遺伝子決定論の破綻である。カーシュナーの主張は，生命は進化の過程で，ランダムに変異する遺伝子型と対照的に，表現型は変化しないような頑強さを獲得してきた，というものだ。これもまた，生命の自律性に関するパズルの提示であろう。

　食と農の領域の科学技術も，今後は DNA 還元主義を離れて，細胞内のより多様な分子のネットワークを操作する方向へ進むであろう。牛海綿状脳症（BSE）事件は，その前触れであった。タンパク質であるプリオンの感染性は，DNA を介さない変化の重要性を実証した。BSE 事件が遺伝子組換えに対するヨーロッパ諸国の反対を喚起したのは，偶然とは思われない。農業バイオテクノロジーも，単なる DNA の組換えだけではない，より本質的な生命の操作に進むであろう。それは，全体論的な機械論といえる。生気論は生命の自律性というパズルを提示することで，新しい機械論の可能性を創造する役割を果たしている。

第Ⅱ部　危機・安心・安全

　このような生命操作の進展は，批判的インディケーターとしての生気論にとって好ましいものではない。全体論的なシステム生物学に対しては，還元主義批判は通用しない。また，因果論的説明が科学であるという19世紀の発想は，基礎科学よりも応用や社会的インパクトが評価される現代では，すでに廃れてしまっている。したがって，農業バイオテクノロジーの隠された目的や価値を暴くという批判も，有効ではないだろう。その結果として，生命の自律性への信頼に根差しているはずの有機農業も，より大きな経済システムに統合されるだけでなく，農業技術の面でも新しいバイオテクノロジーを含むアグロエコロジーに統合されてしまうかもしれない。では，生気論は批判的インディケーターとしての役割を果たせないのだろうか。

　筆者の私見であるが，モラルとしての生気論を刷新するひとつの方法は，単に機械論の隠された目的や価値を暴くだけでなく，自律的な生命自身が目的や価値を持つと主張することではないかと思われる。それには，米本が構想しているような目的論的な生物学が役立つかもしれない。この可能性に，哲学者のトーマス・ネーゲルが，『心と宇宙——なぜ物質主義的ネオ・ダーウィニズムの自然観がほぼ確実に間違っているのか』(Nagel 2012) で言及している。ネーゲルの議論はシンプルだ。私たち人間が道徳的な価値を進化の過程で発達させてきたのであれば，善悪の判断は生物学的に説明されなければならない。生命の進化は，同時にモラルの進化でもあるからだ。「価値は生命の偶然の副産物ではない。むしろ，生命が価値の必要条件であるから，生命が存在するのだ」(Nagel 2012：123)。これはかなり強い主張であるが，このような可能性を追求しなければ，食と農における生命への科学技術の介入は，不可避的に進んでいくであろう。

【討議のための課題】
(1) 食に関する次のキーワード（機能性食品，特定保健用食品，地産地消，身土不二）は，機械論と生気論のどちらにより近い概念を含むだろうか。
(2) 遺伝子組換え技術を用いた生物や食品をどのように考えるべきだろうか。賛成

と反対に分かれてディベートを行い，判断基準となり得る論点を挙げてみよう。
(3) アグロエコロジー（agroecology）と有機農業（organic farming）の違いについて，図書館やwebで調べてみよう。

文献

Allen, Garland E., 2005, "Mechanism, vitalism and organicism in late nineteenth and twentieth-century biology: the importance of historical context," *Studies in History and Philosophy of Biological and Biomedical Sciences*, 36: 261-283.

Canguilhem, Georges, 1965, *La Connaissance de la vie*, J. Vrin.（＝2002，杉山吉弘訳『生命の認識』法政大学出版局。）

Foucault, Michel, 1966, *Les mots et les choses*, Gallimard.（＝1974，渡辺一民・佐々木明訳『言葉と物――人文科学の考古学』新潮社。）

Foucault, Michel, 1994, *Michel Foucault: Dits et ecrits*, Gallimard.（＝2006，小林康夫・石田英敬・松浦寿輝編『フーコー・コレクション6 生政治・統治』ちくま学芸文庫。）

Fraley, Robert, 1992, "Sustaining the food supply," *Bio/Technology*, 10: 40-43.

廣野喜幸・林真理，2002，「近代医学・生命思想史の一断面――機械論・生気論・有機体論」，廣野喜幸・市野川容孝・林真理編『生命科学の近現代史』勁草書房，53-89。

Howard, Albert, 2006, *The soil and health (New edition)*, University Press of Kentucky.

IFOAM (International Federation of Organic Agriculture Movements), 1998, "Mar del Plata Declaration" (http://infohub.ifoam.org/en/mar-del-plata-declaration).

Kant, Immanuel, 1790, *Kritik der Urteilskraft*.（＝1966，篠田英雄訳『判断力批判』岩波文庫。）

Kirschner, Marc, John Gerhart, and Tim Mitchison, 2000, "Molecular "Vitalism"," *Cell*, 100: 79-88.

Liebig, Justus von, 1876, *Die Chemie in ihrer Anwendung auf Agriculture und Physiologie*, Auflage Vieweg und Sohn（＝2007，吉田武彦訳・解題『リービヒ化学の農業および生理学への応用』北海道大学出版会。）

丸井英二，2001，「栄養科学の進歩と栄養知識の啓蒙」，高橋正郎監修・豊川裕之・安村碩之編『フードシステム学全集第2巻 食生活の変化とフードシステム』農林統計協会，83-99。

Nagel, Thomas, 2012, *Mind and cosmos: why the materialist neo-Darwinian conception of nature is almost certainly false*, Oxford University Press.

大塚善樹，1999，『なぜ遺伝子組み換え作物は開発されたか――バイオテクノロジー

の社会学』明石書店。
Patzel, Nikola, 2010, "The soil scientist's hidden beloved: archetypal images and emotions in the scientist's relationship with soil," Edward R. and Christian Feller eds., *Soil and Culture*, Springer, 205-226.
Radkau, Jachim, 2000, *Natur und Macht: Eine Weltgeschichte der Umwelt*, Verlag C. H. Beck.（＝2012，海老根剛・森田直子訳『自然と権力――環境の世界史』みすず書房。）
Reed, Matthew, 2010, *Rebels for the soil: the rise of the global organic food and farming movement*, Earthscan.
米本昌平，2010，『時間と生命――ポスト反生気論の時代における生物的自然について』書籍工房早山。

Column 4

種子の知的所有権と「農民の権利」

西川芳昭

　先進国においては，種子の大半は種子企業と公的機関によって供給されており，これらの種子の遺伝的な特徴は品種登録または特許の形で知的財産権として開発者の権利が守られている。このような品種の種子の自家採種や売買は制限されている。しかしながら，自給栽培や有機農業においては，農家が従来から作り続けてきた在来品種や，過去に公的機関や援助機関などが普及させたもので現在では所有権が明らかでない種子が使用されており，開発途上国ではこのような種子が供給の80％以上を占めている。

　作物に対する知的財産権は，特許権と類似した形で，新品種の育成者権として1930年代から欧米を中心に発達してきた。日本では，植物新品種の保護に関する国際条約（UPOV）の1991年改定を受けて，バイオテクノロジーの成果も含めて，種苗法と特許法による二重保護が可能となっている。新品種の登録を行うには，新規（新奇）性・区別性・均一性・安定性（DUS規則）が満たされなければならない。農家やコミュニティによって保全されてきた品種についてこのような特色を証明することは科学的にも経済的にも困難が伴うため，このような国際条約が次に述べる「農民の権利」や「伝統的知識の保護」に不利に働くとも議論されている。

　作物の遺伝資源の保全と利用の促進を図る国際的枠組みである食料農業植物遺伝資源国際条約（ITPGRFA：2004年発効，日本は2013年10月加盟・130ヶ国目）は，農場が自ら保存した種子および繁殖性の材料を保存・利用・交換および販売する一切の権利を「農民の権利」の概念のひとつとして明示している。「農民の権利」は品種開発者・技術提供者の権利である「育種家の権利」を認識することに加えて，育種素材の提供者である農家の貢献を認知したものと言える。しかしながら，ほとんどの先進国では，この「農民の権利」が，先に述べた知的財産権に関する法令（特許法と品種保護法などの植物育種家の権利）によって制限されている。

　食と農の問題を，作る人や食べる人の手に取り戻す観点からは，作物品種に対する過度の知的財産権の保護は，先進国の政府や多国籍企業が，農家の守ってきた豊かな生物多様性・遺伝的多様性を収奪し，近代品種などの製品の製造・販売を専有することを助長するとして，否定的に捉えられている。これに対して，農民の権利によって守られる在来品種は，比較的狭い地域で農民により伝統的・継続的に栽培されてきた形態的に識別可能な栽培植物の集団であり，自家採種によって農家またはコミュニティに維持されていることが多いため，農業生態系・農村社会の持続性の観点からの優位性が指摘されている。

▷「農民の権利」についてさらに学びたい人は以下のサイトを参照。
　http://www.farmersrights.org

第5章 農薬開発
―ネオニコチノイド系農薬を事例として

水野玲子

キーポイント

(1) 新しい農薬の開発には厳しい毒性試験が課されているが，発売されてから毒性が指摘されて販売中止になった例も多い．毒性試験は農薬の安全性を完全に保証するものではない．
(2) 新しい農薬は発売当初には効果と安全性が強調されても，数十年後に危険性が明らかになり，信用が地に落ちる例が多い．その意味で農薬の歴史は安全神話の形成と崩壊の繰り返しである．
(3) ネオニコチノイド系農薬は弱毒性で安全な農薬と言われたが，ミツバチを含む生態系への悪影響や，人間の神経系への悪影響が懸念されている．
(4) EUなどに比べて日本の農薬規制が遅れている一因として，予防原則の適用を阻む農薬業界（農薬ムラ）の圧力がある．

キーワード

ネオニコチノイド系農薬，農薬安全神話，ミツバチ大量失踪，神経難病，予防原則，農薬ムラ

1 農薬の歴史
―安全神話の形成と崩壊―

化学物質の中での農薬

本章で言う農薬とは，農作物に被害を与える生物を防除するために用いられる化学的に合成された物質を意味し，殺虫剤，殺菌剤，除草剤，殺そ剤，植物成長剤などを含む．現在の私たちの暮らしには工業用の有機溶剤やプラスチッ

ク，重金属など8万種類以上もの化学物質が溢れているが，農家にとって農薬は散布を通じて体内に吸収されるもので，消費者にとっては食物や家庭用殺虫剤などを通して体の中に取り込まれるものである。その意味で，化学物質の中でも，人体に直接的かつ長期的な影響を及ぼす恐れがあるものといえよう。

1998年に当時の環境庁は，ヒトの生殖やホルモンをかく乱する恐れのある内分泌かく乱物質（環境ホルモン物質）として注意を要する67物質をリストアップしたが，その約半分を農薬が占めていた。このリストアップを受けてダイオキシンや環境ホルモンの問題が大きく報道された。そして現在では，農薬が内分泌系だけでなく，神経系，免疫系など全身に悪影響を及ぼすことを示す科学的証拠が世界で数多く蓄積されている（American Academy of Science 2012；Pesticide Action Network North America 2012）。

問題は，農薬と同じ成分の化学物質が，住宅の建築資材や防虫剤，あるいは床下のシロアリ駆除剤などの家庭用殺虫剤として使用されていることである。それらは室内で気化して空気中に飛び散り，口や鼻や皮膚から私たちの体内に入ってくる。

農薬大国の日本

OECD（経済協力開発機構）のデータによれば，1990年代から2003年までの間，日本は単位面積あたりの農薬使用量が世界第一位という農薬使用大国だった。2008年には韓国に追い抜かれて第2位となったが，この時点でも，日本の農薬使用量（1.28 t/km^2）はアメリカの9倍，スウェーデンの16倍である。農薬推進派は，「日本の農薬規制はそれなりに整備されている」と主張しているが，このデータを見るかぎりでは十分な規制がなされているとはいえない状況である。

農薬の登録——毒性試験の落とし穴

新しい農薬はどうやって市場に出回るのだろうか。新農薬の登録にあたり，開発企業には動物実験などによる厳しい毒性試験が課されており，それを経て

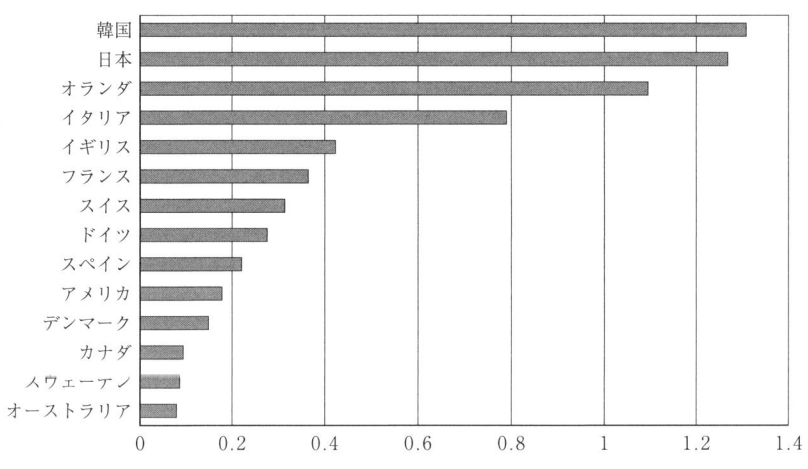

図5-1 耕地面積当たりの国別農薬使用量（有効成分量 t/km^2）
出所：OECD Environmental Data 2008.

市場に出た農薬は原則として3年間販売できる。この期間を過ぎると，再登録しないかぎり登録が失効するしくみとなっている。この結果，これまで一度は市場に出されたものの，その後消えた1万4000以上もの農薬（製剤）があり，現在まで再登録され続けている農薬の数はその3分の1程度の約5000である。そして私たちはふつう，消えていった農薬がなぜ再登録されなかったかを知ることも出来ないのである。

一方，再登録され続けて数十年ちかく使われてきた数多くの農薬についても，開発当初に明らかではなかった毒性がその後判明して禁止された例も数多くある。すなわち，こうした農薬の歴史は，安全性を担保するための厳しい毒性試験にも，何らかの不備があったことを示しているのである。

危険な農薬の変遷

半世紀に及ぶ農薬の歴史をひも解いてみると，明らかになることがある。それは，新しい農薬は発売当初にはすばらしい効き目と安全性が強調されて世界中に広まるが，数十年後にその危険性が明らかになり信用が地に落ちるという経過である。想定外の危険性が，市場に出回ってから表面化することが多々あ

第Ⅱ部　危機・安心・安全

```
1960        1970        1980        1990        2000        2010
```

有機塩素系
DDT, BHCなど

神経伝達物質であるアセチルコリン
分解酵素を働かせなくさせる

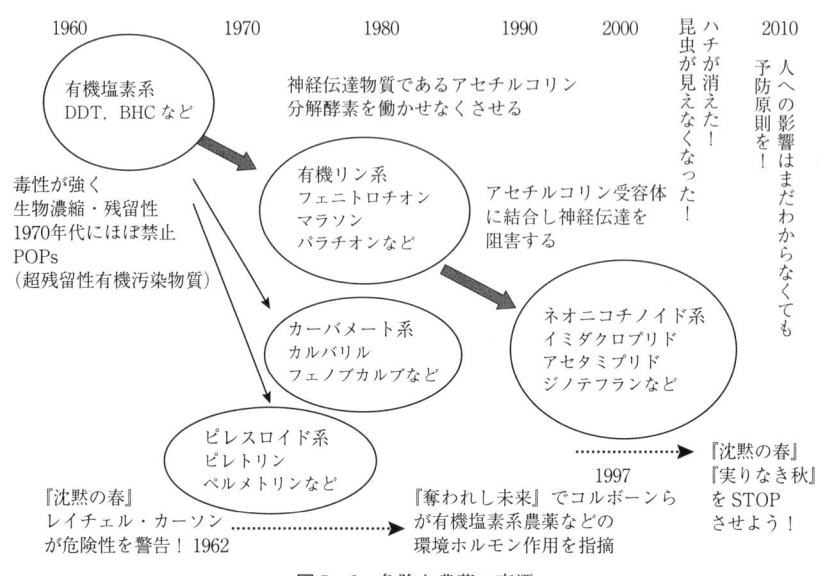

有機リン系
フェニトロチオン
マラソン
パラチオンなど

アセチルコリン受容体
に結合し神経伝達を
阻害する

カーバメート系
カルバリル
フェノブカルブなど

ネオニコチノイド系
イミダクロプリド
アセタミプリド
ジノテフランなど

ピレスロイド系
ピレトリン
ペルメトリンなど

毒性が強く
生物濃縮・残留性
1970年代にほぼ禁止
POPs
（超残留性有機汚染物質）

『沈黙の春』
レイチェル・カーソン
が危険性を警告！1962

『奪われし未来』でコルボーンら
が有機塩素系農薬などの
環境ホルモン作用を指摘
1997

『沈黙の春』
『実りなき秋』
をSTOP
させよう！

ハチが消えた！
昆虫が見えなくなった！

人への影響はまだわからなくても
予防原則を！

図5-2　危険な農薬の変遷

出所：筆者作成。

る。しかし，過去の事例では，たとえその農薬は危ないという警告が発せられても，実際に証拠が蓄積されその危険性が正式に認められ禁止されるまでには，数十年以上という途方もない長い時間がかかってきた。

代表的な例として，有機塩素系農薬がある。第二次世界大戦後の日本では，荒廃した国土と低下した食料生産を立て直すために，主食であるコメの増産が急務であった。そこで，食料増産を急ぐために，農薬の効果のみが最優先された。1940年代から製造が始まり，60年代を中心に世界各国で使用されたDDTなどの有機塩素系農薬は，戦争中に化学兵器として使用していた塩素ガスが，戦後農薬に転用されたものだったが，こうしたDDTやBHCなどの有機塩素系農薬使用の全盛時代がしばらく続いたのである。

なかでもDDTは開発者がその功績によってノーベル賞を受賞するなど，当初は夢の農薬と大歓迎されたが，その後しつこい残留性と生物への蓄積性，難分解性が明らかになった。2001年には有機塩素系農薬の多くが，POPs（残留性有機汚染物質）(1)として，世界中で使用禁止とされることになった。

そうはいっても，当時はまだ農薬の効果のほうが優先され，毒性の問題で注目されたのは急性毒性(2)が中心だった。農薬開発者らは，この当時と比較すれば，現在の農薬の急性毒性は1000分の1～5000分の1になったというが，現在では毒性概念は大きく変化し，急性毒性だけでなく慢性毒性や神経毒性，免疫毒性などいろいろな毒性が問題となってきており，開発当初には予想もしなかった毒性が，その後明るみに出たのである。

有機塩素系の後に主流となったのが，有機リン系，カーバメート系，ピレスロイド系などである。それらは1970年代以降世界中で多用され，有機塩素系とちがい環境中で分解しやすく人体への蓄積性も低く，きわめて安全であると評価されていた。しかし，有機リン系やカーバメート系，ピレスロイド系も，実は危険な神経毒性を持つ農薬であることが次第に明らかになった。それらは神経伝達物質のアセチルコリンを分解する酵素であるアセチルコリンエステラーゼの作用を阻害することによって，昆虫やヒトを含む哺乳動物に対して毒性を示す農薬だった。

日本では，現在でも有機リン系農薬の毒性への疑念が抱かれていないが，EU諸国は2007年に有機リン系農薬のほとんどを，危険な農薬として製造も使用も禁止にした。日本人から見たら勇気あるEUの決断だが，それでも40年あまり使用した後の禁止措置だったのである。

2 新農薬「ネオニコチノイド」の登場

このように，1990年代以前には，有機リン系，カーバメート系，ピレスロイド系の3タイプの薬剤が殺虫剤市場の8割を独占する時代が長らく続いた。しかしこれら農薬の効き目が次第に薄れ，害虫が農薬に抵抗性を獲得するようになってきたのである。そのため1990年代に入ると農家だけでなく農薬企業にも，新しいタイプの農薬登場への期待が世界各地で高まっていた。そこで登場したのがネオニコチノイド系農薬であった。ネオニコチノイドとは，新しい（ネオ）ニコチン様物質という意味だが，タバコに含まれるニコチンに似た作用を

第Ⅱ部　危機・安心・安全

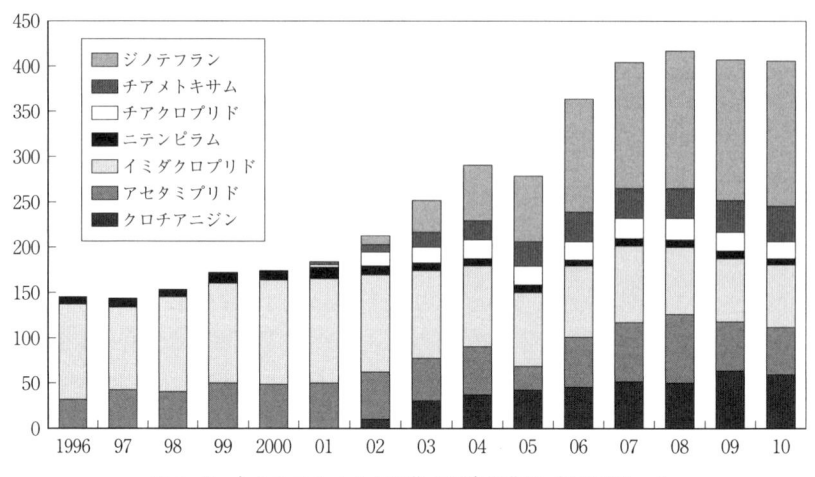

図5-3　ネオニコチノイド農薬の国内出荷量（有効成分，t）
出所：国立環境研究所データベースより作成。

持つ新しいタイプの農薬のためネオニコチノイドと名づけられた。

　ニコチンは急性毒性でいえば，青酸カリに匹敵するともいえる毒性（急性毒性：半数致死量は青酸カリ10 mg/kg・ニコチン50～60 mg/kg）があるが，その毒性を弱め「低毒性」として売りだされたのがこの農薬である。宣伝のうたい文句は，「弱毒性」「害虫は殺すが人間には安全」「少量で効果が持続する」というものだった（農薬企業が示す弱毒性の根拠は表5-1を参照）。

　一方，この数十年間で農家を取り巻く状況は大きく変化し，高齢化する農家にとって，省力化が何よりも重要な課題となっていた。農水省も，時代の変化のなかで環境保全型農業への政策転換を迫られ，平成6年に環境保全型農業推進の基本的考え方を策定し，減農薬栽培の基準を農薬の撒布回数にした。この農水省方針が，ちょうど農家の高齢化という現状に合致し，撒布回数が少なくて効き目が抜群というネオニコチノイド系農薬が広まる要因になったのである。

　これとほぼ同時期に，安全・安心を旗印にしている生協も，値段の安い有機リン系から，ネオニコチノイド系への転換を熱心に生産者に働き掛けていた。というのも当時，長年使用してきた有機リン系農薬の危険性が海外で明らかになり，先述のようにEUがその大部分を禁止にする動きがあったためである。

したがって，危険性が明らかな有機リン系農薬から，まだ毒性情報が不十分で安全にみえる新しいネオニコチノイド系への転換は，なんら疑問を差し挟む余地もなく，生協などでは危険な有機リンを減らさなくてはならないとする考え方が支配的だったのである。このような状況のもとで，新農薬ネオニコチノイドは市場に出回り，「安全・安心」な農薬として，1990年代以降使用されることになる。

生活に広がるネオニコチノイド

今日では日本で作られるほとんどの農作物にこの農薬が使用されるようになった（内閣府食品安全委員会『農薬評価書』）。

ネオニコチノイド系農薬には，どのような成分があるのかというと，現在のところ7成分（クロチアニジン，イミダクロプリド，チアメトキサム，チアクロプリド，ニテンピラム，ジノテフラン）が登録されており，その国内出荷量は1996年からの15年間で約3倍に増加した。

欧米ではネオニコチノイド系農薬はとりわけ農作物の種子処理［殺菌］に使われて問題となったが，日本特有のネオニコチノイドの使用法は，何よりもまず稲の育苗箱への施用である。イネの育苗箱へのこの農薬の撒布は，現在では日本の慣行農法による稲作の6割以上で行われているといわれている。さらに，稲の穂が出る6月から8月の時期には，カメムシに食べられて変色した褐色米（斑点米）を減らすために，斑点米カメムシ類の防除と称して，ネオニコチノイド系農薬の空中撒布が全国的に行われている。

さらに，ネオニコチノイド系農薬は，ガーデニングの花や芝生のための殺虫剤，家の建築資材の防虫処理，そして森林の松枯れ防除，さらにゴルフ場の芝整備のためにもまかれ始めた（ゴルフ場防除技術研究会 2012）。その他にもゴキブリや小バエ，シロアリ駆除などの家庭用殺虫剤として使用されている以外に，ネオニコチノイドと同様に危険な浸透性農薬とされているフィプロニル（フェニル・ピラゾール系）とともに，ペットのノミ，ダニ取りなどの用途にも多用されている。

ミツバチが知らせた危険性

　ネオニコチノイド系農薬の危険性に対する警告は、思いがけず世界各地のミツバチからもたらされた。1990年代半ばからヨーロッパ諸国でミツバチの大量死や大量失踪が発生したためである。ネオニコチノイド系農薬でトウモロコシやヒマワリなどの種子を処理（消毒）し、撒布した直後に何億匹というミツバチ大量死が起きた。また、ミツバチが方向感覚を失って巣に戻れないという、従来の農薬ではまったく起きなかった奇妙な現象が各地で見られたのである。

　こうしたミツバチの死と農薬との因果関係は、当初から養蜂家たちに直感的に気づかれていた。しかし、2012年に科学雑誌サイエンスやネーチャーに危険性を証明する3本の論文が発表され、これによって科学者が危険性の科学的証拠に納得し、EU諸国で禁止されるまでに、約20年もの長い歳月がかかったのである。ところが、このようにEU諸国で危険性がはっきりと認識され禁止されても、日本では何ひとつ規制されていないのが現状である。

　その後、ネオニコチノイド系農薬が悪影響を及ぼすのは、ミツバチだけではないことが次第に明らかになってきた。そのため、欧米だけでなく日本でも、この農薬が与える鳥や昆虫など生態系全体への影響が懸念されている。ミツバチだけでなく多様な昆虫が死ねば、虫を食べる鳥類もいなくなる。それによって生態系が決定的な打撃を受けるのは当然だからである。

神経を狂わすネオニコチノイド

　ネオニコチノイド系農薬の特徴として代表的なのは、①神経毒性、②選択毒性、③代謝物の毒性、④浸透性、⑤複合毒性、⑥残効性などである。これまでの農薬開発は、虫の神経系を攻撃する目的で進められてきた。しかし、忘れてはならないことは、人も昆虫も神経系の基本は同じで、害虫だけが死んで、人間が何も影響を受けないはずがないということである。虫も人間も神経の伝達には、神経伝達物質といわれるアセチルコリンやグルタミン酸などが必要である。有機リン系農薬は、神経伝達物質であるアセチルコリンの分解酵素のはたらきを阻害し、昆虫の神経をおかしくするように開発された。一方ネオニコチ

第5章　農薬開発

表5-1　LD50 mg/kg（半数致死量）からみる選択毒性

	昆虫	ネズミ(哺乳類)	選択毒性倍率
ネオニコチノイド	2.0	912	456
有機リン	2.6	67	33
カーバメート	2.8	45	16
有機塩素	2.6	230	91
ピレスロイド	0.45	2000	4500

出所：Casida and Tomizawa (2005).

ノイド系農薬は，神経伝達物質アセチルコリンの受容体に着目し，ネオニコチノイドがアセチルコリンの受容体に結合することによって，神経伝達を阻害するように開発された。昆虫の神経に悪い作用を与えるこの農薬は，人間の神経伝達にも悪影響を及ぼす恐れがあり，最初から大きな危険性をはらんでいたのである。

弱毒性といわれた根拠──選択毒性

　それでも，農薬企業や行政は，「ネオニコチノイド系は有機リン系より人間には毒性が弱く，昆虫は殺すが人間には安全である」と繰り返し強調した。
　ここで，農薬の開発のキーワードである「選択毒性」を説明しよう。ひとつの農薬が，ある生物（害敵）に効いて，別の生物（人間など）には効かないことを選択毒性という。有機リン系農薬では，哺乳類の半数致死量（LD50）は昆虫の33倍だが，ネオニコチノイド系農薬では456倍になる。LD50は数字が小さいほど農薬の毒性が強い。少量の農薬でその生物が半数死ぬということである。ところが表5-1によれば，有機リン系に比べてネオニコチノイド系は哺乳類にはやさしいがピレスロイド系ほどではない。この数字が根拠となって，「ネオニコチノイド系が有機リン系に比べて人間への毒性が弱い」ということになり，農薬メーカーによるネオニコチノイド安全神話が作り出されたのである。

代謝産物の毒性は高い

　しかし問題はそれほど単純ではなかった。安全とされる物質でも人体内に入

表5-2 イミダクロプリド,イミダクロプリド代謝産物毒性比較

(受容体50%阻害濃度 nM)

	昆　虫 (無脊椎動物)	魚・鳥・哺乳類等 (脊椎動物)	選択毒性比
イミダクロプリド	4.6	2,600	565
デニストロイミダクロプリド (代謝産物)	1,530	8.2	0.005

出所：Tomizawa and Casida (2003).

れば，毒性が高まりかえって危険になるということがある。化学物質が生体内にはいって変化することを「代謝される」というが，代謝産物で昆虫と哺乳類への毒性の強さが逆転することがあるのだ。表5-2が示すように，イミダクロプリドの代謝産物のひとつ，デニストロイミダクロプリドは，イミダクロプリドそのものより哺乳類への毒性は高くなり（数字が小さいほど毒性が強い），選択毒性比が逆転する。かえって人をふくむ哺乳類で危険性が高まったのである。このように重要なネオニコチノイド系農薬の危険性が，私たちに知らされていないのである。

洗っても落ちない浸透性農薬

　ネオニコチノイド系農薬で最も注目されるのが「浸透性」という特徴である。農薬の浸透性とは，農薬が根から吸収されると作物の葉や茎，花などあらゆる部位まで毒が染みわたることを意味する。したがって，作物のどこを食べても昆虫が死ぬ。ヨーロッパ諸国では，この「浸透性」という特徴によってミツバチが大量に死んだ可能性が指摘されてきた。一方日本でも，この「浸透性」農薬の危険性は，ネオニコチノイド系農薬が全国の慣行農法による稲の育苗箱に使用され，それによってアキアカネ幼虫の激減が明らかにされたことで注目を集めた。

空中撒布と高い農薬の残留基準

　ヨーロッパ諸国では，ネオニコチノイド系農薬の影響が危惧され，2013年に

第5章　農薬開発

表5-3　アセタミプリドの残留基準値（ppm）

食品	日本	アメリカ	EU	食品	日本	アメリカ	EU
イチゴ	3	0.6	0.5	茶葉	30	50	0.1
リンゴ	2	1.0	0.7	トマト	2	0.2	0.15
ナ シ	2	1.0	0.7	キュウリ	2	0.5	0.3
ブドウ	5	0.35	0.2	キャベツ	3	1.2	0.6
スイカ	0.3	0.5	0.01*	ブロッコリー	2	1.2	0.3
メロン	0.5	0.5	0.01*	ピーマン	1	0.2	0.3

注：＊は検出限界を基準値としている。
出所：ダイオキシン・環境ホルモン対策国民会議（2012）。

3成分（クロチアニジン，イミダクロプリド，チアメトキサム）の2年間の暫定的な禁止措置が決定されたが，日本ではこの農薬の危険性への認識はほとんど見られず，空中散布による人体被害が各地で発生している。あまり知られていないが2013年現在，日本の空には2500機あまりの無人ヘリコプターが飛び交い，全国の田畑や森林への農薬の空中散布をしている。人口が密集している土地でも，ネオニコチノイド系農薬がきわめて濃い濃度（原液の8倍希釈，通常の地上散布の100倍ほどの高濃度）で空からヘリコプター散布され，長野県などでは，保育園の子どもたちが突然身体の異常を訴え，激しく動き回り始めたり，頭痛やめまい，腹痛などを訴える症状が報告されている。

　また，ネオニコチノイド系農薬で懸念されることのひとつは，野菜や果物への高い農薬残留基準の問題である。日本の農薬残留基準は欧米に比べてきわめて高く設定されており，野菜や果物の基準はEUの3～300倍となっている。表5-3は，ネオニコチノイド系農薬の成分のひとつであるアセタミプリドの残留基準だが，高濃度のネオニコチノイド系農薬が残留する農作物によって引き起こされる食中毒など，特に子どもへの健康影響を危惧する声が専門家から出されている。ところが，厚生労働省は，日本がこの高い残留基準を引き下げられない理由として「残留基準を高くしておかないと農作物の流通に差し支える」という流通上の問題を第1にあげ，必要以上に多くの農薬が使用された農作物が，残留基準を超えているという理由で出荷できなくなる事態を避けようとするのである。

第Ⅱ部　危機・安心・安全

3　農薬の人体影響と予防原則

農薬は毒か薬か――安全性認識

　農薬を「毒」と考えれば，その人体への悪影響が懸念されるのは当然だが，逆に，「薬」と思えばその効用しか目に入らない。日本の農家には，農薬撒布は「消毒」だから，たくさん撒く方がよいという考えが長らく浸透していた。住友化学で農薬開発に携わってきた村本昇は著書『あなたが知らない農薬の光と影』の中で，農薬は「薬」であるのに，マスコミや一般の人は「毒」だと思って悪者にしているのは困ったことだと述べている（村本 2009）。だが，はたしてそうなのだろうか。農薬以外の化学物質でも，ごく少量ならば薬としての効果があったとしても，量が増えただけで猛毒となる物質がたくさんある。毒と薬は，まさに紙一重の世界なのである。

アメリカ小児科学会は，子どもの農薬曝露削減を提言

　農薬の人への健康影響についてわが国ではほとんど話題にならないが，2012年アメリカ小児科学会は，著名な小児科雑誌『pediatrics』に学会声明「子どもへの農薬曝露の削減を求める」を発表した。子どもたちは日常的に農薬に曝されており，それらの潜在的毒性に対してきわめて脆弱である。しかも，子どもへの農薬の悪影響を示す科学的証拠はすでに十分に蓄積されているので，農薬曝露を減らすべきであるという趣旨である。疫学的証拠としては，例えば親（父・母）の農薬使用と子どもの急性白血病や脳腫瘍などとの関連，あるいは，職場などで妊婦が有機リン系農薬や有機塩素系農薬をあびると，発達途上の胎児の脳，神経などに悪影響があるとする報告などが数多く発表されている。

　一方，アメリカの反農薬団体のひとつ「Beyond Pesticides」によって立ち上げられた「農薬による病気に関するデータベース」には，農薬に曝露されたことによる大人も含めた健康被害の疫学的情報，および実験室での研究に役立つ情報が掲載されている。そこでは農薬が，喘息，生殖機能の異常，パーキン

ソン病，アルツハイマー病，ガン，先天奇形，胎児の異常，脳腫瘍，そして現在増加しつつある子どもの発達障害や学習障害に関係しているとされている。

激増する日本人の神経難病

　それではこの半世紀，世界でも有数の農薬大国の日本で，農薬による人体影響は現れていないのだろうか。わが国ではほとんど論じられてないが，すでに世界ではパーキンソン病への農薬の影響はよく知られ，両者を結び付ける科学的証拠が蓄積されている。日本では，1985年から2007年の間に，国の特定疾患医療受給者証の交付を受けているパーキンソン病関連疾患の患者は，1万3981人から9万2009人と16.5倍にも増加している。それだけではない。パーキンソン病の他に数十もある神経難病や原因不明の難病が激増している。有機リン系農薬やネオニコチノイド系農薬は，そもそも昆虫の神経系にダメージを与える目的で開発されているので，この農薬を大量に使用すれば当然，虫の神経伝達は狂わされる。それと同じことが人間に現れたとしても，決して不思議なことではない。

予防原則の適用をはばむ「農薬ムラ」

　それでは，このような日本での農薬の大量使用の状況がいっこうに改善されない社会的背景は，どこにあるのだろうか。危険な農薬の規制を阻む日本特有の社会的構図というものが，はたして存在するのだろうか。

　「農薬ムラ　有害ネオニコ野放し」という記事が雑誌『選択』に掲載されたのは，2013年4月のことである。農水省と農薬業界の癒着，そしてその利権構造。ネオニコチノイド系農薬の危険性を示した研究を潰した農水省とその御用学者。ネオニコチノイド系農薬の安全・安心を謳う農協（JA）という巨大組織。たとえ多く農薬を使用しても残留基準を超えないように，基準値を高く設定する厚生労働省。農薬ムラとも呼べる結束した大きな力が，私たち一般人の生活をみえないところで支配し，安全性をないがしろにしているのである。

　2007年，EU諸国は有機リン系農薬のほとんどを，危険な農薬として禁止し

た。そして今度はネオニコチノイド系農薬と前述したフィプロニルの禁止措置も2013年12月より実施される。しかし，日本では有機リン系農薬を，現在でもなお大量に使用しており，その危険性をまったくといってよいほど認識していない。さらにネオニコチノイド系農薬についても，ヨーロッパの動きと逆行して，国をあげて使用を推奨している状況である。日本では，行政や農薬企業などの利害関係者が一体となった「農薬ムラ」が現在でも，国民の命をまもるための農薬の規制を阻んでいるのである。

　予防原則とは，たとえ現状では危険性を示す証拠が不十分でも，その影響が及ぶと取り返しがつかない被害をもたらす恐れがあるのであれば，予防的措置を講じるべきであるという考えである。農薬についても，危険性が疑われる農薬を事前に規制していれば，救われる生物や人間のいのちは多いはずである。2013年12月 EFSA（欧州食品安全機関）は，ネオニコチノイド系農薬が胎児の脳神経の発達に悪影響を与える可能性があると発表した。日本でも一刻も早く，「予防原則」によるネオニコチノイド系農薬の使用中止の実現を望みたい。

【討議のための課題】

(1) ふだん農薬の危険性や安全性についてどう感じているのかをお互いに話し合ってみよう。
(2) ネオニコチノイド系農薬の食品残留基準がなぜアメリカや EU と比べて日本は高いのだろうか。
(3) 「農薬を使わなければ農業はできない」という意見があるがみなさんはどう思うか。
(4) 「予防原則」について調べ，農薬削減のために予防原則をどのように活かすことができるかを考えてみよう。

注
(1) POPs とは，難分解性，高蓄積性，長距離移動性，有毒性（人の健康，生態系）を持つ物質を指す。POPs による地球規模の汚染が懸念され，「残留性有機汚染物質に関するストックホルム条約（POPs 条約）」が2005年に発行された。有機塩素系の化学物質であるアルドリン，クロルデン，PCB など9物質の製造と使用禁止，

DDTの製造と使用の原則制限，ダイオキシン類など4物質の排出削減が決まった。
(2) 急性毒性とは毒物を動物に投与して48時間以内に現れる毒性。農薬は経口，経皮，吸入による急性毒性試験の結果から特定毒物・毒物，劇物に指定される。判定基準は半数致死量（LD50）・半数致死濃度（LC50）。

文献

American Academy of Science, 2012, "Pesticide Exposures in Children" Technical Report (ACE3). *Beyond Pesticides*, 2010,"Pesticides and You", 30(2).
ダイオキシン環境ホルモン対策国民会議編，2012，冊子『新農薬ネオニコチノイドが脅かす――ミツバチ・生態系・人間』改定版(2)。
Grill, R. J. et al., 2012, "Combined pesticide exposure severely affects individual- and colony-level traits in bees," *Nature*; 491(7422). DOI: 10.1038/nature11585.
ゴルフ場防除技術研究会，2012，『松くい虫防除薬剤』平成24年2月8日。
Henry, M. et al., 2012, "A Common Pesticide Decreases Foraging Success and Survival in Honey Bees," *Science*; DOI: 10.1126/science.1215039.
久志冨士男・水野玲子，2012，『虫がいない　鳥がいない――ミツバチの目でみた農薬問題』高文研。
反農薬東京グループ，2010，『脱農薬ミニノート――農薬は食べるより吸う方が危険』
反農薬東京グループ，2012，『野放し！　無人ヘリコプター農薬散布』。
化学物質問題市民研究会，2009，「EUが16年間の農薬リスク評価完了――ほとんどの有機リン農薬を不認可」『ピコ通信』第129号。
Kimura-Kuroda, J. et al., 2012, "Nicotine-like Effects of the Neonicotinoid Insecticides Acetamiprid and Imidacloprid on Cerebella Neurons from Neonatal Rats," *PLoS ONE* 7(2): e32432.
水野玲子，2012，『新農薬ネオニコチノイドが日本を脅かす――もうひとつの安全神話』七つ森書館。
村本昇，2009，『あなたが知らない農薬の光と影』文芸社。
内閣府食品安全委員会『農薬評価書』。
難病情報センター「特定疾患医療受給者交付件数年次推移」（http://www.nanbyou.or.jp/）。
『選択』編集部，2013，「農薬ムラ――有害ネオニコ系野放し」『選択――日本のサンクチュアリ』463，選択出版。
Pesticide Action Network North America, 2012, A generation in Jeopardy—How pesticides are undermining our children's health & Intelligence. Oct.
Rowan Jacobson, 2008, *Fruitless Fall: The Collapse of the Honey Bee and the Coming Agricultural Crisis*.（＝2009 中里京子訳『ハチはなぜ大量死したのか』文藝春

秋。)

Van Dijk, T. C. et al., 2013, "Macro-Inverebraste Decline in Surface Water Polluted with Imidacloprid" *PLoS One* 8(5), e62374.

Tomizawa, M. and Casida, J. E., 2003, "Selective Toxicity of Neonicotinoids Attributable to Specificity of Insect and Manmalian Nicotinic Receptors," *Annu. Rev. Entomol.*; 48.

Tomizawa, M. and Casida, J. E., 2005, "Neonicotinoid Insecticide Toxicology: Mechanisms of Selective Action," *Annual Review of Pharmacology and Toxicology* 45: 247-268."

上田哲行他，2010，「野生生物の生物学的知見研究課題（野生2）——アカトンボ減少傾向の把握とその原因究明」平成21年度 ExTEND2005 野生生物の生物学的知見研究発表会。

植村振作・河村宏・辻万千子編，2006，『農薬毒性の事典（第3版）』三省堂。

Whitehorn, P. R. et al., 2012, "Neonicotinoid Pesticide Reduces Bumble Bee Colony Growth and Queen Production," *Science*; DOI: 10.1126/science.1215025.

Column 5
農薬削減とネオニコチノイド系農薬との皮肉な関係

谷口吉光

　「農薬を減らそう」と言われて反対する人はいないだろう。ところが，第5章でも取り上げたネオニコチノイド系農薬（ネオニコ農薬）の使用量が増えた原因のひとつが農薬削減の取り組みだったと聞けば驚く人が多いのではないだろうか。農薬を減らそうとした結果，ネオニコ農薬の使用量が増えてしまったのだ。

　農薬を減らす方法として，農薬をまったく使わない「無農薬栽培」と，一般的な使用量よりも農薬を減らせばよいという「減農薬栽培」のふたつのアプローチがある。実際には，これに化学肥料の使用を組み合わせて「無農薬・無化学肥料栽培」とか「減農薬・減化学肥料栽培」などと呼ばれている。有機農業や自然農法は農薬と化学肥料を一切使用しないので「無農薬・無化学肥料栽培」であるのに対し，国が推進している環境保全型農業は「減農薬・減化学肥料栽培」も認めている。減農薬栽培が広まった背景には，無農薬栽培より取り組みやすいという理由や，大勢の農家がある程度農薬を減らせば，地域の農薬使用量全体の削減につながるという理由があった。

　減農薬・減化学肥料栽培で育てられた農産物は「特別栽培農産物」と呼ばれ，その栽培基準は農林水産省が定めた「特別栽培農産物に係る表示ガイドライン」で決められている。そこでは「減農薬栽培」は一般的な農薬の使用回数の半分以下とされている。このように，減農薬栽培は農薬の使用量をある程度減らして，農産物の安全性確保や環境への負荷削減を目的としたものだった。

　問題は，このガイドラインで「農薬の使用量を使用回数で規制する」と決めた点にある。ただし，1回の農薬散布では何種類かの農薬を混ぜて散布することが多いので，1種類の農薬を1回散布するたびに「1回」と数えるという決まりになっている。だから，見かけ上1回の散布であっても，3種類の農薬を混ぜていれば「3回」と数えるわけである（成分回数という）。

　このような考え方を導入した結果，減農薬の取り組みでは使用回数が少ないほどよい取り組みだと考える価値観が定着してしまった。例えば，稲作で言えば，除草剤を1回散布するだけで殺虫剤も殺菌剤も使わないような取り組みは無農薬栽培にとても近いので，よい取り組みだと言われるのである。しかし，農家の立場から言えば，農薬を減らしなおかつ病気や害虫の被害を受けるリスクも減らしたいと考えるのが普通だろう。そのためには，1回散布すれば作物全体に効果が表れ，かつ効果が長続きするような農薬が求められる。ネオニコ農薬は，まさにこうした減農薬農家の期待に応えて使用量が増えているのだから，何とも皮肉な話である。

　これからの減農薬の取り組みは，散布回数だけでなく，どの農薬をどのように散布すればどのような環境影響が現れるのかを科学的に検証しながら使用方法を決めていく必要がある。それに合わせて，農薬の使用回数で農薬の使用量を推定する現在のガイドラインの考え方も見直していく必要があるだろう。

第6章 畜　産
—— 工業化・産業化の視点から

大山利男

キーポイント

(1) 有畜農業論とは作物（飼料）生産によって家畜を飼養し，家畜によって地力維持をはかり，農業経営全体の複合化，高度化をめざしたものである。
(2) 近代畜産では屋内で家畜が高密度飼養されるため，経営規模拡大を可能にしているが，家畜が不健康になるなどの問題をひきおこしている。
(3) 畜産経営の規模拡大は，アニマルウェルフェアの悪化，輸入飼料増大による食料自給率の低下，家畜排泄物による環境負荷のリスクを高めている。
(4) 近代畜産の問題を克服する上で放牧は有効な家畜飼養形式として期待されている。

キーワード

有畜農業論，近代畜産，アニマル・マシーン，アニマルウェルフェア（動物福祉），畜産部門のインテグレーション，畜産による環境問題，放牧

1　現代の畜産システム

「有畜農業」という日本農業の経営ビジョン

　農業には，植物を栽培して収穫する「耕種」部門と，動物などを飼養する「畜産」部門がある。日本国内では，稲作を中心に野菜や果物などを生産する耕種農家が多いが，それに畜産を組み合わせた複合的経営の農家も少なくない。ただし今日の畜産は，畜種ごとに専業的な経営（肉牛，酪農，養豚，養鶏など）に特化するのが一般的となっている。家畜は，畜種によって本来生理的にまっ

たくちがう動物であり，技術的にも経営的にも特化した大規模経営の方が有利だと考えられるからである。事実，農業経営のなかでも畜産部門は最も規模拡大がすすんでいる。

　さて，日本農業において，「有畜農業（または有畜経営）」という考え方を本格的に展開したのは岩片磯雄であった（岩片 1951）。これは，18世紀の欧米諸国における農業革命（穀作農業から有畜農業へと転換して生産力を向上させた）のプロセスをモデルとしたもので，日本農業にも合理的な家畜導入をすすめようとする経営ビジョンであった。あえて「有畜」と表現するのは，従来の日本農業が伝統的に稲作を中心として，基本的に「無畜」農業であったという認識による。このような認識の背景には，日本の農村社会では明治から昭和戦前期にかけて地主・小作関係が支配的であり，土地を持たない小作農がその半数を占めていた，そして彼らには経営的余裕がなく家畜を飼うのはおよそ困難であった，という歴史認識がある。

　ただし，日本農業がまったくの無畜農業であったかというとそうではない。限られてはいたものの，牛馬耕の普及によって家畜の導入が確実にすすんでいたからである。また堆厩肥利用という家畜の有用性についても一般的に理解されていた。岩片の有畜農業論は，戦後復興期にあって，そのような家畜の有用性を十分にふまえた経営論であったといえる。そのポイントにあったのも，①耕種作物の副産物（飼料）利用，②堆厩肥による地力維持の効果，③経営集約度の高度化などであった。農作業や運搬などの役畜としての利用価値も依然として大きかった。

　なお，このような有畜農業論の考え方は，その後いくつかの類似用語を派生させている。例えば「複合」を挿入した「有畜複合農業（経営）」という用語がある。どちらも経営内（農家）で耕種と畜産の複合をめざすという点で同義であるが，さらに拡大して「地域複合農業（経営）」という用語がうまれている。個々の農家は専作化がすすんで有畜複合にならなくても，地域内で耕種農家と畜産農家を有機的に結びつけて，地域全体として有畜複合的な地域農業を確立しようとする考え方である。このように有畜農業論の考え方は農業経営の

ひとつの理想像として，その後も時代を越えて影響力を保ちつづけるのである。

日本農業における近代畜産のはじまり

しかしながら，その後に展開した畜産部門の現実は，必ずしも有畜農業論でイメージされるようなものではなかった。家畜は，農作業機械の開発普及によって役畜としての役割を失い，また化学肥料などの外部資材は家畜の堆厩肥にとって替わるようになる。家畜は，農業経営内の耕種部門と結びつくよりも，むしろ畜産物（肉，卵，乳，毛，皮革など）の生産だけを目的として飼養されるようになる。このことは，日本社会全体が戦後復興から高度経済成長の時代へと転換期を迎えていたこととあいまって，農業基本法の制定（1961年）による影響も大きかった。農業基本法のひとつの柱は農業生産の「選択的拡大」であり，それは食生活の西洋化によって需要の増大が見込まれた品目，すなわち野菜，果物，畜産物（食肉，乳・乳製品，卵）などの生産振興を選択的かつ強力にすすめようとするものであった。そして畜産振興のために，工業的な「近代畜産」の飼養方式（技術）が積極的に導入されたのである。

『アニマル・マシーン』が提起した近代畜産の問題

いわゆる「近代畜産」について，その問題点をいち早く指摘したのはイギリスのルース・ハリソンであった。ハリソンは，著書『アニマル・マシーン』（Harrison 1964＝1979）において，1950年代から1960年代初頭にかけて普及がすすんだ屋内での家畜の高密度飼養（集約畜産）の実態とその問題を明らかにした。折しもレイチェル・カーソン著『沈黙の春』（Carson 1962＝1974）とほぼ同じ時期の刊行であった。『沈黙の春』は，農薬に依存した近代農業技術（主に耕種部門が念頭におかれた）が深刻な環境汚染をもたらして，野生生物の生命と健康を脅かしていることを訴えた。それに対して『アニマル・マシーン』は，畜産部門における近代農業技術いわゆる「近代畜産」の問題を提起するものだった。

ハリソンが批判した「近代畜産」とは，その指摘にしたがえば，屋内で家畜

を高密度に飼養管理する特徴を持った畜産のことである。このような近代畜産の何が問題かについて、ここでは大きく次の２点を指摘しておきたい。

　第一は、屋内での高密度な飼養管理がアニマルウェルフェア水準の悪化をまねくという問題である。そこには、近代畜産が本質的に家畜に対して虐待的であるという倫理上の問題意識が基本にある。また実際的なこととして、このような飼養方式は家畜を不健康な状態にする。健康的でない家畜から生産される畜産物が、はたしてたべものとしての「質」を備えたものであるのかも問われている。

　第二は、飼養家畜数の規模拡大に伴う問題である。大規模化した畜産経営では、必要とする飼料や生産資材が農場内で調達できるレベルをはるかに超えており、結果的に経営外部への依存性を高めている。畜産関連産業のインテグレーションに深く取り込まれると、経営としての自立性、独立性を失う懸念がある。また日本という国レベルでみても、このような外部依存は輸入飼料の増大を意味しており、食料自給率の大きな低下要因になっている。大規模化した近代畜産は、私たちの食生活を安価で豊かなものにするが、その一方で、畜産経営は経営的に不安定となり、また私たちの食料安全保障を揺るがす危険性を高めている。さらに、大量かつ集中的に発生する家畜排泄物はもうひとつの環境問題も生じさせている。

2　アニマルウェルフェアをめぐって

ヨーロッパにおけるアニマルウェルフェア

　ハリソンの問題提起のひとつはアニマルウェルフェアに関してであった。近代畜産には、家畜を狭くて暗い場所に閉じ込めて活動を制限するなど、動物に大きな苦痛やストレスを与えるという虐待性の問題がある。また、高カロリーの濃厚飼料を大量に給与し、さらに健康維持のために抗生物質などを与えて家畜を急速に成長させるので、薬剤多投による畜産物への汚染の問題もある。ハリソンが提起したこれらの問題は、すぐにイギリス国内で大きな社会問題とな

第6章 畜　産

る。1964年，イギリス議会は「集約畜産下での家畜のウェルフェアに関する専門委員会」（ブランベル委員会）を設置し，委員会は翌1965年に『ブランベル・レポート』を提出する。このレポートは，その後の西ヨーロッパ諸国におけるアニマルウェルフェアの思想に大きな影響を与えるとともに，アニマルウェルフェアに配慮した飼養基準の策定へと結びつく。また，オーストラリアのピーター・シンガー『動物の解放』（Singer 1975＝1988）による動物権利運動や，ジム・メイソンとピーター・シンガー『アニマル・ファクトリー』（Mason and Singer 1980＝1982）によるアメリカにおける集約型畜産への批判なども，その出発点はハリソンの問題提起にあった。

　1990年代以降，アニマルウェルフェアの問題はにわかに国際舞台でも政治的，経済的イシューになる。画期となったのは，1997年に締結された新欧州連合条約（いわゆるアムステルダム条約）の付属議定書「動物の保護と福祉に関する議定書」である。この議定書において，動物は単なる財や生産物ではなく「感受性をもった存在（sentient beings）」であると明確に位置づけられて，翌1998年の理事会指令では，EU加盟各国はアニマルウェルフェアに配慮した飼養管理を推進することが合意されたのである。また，OIE（国際獣疫事務局，本部パリ）も「2001-2005年OIE戦略計画」のなかで優先的に取り組むべき事項のひとつにアニマルウェルフェアをとりあげている。OIEの2002年総会では，アニマルウェルフェアに関する作業部会の設置を採択し，同年10月に最初の作業部会が開催された。作業部会の目的はアニマルウェルフェアのための国際ガイドラインの策定で，主な検討項目は，①輸送，②人道的なと殺，③疾病防止のための殺処分，④畜舎，⑤飼養管理であった。

アニマルウェルフェアをどのように理解するか
　アニマルウェルフェアに関する議論は，さまざまな倫理観・宗教観などの価値観がそのベースにあることは否定できない。ヨーロッパではアニマルウェルフェアの向上を求める団体が数多く活動しており，1824年に設立された英国王立動物虐待防止協会（RSPCA）や，1861年設立のスイス動物保護協会（STS）

のような歴史の長い団体もある。これらの団体は，穏健な立場から急進的な立場までさまざまであるが，欧米諸国において議論をリードし，広報活動や支援活動，政府関係組織への働きかけなどを行ってきた。これらの団体が共通に問題としてきたのは，動物に対する虐待的な取り扱いであり，動物をいかに虐待から保護（protect）するかが活動の大きな柱となってきた。活動の動機づけになっていたのは，動物に対する心情的な共感（compassion）であった。

　ところが，以上のような共感に依拠した活動とは別に，アニマルウェルフェアを科学的に認識して議論するための努力もつづけられてきた。ブランベル・レポートを契機に，動物行動学をはじめとする科学的見地からの検討が試みられ，そのような認識方法が共有されるようになってきたのだ。これが政治的，経済的イシューとしてアニマルウェルフェアが議論されるようになった要因のひとつである。現在，国際的な共有認識になっているのは，1992年にイギリスの畜産動物ウェルフェア専門委員会が提案した次の「5つの自由（解放）」である（佐藤 2005：165）。

(1) 飢えおよび渇きからの自由（新鮮な給餌・給水の確保）
(2) 不快からの自由（適切な飼育環境の供給）
(3) 苦痛，損傷，疾病からの自由（予防・診断・治療の適用）
(4) 正常な行動発現の自由（十分な空間，適切な刺激，仲間の存在）
(5) 恐怖および苦悩からの自由（適切な取扱い）

　近代畜産のめざしてきたことは，畜産物の最も効率的な生産の追求であった。生産の効率性とは，一般に生産過程における投入・産出比率のことなので，畜産では飼料効率が最も重視される。家畜に投入した飼料がなるべく無駄なく畜産物に転化するような，エネルギー・ロスの少ない飼養管理が理想である。したがって，その理想から導かれるのは，家畜を屋内で狭い囲いのなかに閉じ込めて自由な行動を制限し，給与飼料も限られたものを最小限にすることである。ハリソンが問題提起したように，家畜に求められるのは，動物であることより

も，飼料効率のすぐれた畜産物の製造機械（アニマル・マシーン）であることなのである。

なお現在，アニマルウェルフェアで問題とすべきは家畜の飼養管理方式にとどまらない。アニマル・マシーンと化した家畜は，さらに家畜改良（生産能力向上のための品種改良）によって家畜個体の生産性を極度に高められて，さまざまな生理的障害が生じている。例えばブロイラーについて佐藤は次のように述べている。

> 1960年には1日増体量が10グラムであったものが，1996年には45グラムにも増えた。いまでは1.83倍の餌摂取により1.5ヵ月で体重は2.4キログラムにも増える。これだけ食べられるのは食欲中枢が変化し，満腹感が欠如したことによる。……ブロイラーは体重が増加しているのに心肺機能は高まっておらず，常時低酸素の状態であるといわれている。繁殖機能にも変調をきたしており，排卵と卵殻形成のミスマッチからくる2黄卵，軟殻卵，無殻卵などの異常卵生産も多くなっている。（佐藤 2005：23）

家畜の健康と食べものの「質」

近代畜産は，家畜のアニマルウェルフェア水準を悪化させているが，同時に多くの家畜の健康まで損なっているという懸念もある。上述したブロイラーの例がそれである。では，そのように健康的といえない家畜から生産される畜産物は，はたして「質」としてはどうなのであろうか。ハリソンが『アニマル・マシーン』で提起したもうひとつの大きなテーマがこの問題であった。

ハリソンの指摘は，レイチェル・カーソンの近代農業批判とも通じるが，近代畜産もまた食品を汚染しないではおかない生産方式だということである。屋内での集約的な家畜飼養は「運動なし・光なし・外気なし」（Harrison 1964＝1979：184）であり，家畜は体重こそ増えるが健康状態は悪化して，病気の蔓延と薬漬けを招いている。また飼料添加物として抗生物質の経口投与が常態化している。そのため，人間はたべもの（畜産物）を通して微量の抗生物質と薬品

を摂取しており，徐々に抗生物質に対する耐性を獲得していること，薬品に対するアレルギー体質をつくりだしていることが危険性として指摘されている（Harrison 1964＝1979：190）。またそのほかでは，卵黄への着色料として飼料添加物が，また成長促進のためにホルモン剤，害虫駆除のために殺虫剤が多用されており，これらがたべものの「質」を低めている。近代畜産の追求してきた効率的な生産とは「量」の追求であったが，もう一方の「質」の追求は後まわしのままとなったのである。

3　畜産経営の規模拡大とその影響

畜産経営の規模拡大

　さて近代畜産の飼養技術の開発普及は，畜産部門の産業構造をどのように変えてきただろうか。表6-1は，豚と鶏（採卵鶏）の日本国内での飼養戸数，飼養家畜数，1戸当たり飼養家畜数の推移を示している。飼養戸数，飼養家畜数については，増減の推移をわかりやすくするため1960年を100とする指数も示している。

　まず豚について，1960年の飼養戸数は約80万戸，飼養頭数は192万頭であった。飼養戸数は一貫して減少し，特に80年代までの絶対数の減少が著しい。5年毎にみると毎期4割ほどの農家がやめており，1985年には1960年の10％にまで減少する。2000年代に入ると1万戸を下まわり，1960年の1％未満の水準となる。他方，飼養頭数は増大をつづけてきたので，1戸当たり飼養頭数は大幅に増大している。1960年の1戸当たり飼養頭数はわずかに2.4頭であったが，80年代後半には100頭を超え，2000年代半ばには1000頭を超えるペースで増大し，2010年代になると1600頭を超えている。

　次に採卵鶏について，1960年の飼養戸数は380万戸で，1戸当たり飼養羽数は14.2羽であった。庭先養鶏という表現があるように，1960年代は多くの農家が自家用を兼ねて少数羽の鶏を飼っていた様子がうかがえる。ただし1960年代後半から，飼養戸数は急速に減少する。1970年に170万戸に半減し，さらにオ

第6章 畜　産

表6-1　家畜の飼養農家数および飼養頭羽数の推移

豚

	飼養戸数		飼養頭数		1戸当たり飼養頭数
	戸	1960=100	頭	1960=100	頭/戸
1960	799,100	100.0	1,918,000	100.0	2.4
1965	701,600	87.8	3,976,000	207.3	5.7
1970	444,500	55.6	6,335,000	330.3	14.3
1975	223,400	28.0	7,684,000	400.6	34.4
1980	141,300	17.7	9,998,000	521.3	70.8
1985	83,100	10.4	10,718,000	558.8	129.0
1990	43,400	5.4	11,817,000	616.1	272.3
1995	18,800	2.4	10,250,000	534.4	545.2
2000	11,700	1.5	9,806,000	511.3	838.1
2006	7,800	1.0	9,620,000	501.6	1,233.3
2011	6,010	0.8	9,768,000	509.3	1,625.3
2012	5,840	0.7	9,735,000	507.6	1,667.0

採卵鶏

	飼養戸数		飼養羽数		1戸当たり成鶏めす飼養羽数
	戸	1960=100	千羽	1960=100	羽/戸
1960	3,838,600	100.0	54,627	100.0	14.2
1965	3,243,000	84.5	120,197	220.0	27.0
1970	1,703,000	44.4	169,789	310.8	70.0
1975	509,800	13.3	154,504	282.8	229.0
1981	187,600	4.9	164,716	301.5	653.0
1985	124,100	3.2	177,477	324.9	1,037.0
1990	87,200	2.3	187,412	343.1	1,583.0
1995	7,860	0.2	193,854	354.9	20,059.0
2000	5,330	0.1	187,382	343.0	28,704.0
2006	3,740	0.1	180,697	330.8	38,026.0
2011	2,930	0.1	175,917	322.0	46,878.0
2012	2,810	0.1	174,949	320.3	48,200.0

注：1980年（採卵鶏のみ）2005年、2010年は統計のちがいにより不規則な数値になるため、それぞれ翌年の数値に置き換えた。豚の2005年の数値は不確定であるが白書情報のまま記載した。
出所：農林水産省「畜産統計」「農業白書」より作成。

イルショック（1973年）の経済的影響もあって，1975年には50万戸へと加速度的に激減する。2010年代は3000戸を下まわっており，1960年当時の0.1％（1000分の1）以下にまで飼養戸数は減少している。他方，飼養羽数は1990年代半ばまで増加するが，それ以降はむしろ微減傾向にあることから，国内消費量がほぼ頭打ち状態であることが推測できる。ただ，飼養戸数が大幅に減少しているため，1戸当たり飼養羽数はさらに増大を続けており，2012年の1戸当たり飼養羽数は4万8000羽に達する。このような規模拡大が可能なのは，ひたすら購入飼料に依存しているからである。家畜は屋内に閉じこめられ，飼料もそこの土地から切り離されて供給される畜産は，工業的な生産構造と変わるところはなく，まさに『アニマル・ファクトリー』と呼ぶことができよう（Mason and Singer 1980＝1982）。鶏卵は，ときに物価の優等生と言われてきたが，それは数万羽規模の工業的生産によって実現されている。

　なお，乳用牛（酪農経営）や肉用牛（肉牛経営）は，中小家畜にくらべると変動幅は小さいが，やはり飼養戸数の減少，飼養頭数の増大という傾向は同じである。乳用牛の場合，1960年の飼養戸数は41万戸，飼養頭数は82万3500頭で，1戸当たり飼養頭数は平均2頭にすぎなかった。この当時は「水田酪農」と呼ばれる酪農経営が推奨されて，稲作の裏作（秋〜冬期）として牧草を作付けたり，稲わらを粗飼料として利用する酪農経営が広まった。水田の土地利用と酪農を有機的に結びつけた経営であり，北海道を除いた都府県で普及した。ただ，1戸当たり飼養頭数が絶対的に少ないために経営発展がのぞめず，現在の酪農は専業的な大規模経営が支配的となっている。2010年の飼養戸数は2万2000戸まで激減し，飼養頭数は148万4000頭，1戸当たり飼養頭数は72.1頭へと増大しているのである。

畜産・関連産業によるインテグレーション

　近代畜産の普及は，畜産経営の規模拡大をすすめてきたが，それと同時に経営外部からの家畜の導入や，飼料・生産資材の調達などによって外部依存性を高くしてもいる。そして，そのことが関連産業による畜産のインテグレーショ

ンを進展させている。

　1960年前後のイギリスの状況について，ハリソンは次のようなことを述べている。養鶏（ブロイラー若鶏肉生産）の場合，「ふ化場は特定の種鶏場から種卵を買ってふ化させ，ふ化した初生ビナを取引先の農場に売る。ついで農場では，ヒナをおよそ9週間余りかけて育てたのち処理場に売り渡す。次に処理場はそれを肉にして大きな仲買人——そのほとんどはスーパー・マーケットである——に売る」（Harrison 1964＝1979：32）。つまり「種鶏場→ふ化場→ブロイラー生産農場→処理場→仲買人，スーパー・マーケット」という系列的なつながりが形成され，さらに飼料会社やその他生産資材の供給業者がつらなるという構造ができているのである。しかも，それらは単なる売買関係や短期的な契約関係ではなく，より継続的で緊密な資本提携というかたちでつながる。このような系列的な関係を「インテグレーション（統合）」というが，資本力のある事業者は自らの利益を最大化できるようにインテグレーションを形成し，それを拡大深化させる。逆に個々の畜産経営は，外部依存性を高めれば高めるほどインテグレーションのなかに取り込まれるのである。

　なお，この点で最も典型的なのは飼料の外部依存であろう。実際に日本でもこのことが穀物輸入の増大をまねいており，輸入量の多さが食料自給率の大きな低下要因でもある。食料安全保障上のひとつの問題といえる。また，国際的な穀物価格の変動や為替の影響を受けやすいという点で，畜産の経営基盤は不安定で脆弱である。

　表6-2は，飼料の供給量および自給率を示している。とりわけ濃厚飼料（カロリーの高い穀物飼料）の供給量が多いことがよくわかる。中小家畜（養豚，養鶏）は，もっぱらこの濃厚飼料に依存して工業的な近代畜産を展開させてきた。しかし，この表でさらに留意すべき点は，1990年から粗飼料（牧草，ワラなど）が輸入されていることであろう。粗飼料は，反芻動物（牛，羊などの草食動物）が必要とするもので，主に放牧中に採食するか，冬期であれば農場内で夏期に収穫・乾燥調整したものを与えていた。その意味で，粗飼料を必要とする反芻動物の方が，部分的ではあれより「土地と結びついた」畜産であり続け

第Ⅱ部　危機・安心・安全

表6-2　飼料の供給量の推移，飼料自給率の推移

（単位：千 TDN トン，%）

年次	粗飼料	国産	輸入	濃厚飼料	国産原料	輸入原料	輸入	飼料供給量	純国産飼料自給率	純国産粗飼料自給率	純国産濃厚飼料自給率
1965	4,519	4,519		8,839	2,771	1,136	4,932	13,358	55		31
1970	4,656	4,656		13,739	2,297	2,176	9,266	18,395	38		17
1980	5,118	5,118		19,989	1,965	3,038	14,986	25,107	28		10
1990	6,242	5,310	932	22,275	2,187	3,509	16,579	28,517	26	85	10
2000	5,756	4,491	1,265	19,725	2,179	3,757	13,789	25,481	26	78	11
2005	5,485	4,197	1,288	19,678	2,214	3,842	13,623	25,163	25	77	11
2010	5,369	4,164	1,205	19,835	2,122	3,672	14,041	25,204	25	78	11
2011	5,270	4,081	1,189	19,488	2,354	3,584	13,550	24,758	26	77	12

注：飼料は TDN（可消化養分総量）換算されている。
出所：平成24年度『食料・農業・農村の動向（農業白書）』参考統計表。

ていた。したがって，その粗飼料の輸入量が増加しているという事実は，大家畜（主に牛）についても放牧が減っていること，土地からはなれた近代畜産がより深化していることをうかがわせる。

4　放牧畜産とその可能性

放牧が衰退した要因

　これまで述べてきたような近代畜産の問題を克服する上で，「放牧」に対する期待が近年高まっている。むろん国内の家畜は，そのほとんどが舎飼いを前提にして高い生産能力を持つように改良されているので，いきなり屋外に放牧（放飼）することはかえって無理がある。放牧に耐える体力がないのだ。しかし，徐々に条件を整えて放牧を取り入れようとする取り組みが各地でみられる。牛，羊，山羊などの反芻動物は，もともと生理的に牧草などの粗飼料を必要とするので，肉牛経営や酪農経営で放牧を取り戻すことは理に適っている。

　それでは，なぜ放牧はこれまで衰退してきたのであろうか。その要因のひとつは，やはり近代畜産の飼養方式が経営的に有利だったことである。近代畜産では，畜産物の「量」が追求され，「質」を問われることはほとんどなかった。

したがって，飼料は無駄なく効率的に畜産物の生産に結びつくことが利益であり，家畜に無駄な運動エネルギーを消費させないことが重視されてきた。

　肉用牛（和牛）についてみれば，伝統的に母牛（繁殖雌牛）とその子牛が放牧されてきたが，出荷の近い肥育牛については脂肪交雑（いわゆるサシ）が入るような飼養管理になるため放牧されることはなかった。もっぱら「舎飼い」で濃厚飼料（穀物）が多給されてきたのである。また，役畜利用がなくなりもっぱら肉用目的になるので，子牛は市場価値を高めるために外観や体重を重視して穀物多給型の舎飼いになる。母牛も，人工授精や繁殖時期の周年化などの管理上の理由で舎飼いが多くなる。このようにして，伝統的な母子牛放牧は少なくなっている。

　また，放牧地として利用されてきた土地は，地域社会で共有・共同利用する「入会（いりあい）」の林野，草地が一般的であった。牛はそこの自然草（野シバなど）を食べて放牧されていた。ただ，入会組織の構成員のなかでも，家畜を飼養しない農家，放牧利用しない農家が多くなっており，飼養頭数の減少とあいまって入会組織の活動を継続することが困難になっているという問題もある。そのような状況下で，なお肉用牛の伝統的放牧が現在もつづいているのは，北東北（青森・岩手など），飛騨地域（岐阜），三瓶山（島根），阿蘇・久住地域（熊本・大分）などわずかである。

放牧の再評価

　放牧が衰退した要因について述べたが，現在あらためて放牧の普及可能性への期待が持たれている。特に酪農での放牧は最も現実的である。放牧が必要とされる現状とその利点を荒木は次のように述べている。

　　放牧は，牛が自律的に動いて採食と排泄を行う，動物本来の自然の行為を活用した飼養方法である。そのことによって人間労働が軽減することになるが，日本の酪農は他の農業部門と同様，機械化，施設化によって省力化を図ってきた。また家畜は，摂取行動や排泄行動，休息行動からなる維

持行動，社会行動，生殖行動など，動物本来の行動を取るが，通年舎飼いは，それら動物が要求する行動を制限するため，ストレスや運動機能の低下によって疾病を招いている。さらにこの通年舎飼いは，酪農における労働過重，家畜の疾病の増加，コストの増加など，現代日本の酪農問題を招いてきた。以上の問題を解決する手段として放牧が見直されてきている。（荒木 2012：203）。

以上のことを整理してみると，放牧の利点とは，①機械や化石エネルギー，労働の投入なしに直接家畜に草地利用させる効率的な方法である（物財費，労働費の節約など低コスト生産に貢献），②急傾斜地などの機械利用が困難または不可能な草地の利用も可能である（土地の有効利用），③生産力の低い限界地における土地利用方法としても草地利用は有効である（生産条件の克服）といったところにある。

放牧畜産の可能性

放牧が衰退した要因と，現在は放牧を再評価する声があることを述べたが，それでは放牧は実際に展開していくのだろうか。その可能性は本当にあるのだろうか。

実際に放牧をとり入れた畜産（酪農）経営は，決して多いわけではないが全国各地にみられる。それらを概観すると，それぞれ放牧を継続している要因もそれなりに認めることができる。北海道の放牧酪農であれば，根釧地域を中心にひろがった「マイペース酪農」（三友 2000）や，十勝の「足寄町放牧酪農研究会」（荒木 2012：218-232），道南地域の放牧酪農家のグループ（荒木 2012：233-239）の例がある。都府県についても，それぞれ個性を持った「山地酪農」の酪農家が各地に点在する（日本草地畜産種子協会 2000）。これらの取り組みは，明らかに低コスト化，省力化に成功しているのである。また肉用牛ならば，入会組織をベースとした放牧の事例がみられる。その他にも農林水産省や都道府県の農業関連部局のホームページを参照すれば，事例はいくつもみることがで

きる。放牧は，少なくとも農家レベルでは，つまり技術的，経営的には十分に可能といえそうである。そうだとすれば，放牧を取り入れる畜産・酪農経営がもっと増えるためには，何が課題になるのだろうか。

　この点にかかわって畜産・酪農部門に特徴的なことは，多くの関連産業が関与しているということである。前述したインテグレーションが然りである。荒木が指摘するように，多くの関連産業は資材販売を行っているので，低投入を基本とする放牧酪農とは相対立するところがある（荒木 2012：244）。農家の互助組織である地域農協（単協）についても同じで，農協の経営は資材の購買・販売手数料収入に依存しているので，「輸入穀物を主原料とした配合飼料の販売，牛乳販売の拡大＝生産規模拡大へと走らせ，酪農家を規模拡大へと誘導する」（荒木 2012：244-245）という面がある。

　他方，川下部門についても関連産業の存在は大きい。食肉の場合，家畜のと畜，解体，処理を行う事業者が欠かせない。乳・乳製品の場合も殺菌処理プラントをはじめとする加工業者の役割が大きい。畜産では，このような専門性を持った処理・加工業者や輸送インフラを担う多くの事業者が存在する。そしてそこで問題になるのは，多くの事業者が介在するなかで，そもそも放牧を取り入れて生産された畜産物に市場性があるのか，どれだけの価値実現ができるのか，という点である。残念ながら，牛肉であれば現在の一般的な品質評価システムでは，部分肉の歩留まりと肉質（いわゆるサシと呼ばれる脂肪交雑など）によって品質等級が格付けされている。高品質とされる高価な牛肉を生産するには舎飼いで濃厚飼料を多給する必要があるため，放牧をとりいれることはあり得ない。また牛乳・乳製品の場合でも，乳脂肪分の多い牛乳が好まれるとすれば，生乳処理を担うプラントや乳業メーカーで定める乳脂肪分を満たしていなければならず，やはり高カロリーの濃厚飼料を多給する必要にせまられる。畜産物の一般的な市場性（品質評価基準）と近代畜産によって生産される畜産物は双子の関係なのである。したがって，「放牧」を市場で評価させるためのシステムが別に求められる。日本草地畜産種子協会が開始した放牧畜産基準認証制度（日本草地畜産種子協会 2008）はその先駆的試みだが，畜産部門が全体とし

て合意した評価システムを持つことが必要である。

　畜産部門には，耕種部門にくらべると，関連産業を含めてはるかに複雑な産業構造がある。近代畜産の開発普及とともに形成されてきた面もあるが，そもそも畜産部門はそのような産業構造によって支えられている面がある。近代畜産の問題を克服するためには，放牧技術などの開発導入はもちろん必要だが，産業構造や社会制度面での全体的な取り組みが求められる。

【討議のための課題】
(1) 有畜農業論が示した経営ビジョンの有効性と限界は何であったか。
(2) 近代畜産の問題点をあげよ。
(3) 近代畜産による規模拡大はどのような問題を引き起こしているか。
(4) アニマルウェルフェアの問題を科学的に認識するとはどのようなことか。
(5) 放牧が後退した要因と，そしていま再評価されるようになった要因は何か。

文献

青木人志，2002，『動物の比較法文化——動物保護法の日欧比較』有斐閣。
荒木和秋，2012，「放牧酪農の可能性はあるか」柏久編『放牧酪農の展開を求めて——乳文化なき日本の酪農論批判』日本経済評論社，203-247。
Carson, Rachel, 1962, *Silent Spring*, Houghton Mifflin.（＝1974，青樹築一訳『沈黙の春——生と死の妙薬』新潮文庫。）
「快適性に配慮した家畜の飼養管理に関する勉強会報告書」
Harrison, Ruth, 1964, *Animal Machines: The New Factory Farming Industry*, Vincent Stuart Publishers Ltd.（＝1979，橋本明子・山本貞夫・三浦和彦訳『アニマル・マシーン——近代畜産にみる悲劇の主役たち』講談社。）
岩片磯雄，1951，『有畜経営論』産業図書（復刊：1982，農山漁村文化協会）。
Mason, Jim and Peter Singer, 1980, *Animal Factories*, Crown Publishers, Inc.（＝1982，高松修訳『アニマル・ファクトリー——飼育工場の動物たちの今』現代書館。）
三友盛行，2000，『マイペース酪農——風土に生かされた適正規模の実現』農山漁村文化協会。
日本草地畜産種子協会，2000，『山地酪農への誘い（山地酪農の技術Ⅰ）』。
日本草地畜産種子協会，2008，「放牧畜産基準作成及び普及推進検討報告書」協会ホームページも参照のこと（http://souchi.lin.gr.jp/ninsho/index.html）。
新山陽子，1997，『畜産の企業形態と経営管理』日本経済評論社。

第6章　畜　　産

農山漁村文化協会編，2012,『最新農業技術　畜産　vol.5』。
大山利男，1999,「畜産環境問題の発生と地域協定等の概況」『平成10年度　環境保全型畜産経営育成事業報告書』農政調査委員会，1-9。
大山利男，2004,「スイスの動物福祉プログラム」『のびゆく農業』957，農政調査委員会。
大山利男，2011,「有機畜産の発展に期待したいこと」『農村と都市をむすぶ』715：pp.44-50。
佐藤衆介，2005,『アニマルウェルフェア――動物の幸せについての科学と倫理』東京大学出版会。
Singer, Peter, 1975, *Animal Liberation: A New Ethics for Our Treatment of Animals*, Random House.（－1988，戸田清訳『動物の解放』技術と人間。）
Swiss Federal Office of Agriculture, 2004, Agricultural Report 2004: Summary.
吉田眞澄編，2003,『動物愛護六法（第1版）』誠文堂新光社。

第7章 生ごみと堆肥
―― 地域循環型農業の崩壊と再生

谷口吉光

キーポイント

(1) 今日ほとんどの市町村で生ごみは「燃えるごみ」として焼却されているが，地域資源を循環利用するという視点から見れば，生ごみは発酵させて肥料にする（堆肥化），家畜のエサにする（飼料化），嫌気性発酵させてガスを取る（メタンガス発酵）などが適切な利用方法といえる。
(2) 江戸時代，江戸の町と周辺農村の間には「有機物の地域内循環」が成立しており，そのおかげで日本固有の「地域循環型農業」が実現していた。そのなかで人糞は価値ある「商品」と見なされていた。
(3) 江戸時代の地域循環型農業は明治以降の近代化によって崩壊したが，1970年以降地域循環型農業を再生させる動きが広がっている。有機農業はその中心的な運動である。
(4) 有機物の循環を考える時，社会学は「人間の主体的な意志や行為を重視する」「社会現象の変化を，その現象の社会的構築の仕方の変化として捉えていく」「問題の原因を歴史から学ぶ」などの独自の視点を提供している。

キーワード

生ごみ，堆肥化，有機物，地域循環型農業，有機農業，リサイクル，生命循環

1 生ごみを「燃えるごみ」として出す不思議

生ごみとは，食べ残しや野菜くずなど，もともと食べようと思って買ったり料理したりしたが結局捨てる羽目になったものをいう（廃棄物研究ではこれを「食物残渣」という）。今，多くの地域で生ごみは市町村が「燃えるごみ」として

収集・処理してくれる（地域によっては「燃やせるごみ」「燃やすごみ」などとも呼ぶ）。だから私たちはごみの収集日になると、冷蔵庫を開けて賞味期限が過ぎたパンや、台所にたまった野菜くずをごみ袋に入れて、紙くずなどと一緒にごみの集積所に持っていく。ふだんの暮らしでは、それが当たり前で何の疑問も持たないかもしれない。

でもちょっと考えてほしい。生ごみは水分が多いからそのままでは燃えない（重量の70〜80％が水分だという）。なぜ燃えないはずの生ごみを「燃えるごみ」として燃やしているのだろうか。生ごみをそのように燃やしていいのだろうか。そして、もし燃やさないとすれば、生ごみはどのように処理するのがよいのだろうか。

この章では、私たちの毎日の暮らしから出る生ごみについての素朴な疑問から出発して、「地域循環型農業の崩壊と再生」という大きなテーマについて考えていきたい。

社会学の視点⑴——「ごみ」って何だ？

ところでこの本は社会学の本なので、この章でも社会学の視点や考え方が随所に出てくる。どこが社会学の視点なのかをはっきりさせるためにトピック的に説明しておこう。最初は「ごみ」とは何かということだ。

「ごみって何ですか」と聞かれたら、あなたはどう答えるだろう。「いらないもの」「使わなくなったもの」などという答えが出てくるのではないだろうか。それでは、例えば目の前にさっき買ってきたメロンパンがあるとしよう。それはごみだろうか。「違う。まだ食べられるから」とあなたは答えるだろう。でも一口食べておいしくなかったので、あなたはそのメロンパンを捨ててしまったとしよう（食べられるものを捨てるのは決していいことではないが、実際には日常茶飯事に起こっている）。その時、捨てられたメロンパンは「ごみ」になる。もっと正確に言えば、それは「ごみ」として処理される。

いいたいのはこういうことだ。「ごみ」というのは個別の事物（例えばメロンパン）に属する性格（属性）ではなく、人間がその事物を「いらない」と決め

第7章　生ごみと堆肥

て,「ごみ箱」に捨てる時に「ごみ」になるのだ。言い換えると, ある事物がごみであるかないかは人間がそれを捨てるか, 捨てずに使う（メロンパンなら食べる）かどうかによって決まるのだ。もともと「ごみ」というものはない。あるものを「ごみ」にするかしないかは人間が決める。人間の主体的な意志と行動がごみを増やしもするし, 減らしもする。だからごみを減らしたいとかなくしたいと思うのなら,「ごみ」となった事物に注目するのではなく, 人間に注目するべきなのだ。こういう人間の主体的な意志や行為に注目する見方が社会学の視点である。リサイクル運動には「捨てればごみ, 分ければ資源」というスローガンがあるが, それも社会学の視点と共通する。

　この視点に立てば,「生ごみを燃えるごみにしたのは人間だ」ということになるが, ここで「人間」という言葉にも注意してほしい。「人間」という言葉は私たち一人一人の「個人」のことをいう場合もあるが, 大勢の個人の集合体である「社会」と同じ意味で使う場合もある（「地球環境問題を引き起こしたのは人間の責任だ」という場合の「人間」）。人間が個人のことだとすると,「生ごみを減らすために一人一人が気をつけよう」という個人的行動の話になるが, 人間が社会のことだとすると,「生ごみを出さないような社会のしくみを作ろう」という社会デザインの話になる。

　では「社会のしくみ」とはどんなことを指すのだろうか。例えば生ごみを燃えるごみとして区別して集めているのは市町村だ。なぜ市町村がやっているかといえば, 家庭ごみの収集・運搬・処理は市町村が責任を持って行うと廃棄物処理法で決められているからだ。言い換えると, 生ごみを燃えるごみにしているのは市町村がそういう「社会のしくみ」を作っているからで, 私たち個人はそのしくみにしたがって行動しているということになる。だから, あなたが「生ごみが燃えるごみなのはおかしい。もっと適切な方法で処理すべきだ」と考えるのなら, そういう社会のしくみを作らなければならないということになる。実際, 数は多くないが, 生ごみを分別して堆肥化している市町村もあるし, 家畜のエサにする「飼料化」や, 生ごみを嫌気性発酵させてガスを取る（メタンガス発酵）などのしくみが全国各地で行われている。何か問題が起こった時

にその原因を個人ではなく社会に求め、問題を解決する社会のしくみを作ろうと考える考え方も社会学の視点だといっていい。

2　ごみ処理のしくみ

　次に現在のごみ処理のしくみをざっと勉強しておこう。私たちが「燃えるごみ」の袋に入れて捨てた生ごみは、その後どのようなしくみで処理されているのだろうか。ごみ処理は一般に「収集・運搬・焼却・埋立」という段階に分けられる。収集は家庭などから出るごみを集めること、運搬はそれを処理施設まで運ぶことをいう。「燃えるごみ」は焼却場で燃やされて（焼却されて）から灰は廃棄物処分場に埋め立てられる。一方、「燃えないごみ」は焼却されずにそのまま処分場に埋め立てられる。「燃えるごみ」を焼却してから埋め立てる理由は、燃やして灰にした方が重量が大幅に減るからと、ごみが衛生的で安定した状態になるからである。

　以上のことをもっと具体的に説明しよう。家庭から出るごみは何十軒かまとめて「集積所」というごみ置き場に出すことになっている。ごみを出す曜日は「この地区は月曜日と木曜日」というように決まっている。最近ではリサイクルが普及したので、「毎月第2火曜日はビン・缶・古紙、第2水曜日はペットボトル、第3水曜日は金属類」などと品目別に出せる曜日が細かく決められている（これを「分別」という）。先ほど書いたように、こうしたごみ収集のしくみは市町村が決めるので、何をどう分別して収集するのかは実は市町村ごとに違っている。リサイクル意識が進んだ市町村でごみをたくさんの種類に分別しているところもあれば、何でも燃やせるガス化溶融炉を導入している市町村では「燃えるごみ」と「燃えないごみ」の区別をしない（瀬戸物やガラスも「燃えるごみ」になっている）ところもある。

　さて、集積所に集められた燃えるごみはごみ収集車（パッカー車）が収集してごみ焼却場まで運び、そこで燃やされる。しかし、ごみに直接重油をかけて燃やしているわけではない。重油やガスなどは焼却炉に火を点けた時や炉内の

第7章　生ごみと堆肥

温度が下がった時に補助的燃料として使われるが，通常は紙，木材，プラスチックなど本当に燃えるごみが出す熱エネルギーで生ごみも一緒に燃やされている。生ごみに重油をかけているわけではないから少しは環境への負荷が少ないともいえるが，水分が多いために本来それ自体は燃えないはずの生ごみを他のごみに混ぜて無理に燃やしていることに変わりはないから，やはりこのような処理方法には問題があるといえるだろう。

生ごみを発酵させれば肥料になる！

　それではなぜこのような処理方法が広まったのだろうか。そこでごみ処理の歴史をざっとおさらいすることにしよう。食べることは人間の最も根源的な活動のひとつだから，人類は歴史の最初から生ごみを処理するしくみを作っていた。例えば縄文時代や弥生時代の遺跡で発見される貝塚は生ごみのごみ捨て場だった。衛生面を考えて腐りやすい生ごみを家や村の周辺にまとめて捨てる場所を作ったのだろう。今でも農村に行くと，農家の敷地や畑の隅に生ごみや野菜くずなどを積んであるのを見かけることがある。一般には「肥塚（こえづか）」と呼ばれることが多いが，私が住んでいる秋田県では方言で「こじげ」などと呼ばれている。

　生ごみや野菜くずだけを分けて積んであるのは，それがいずれ腐ったら肥料として田んぼや畑に返すことを考えているからだ。ここでひとつ大事なことがある。生ごみを上手に腐らせると堆肥，つまり肥料になるということだ。「上手に腐らせる」というのは，生ごみの水気を切って米ぬかやもみ殻などと一緒に積み上げて置いておくと，微生物が働いて数ヶ月で有機物を分解して堆肥になるという意味だ。よい堆肥を作るには空気が好きな微生物（好気性微生物）の力が必要なので，生ごみを積む時は空気が中に入り込むようにスコップや機械を使って何度か切り返しをしたりする（この過程を発酵という）。反対に，水分が多すぎたりして空気が少なくなると，空気が嫌いな微生物（嫌気性微生物）の力が強くなり，せっかく生ごみを積んでもベタベタしたり悪臭がひどくて肥料には使えなくなってしまう（この過程を腐敗という）。どちらも微生物の力を

借りて有機物を分解するという過程は同じだが、好気性微生物が働いてよい堆肥ができれば「発酵」といい、嫌気性微生物が働いてよい堆肥ができない場合を「腐敗」という。生ごみが堆肥になる化学的・生物学的過程についてもっと知りたければ農学の一部門である土壌肥料学を勉強してもらいたい。

ここでは生ごみを発酵させれば肥料になるというポイントを押さえておけばいい。なぜこのポイントが大事なのかといえば、発酵させて肥料にすれば生ごみを燃やす必要がないからだ。言い換えると、生ごみを堆肥にすればそれはもはや不要物ではなく、野菜や米を育てる有用物になる。だから、発酵して肥料にすることこそ生ごみを「ごみ」にしない、生ごみ本来の性質に合った利用方法だといえるのではないだろうか。

生ごみは有機物の一部

たった今、「生ごみを発酵させれば肥料になる」と言った。本章のテーマは生ごみだからこれだけ言って先に進んでもいいのだが、実は「発酵させれば肥料になる」のは生ごみだけではない。庭や川原に生えている草や稲ワラなども発酵させれば立派な肥料になる（緑肥）。牛・豚・鶏などの家畜の糞尿もそうだ（厩肥）。私たち人間の糞尿だって発酵させれば肥料になる（人肥、下肥）。お米をもみすりした時に出るもみ殻、精米した時に出るぬか、豆腐を作った時に出るおからなども発酵させれば肥料になる。このように発酵させれば肥料になる物質はたくさんあるが、その共通点は生物が作った物質だということだ。ひとつひとつ詳しく確認はしないが、草や稲ワラやぬかなどは植物の一部、家畜や人間の糞尿は動物の一部というように、生物が作った物質はほとんどが発酵させれば肥料になる。こうした物質を総称して「有機物」という。生ごみが肥料にならずに「燃えるごみ」として燃やされているように、現在多くの有機物が肥料にならずに「ごみ」として燃やされたり、埋め立てられたりしているが、生ごみと同じように有機物も発酵させて肥料にするのが本来的な処理方法だといえる。この先の議論では生ごみだけでなく有機物全体にも時折ふれながら考えていくことにしよう。

第7章　生ごみと堆肥

肥塚は「有機物の小さな循環の輪」を作る

　肥塚についてもうひとつおぼえておいてほしいことがある。それは自分の家で出た生ごみを肥塚で堆肥化し，その堆肥で作物を育てそれを食べることができれば，自分を中心にした「有機物の小さな循環の輪」を作ったことになるということだ。2000年に「循環型社会形成推進基本法」という法律ができたことが示すように，現在では「循環型社会」を作ることが社会の大きな目標になっているが，循環の輪は大きいより小さい方がよい。なぜなら，循環の輪が大きいとそれだけ長い距離を輸送するために石油などのむだ遣いになるし，ごみとして出す人とそれを処理する人の距離が遠くなると途中で何が起こっているかわからなくなるので，ごみを出す人の実感や責任があいまいになるからだ。

　生ごみを堆肥化して「有機物の小さな循環の輪」を作ることは，自給的農業（自分の食べる作物を自分で育てる農業のあり方。自給農ともいう）や自給的ライフスタイル（自分の食べるものを自分の力で賄う暮らし方）にも重なる。肥塚と言っても今ではほとんどの人は見たことも聞いたこともないだろうが，実は本来的な生ごみ利用方法の原点といっていいものだ。この原点を未来にどう活かすかについては後述する。

3　江戸時代の「有機物の地域内循環」

　ところで肥塚で有機物を発酵させると臭いがする。だから人口密度が低い農村では許されてきたが，中世から近世になって京都や江戸などの都市が発達すると，肥塚を使った処理方法が難しくなった。江戸の町でも当初生ごみを空き地や川などに捨てて近所の人が悪臭，ハエや蚊に悩まされるという現代の公害問題のような問題が起こっていた。だが，それから50年くらいすると，ごみを捨てる場所が決められて，幕府の許可を受けた処理業者が家庭から出たごみをその場所に運搬して処理するようになった。江戸の町が拡大するにつれて，ごみを捨てる場所は町の外に設けられるようになり，収集・運搬・処理というごみ処理の原型が次第にできあがっていった。そのしくみの中で，生ごみや人糞

は町で収集され，大八車や船などで近郊の農家まで運ばれ，そこで肥料になった。農家はその肥料で野菜を育てて江戸に持ってきて売った。こうして，江戸時代には個人単位の肥塚よりずっと大きな規模で「有機物の地域内循環」が行われていた。この頃の江戸の町が同時代のヨーロッパの町と比べてはるかに清潔だったことはよく知られているが，それはこうした有機物の地域内循環がうまく回っていたおかげである。

ウンコに値段がついていた

江戸時代の有機物の地域内循環について書かれた文献を見ると，生ごみについての記述はあまりなく，人間の糞尿（ウンコやオシッコ）に関する記述が圧倒的に多い。当時の日本人は肉や卵を食べず，米と野菜中心の質素な食事だったから，生ごみ自体の量や悪臭のもとになる動物性タンパク質の量が今よりずっと少なく，生ごみの処理は今ほど難しくなかったのだろう。それに比べると，毎日確実に一人当たり200〜300グラム排出されるウンコと1.5リットル排出されるオシッコの処理は100万人の人口を抱えていた江戸の町にとってはるかに深刻な社会問題だった。だから私たちはここでは生ごみではなく，人間の糞尿を取り上げることにしよう。当時のヨーロッパでは糞尿を「ごみ」，すなわち不要物と見なして，それを町から一掃する方法として下水道を発達させた。現在の日本でも，糞尿は水洗トイレで流して下水道で処理するのがよいという考え方が当たり前になっているが，これはヨーロッパから来た考え方であって日本本来の考え方ではないということを強調しておきたい。

現代から見ると驚くべきことだが，江戸時代の日本人は人糞を「ごみ」ではなく，価値ある「商品」と見なして，それを売買する社会のしくみを作り上げていた。例えば次の文章はその一端を具体的に描いている。

> ウンコの値段には5段階の価格差があり，大名屋敷が特上で牢屋のウンコが最低。長屋のウンコは下から2番目だった。大名屋敷の人は栄養のあるものを食べているからウンコも肥料としての効果も高かったのである。

……こうした汲取りの権利は売買され，肥取引仲買人も介在した。集荷された肥えは，肥船に乗って千葉や埼玉に送られ，各地の河岸には売り捌き人もいたという。(有田・石村 2001：90)

　このように「ごみ」として捨てられているものに経済的価値を付けて「商品」として売買できるようにしようという考え方は，現在の廃棄物政策のなかでは「経済的手法」と呼ばれて推奨されている。ビールびんなどを店に返すとびん代が返ってくる「デポジット制」などがそれに当たるが，さまざまな理由があり日本ではあまり広がっていない。それに比べると，江戸時代の有機物の地域内循環は「経済的手法」の大成功例と言っていいだろう。

　江戸時代に大きく花開いた「有機物の地域内循環」のしくみは，江戸の周辺（今の埼玉県や千葉県）に豊かな農村地帯を発達させた。これが現在まで続く関東の野菜産地の基礎を作った。江戸時代には町と農村をつなぐ「有機物の地域内循環」と，それに基づいた地域循環型農業が長期間に渡って成立していたのだ。そのような農業を日本固有の「地域循環型農業」と呼んでよいだろう。

社会学の視点(2)――社会現象の変化を，その社会的構築の仕方の変化として捉える

　生ごみの話から突然「ウンコ」の話になって驚いた読者もいるかもしれないが，前述したように「生ごみ」も「堆肥」も「ウンコ」も物質的には同じ「有機物」なのだ。しかし，同じ有機物でも，社会的・歴史的文脈が変わると，私たちは違う名前をつけて，あたかもそれが違うもののように考える。例えば，今では「ウンコ」は汚い「不要物」だが，江戸時代にはお金を払って売買される「商品」だったというように。このように社会学の視点から見ると，同じ有機物が社会的・歴史的文脈によって驚くほど違った姿を見せることがよく理解できるだろう。こうした社会学的視点の特徴を「複雑に見える社会現象の変化を，その現象の社会的構築の仕方の変化として捉えていく」と言っておこう。

4 近代化による「地域循環型農業」の崩壊

　江戸時代に成立した地域循環型農業は，残念ながら，明治維新から始まる近代化・都市化によって，徐々に崩壊の道をたどることになった。具体的には，近代的な廃棄物処理方法の普及，下水道の普及，化学肥料の普及の3つが大きな要因といえる。廃棄物処理方法について言えば，1880（明治20）年にペストが大流行したことがきっかけになって，1893（明治33）年には「汚物掃除法」という日本で最初の廃棄物処理の法律ができた。やがて東京中心部のごみを市が直接収集するようになり，大正13年には大崎に塵芥焼却場が建設された（環境省編 2001：17）。汚物掃除法は1954（昭和29）年に「清掃法」に，1970（昭和45）年には「廃棄物処理法」へと名称を変え，収集・運搬・焼却・埋立という現在のごみ処理法のしくみが徐々に形作られていった。

　第二の要因は，下水道の普及である。ヨーロッパで発達した水洗トイレと下水道は明治時代から日本に持ち込まれた。日本最初の水洗トイレは明治元年に東京の築地ホテルで作られたというから，非常に早い導入といえる（有田・石村 2001：18）。その後，下水道は徐々に普及し，2011年の統計によると全人口の92％が下水道を利用するまでになっている（環境省 2011）。

　こうした近代的な廃棄物処理方法や下水道の普及によって，生ごみや糞尿が近郊農村に運ばれて肥料となるというルートが衰退し，「有機物の地域内循環」が崩壊していった。第二次世界大戦後，米軍が日本にやってきた時，「（東京の）銀座の昼日中，肥溜めをいくつも載せた馬車が行き交い，あちこちで肥えの取引や積み替えが行われていた」（有田・石村 2001：32）というから，有機物の地域内循環はその頃までまだ活発に行われていたようだが，2011年には全国で収集された糞尿のうち肥料として農地に還元された量は年間9300キロリットル，割合にしてわずか0.1％でしかない（環境省 2011）。

　同時に，生ごみや糞尿が肥料になる「有用物」だという考え方も衰退し，不潔で迷惑な「厄介物」（＝ごみや汚物）だという考え方が次第に主流になって

いった。森住明弘は，下水道の根本には自分の身体から出る糞尿を「汚れ」と見なして，早く遠ざけてしまい，見かけの美しさを保とうとする考えがあると指摘する（森住 1990：33）。このような考えが「有機物の地域内循環」と正反対の考えだと言うことを心にとめてほしい。

化学肥料の普及と近代農業の発展

　第三の変化は農業の側から起こった。第二次世界大戦後の食料増産のために化学肥料が大量に使われるようになり，農家が有機物を肥料として利用しなくなったのである。1961年には農業基本法が成立し，化学肥料・農薬，農業機械，農業資材などの利用を前提とする「近代農業」が急激に発展した。化学肥料や農薬は農業生産性を飛躍的に向上させ，除草剤は農家を草取り作業から解放し，農業機械は辛い肉体労働を軽減させるなど，近代農業は一時期農業の明るい未来を示すものと思われたが，その反面で有機物を堆肥化して利用することの重要性はすっかり忘れられてしまったのである。

食料の全国流通と食料輸入の増加

　地域循環型農業を崩壊させた第四の変化は，高度経済成長期に大都市に人口が集中し，食料が全国的に流通するようになったことである。全国流通の主役になったのがスーパーマーケットだった。日本で初めて開店したスーパーは1953（昭和28）年東京・青山に出店した「紀ノ国屋」だった（岸 1996）。スーパーは「ほしいものが，いつでもそろう店」をめざすので，大量の農産物を安定的に供給してくれる大規模な農産物の産地を全国に求めることになる。日本の国土は南北に長く，季節の変化がはっきりしているので，同じ野菜を寒い時期には沖縄や九州，暑い時期には高冷地や北海道で栽培することができる。時代の要請に応じて，国は1963年に野菜指定産地制度を作り，キュウリやトマトなどの基礎野菜を都市部に大量に出荷できる大規模産地の育成に乗り出した（こうした産地では単一作物の連作と，化学肥料・農薬の使用を前提とした近代農業が行われていた）。また野菜は1961年に輸入が自由化され，国内で手に入らない野

菜は海外から調達することができるようになった。その後1980年代以降，農産物の輸入は加工食品や外食の原材料として急増し，食料自給率を低下させ，「(日本人の食卓が) 世界中から集めてきた食べもので成り立っている」と言われる原因となっている (岸 1996)。

　このように，農産物の全国流通と食料輸入がからみ合いながら，農産物を大量生産・大量流通させるしくみが作られていった。このしくみの上に，「(お金さえ出せば) 食べたいものがいつでもどこでも手に入る」という現在の食生活が成り立っている。こうした食生活が豊かで快適だという考え方を一概に否定はできないが，同時にこの食生活が地域循環型農業を破壊し，有機物を本来の肥料ではなく「燃えるごみ」にしてしまっているという事実をよく考えてみる必要がある。

　こうしたさまざまな要因が複雑に絡み合いながら，江戸時代の地域循環型農業は，事実の面でもそれを支える意識の面でも崩壊に追い込まれていった。その結果，本来地域のなかで「有機物→肥料→農産物→食卓→有機物……」と循環していたつながりが断ち切られて，「化学肥料→農産物→食卓→有機物→ごみ→焼却」という一方通行の流れ (それも世界規模の流れ) になってしまっているのである。

5　地域循環型農業の再生に向けて

　しかし，1960年代後半になると高度経済成長の弊害は水俣病のような公害問題，農薬中毒問題，残留農薬や食品添加物による食品公害問題などの形で噴出した。それを受けて，食料の大量生産・大量消費に対する反省が生まれてきた。こうした反省の中から大量生産・大量消費に対して地域循環型農業の再生をめざす動きが起こってくる。しかし，「再生」と一言で言っても，すでに説明してきたように，江戸時代とは社会的な条件が大きく変わってしまっている。1970年代には生ごみは「燃えるごみ」として焼却され，人糞は下水道 (あるいはバキュームカーによる汲み取り) によって「汚物」として処理されていた。だ

から，この時代の地域循環型農業再生の取り組みは江戸時代のしくみを再現することなどではなく（それはまったく不可能だ），新しい条件のなかで，バラバラになっていた素材をつなぎ合わせて新しく循環の輪をひとつひとつ手探りで作っていくという作業にならざるを得なかった。例えば江戸時代とは大きく違った条件の下で，有機農家は肥料の材料になる有機物を探すのに大変な苦労をした。近所の豆腐屋のおからや植木屋のせん定枝などをもらって堆肥化したという話が伝わっている。このように過去のしくみを再生するには昔のやり方をそのまま受け継ぐことはできないので，過去の精神を活かしながら，現在入手可能な要素を組み合わせて再構築する必要がある。例えば，有機物の循環的利用として堆肥化のほかに，家畜のエサにする（飼料化），嫌気性発酵させてガスを取る（メタンガス発酵）などの方法が実行されているが，いずれも過去のしくみを再構築しようとする試みと言ってよい。

地域循環型農業再生の中心は有機農業

　そうした地域循環型農業再生の取り組みの中心にあったのは有機農業運動である。有機農業の核心は化学肥料を使用せず，有機質肥料を使って土づくりを重視するという点にあるが，それだけを狭く見れば，有機農業が地域循環型農業になる必然性はない。なぜなら有機質肥料をどこか遠い場所から買ってきても有機農業はできるからである（実際に地域外から有機質肥料を入手している農家は多い）。しかし，有機農業を真剣に追求していくと，有機質肥料を遠くから買ってくることにはさまざまな不都合があることが次第にわかってくる。例えばその肥料は誰がどんな原料を使ってどうやって作っているのかがわからないという不安がある。何か変なものを混ぜられないだろうか。外来雑草の種が混ざってはいないか。あるいは牛糞や鶏糞などを使う場合，家畜を育てたエサはほとんどが輸入されたものだから，エサに抗生物質や成長ホルモンなどの添加物が含まれているかもしれない。そんな肥料を土に入れて土の中の微生物に影響はないだろうか。遠くから肥料を運んでくればそれだけ燃料がかかる。それはムダな経費だし，地球環境問題の点から言っても望ましくない……。

金を稼ぐ手段として割り切って有機農業をやっている農家はこのようなことを気にしないかもしれない。しかし，多くの有機農家は本当に安全で身体にいいたべものを作ろうと努力している。そうした真剣な農家は自分の田畑や取り組みの中に不安材料や納得できない要素が入り込むことを好まない。だから，実際にそういう要素をすぐに取り除けないとしても，いつか取り除こうと考えて情報を集めたり，除去する方法を試したりする。新しい方法を見つけ出すと，それを隠したりせずに公開する農家は多い。そうやって農家が開発した新しい方法や技術は農家同士のつながりのなかで広まり，修正され，改良されていく。そのようにして，少しずつ有機農業は地域循環型農業を実現してきたのである。

　なぜ有機農業が地域循環型農業を実現してきたのかといえば，安全・安心を確保する点でも，経営コストの点でも，環境負荷を最小限にするという点でも，そして自分の経営を自分でコントロールできるという点でも，地域循環型農業が最も合理的だからだろう。有機農業は「運動」であるとよくいわれるが，それは多くの農家が単に利益追求のために有機農業をやっているのではなく，より望ましい農業をめざして絶えず模索を続けていく，その姿勢が「運動」と呼ぶにふさわしいからではないだろうか。

消費者・市民側からの取り組み

　以上で述べた有機農業は農家側の取り組みであるが，消費者側からも地域循環型農業の再生に向けた取り組みが数多く生まれてきた。暮らしから出る有機物をごみとして捨てずに，リユース（ある品物をそのままの形でもう一度利用すること。再使用）やリサイクル（ある品物を一度原料に戻してから再度品物を作り直すこと。再生利用）する取り組みとして，料理で使った後の食用油（廃食油）を利用した石けん作りは長い歴史があるし，最近では廃食油を自動車などの燃料（BDF）に使う取り組みも盛んになっている。料理をする時に大根の葉などを捨てずに使うなどの心得は古典的な調理の知恵であるが，最近では「エコクッキング」などと呼ばれて再評価されている。白米ではなく玄米をベースにした「玄米菜食」を勧める「食養」は健康を主な目的としているが，食生活のムダ

を極力減らすことも提唱している（1980年代，食養はアメリカでマクロビオティックという名前で紹介されたが，それが「マクロビ」として日本に逆輸入されている）。

1990年代にはごみ焼却場から環境基準を超えるダイオキシンが検出されて社会問題となったが，それ以降「生ごみを焼却して埋め立てるという処理方法でいいのだろうか」と疑問を持つ市民が増え，市民による生ごみ堆肥づくりが活発になった（吉野他 1999：21）。堆肥化の方法としては，行政による堆肥製造器（コンポスター）の配布，段ボール箱を使った堆肥化，微生物資材を使った生ごみ発酵機器，家電メーカーが商品化した生ごみ処理機などさまざまな方法がある。しかし，アパートやマンション暮らしの場合，生ごみを堆肥にしてもそれを利用する土地がないため，せっかく堆肥化してもそれを結局「燃えるごみ」に出さざるを得ないという皮肉な結果もありえる（ベランダにプランターを置いて家庭菜園をするくらいでは毎日出る生ごみ堆肥を使い切るのは難しい）。

このように市民が個人として取り組む活動にはさまざまなものがあるが，全体として個人の暮らしの見直しというレベルにとどまるものが多い。一歩進んで地域循環型農業を再生するためには，地域を巻きこんで社会のしくみを循環型に変えていく必要があり，そのような例も全国に広がっている。先進的な事例として有名な山形県長井市のレインボープランは市内約5000世帯の生ごみを収集して，専用のコンポストセンターで堆肥化し，地域の野菜農家に肥料として使用してもらうというしくみを作り上げた（レインボープラン推進協議会 2001）。あるいは宮城県仙台市では，市民が家庭で乾燥させた生ごみを市内5ヶ所で開かれている朝市に持っていくと，生ごみ1kgにつき新鮮野菜100円分と交換できる「乾燥生ごみと野菜等の交換制度」を実施している。家庭の生ごみは少量でも水分を含んでいるので，水切りや乾燥をし，また他のごみと分別して収集しなければならない点が課題となっているが，それを上手にクリアした成功事例が増えているのはうれしいことである。

企業の取り組み

国内で出る食品廃棄物（家庭の生ごみと企業が出す食品ごみを合わせたもの）の

総量は約2000万トンに上る（環境省 2001：58）。2000年に「食品循環資源の再生利用等の促進に関する法律」（食品リサイクル法）が制定され、たべものを扱う製造業、流通業、外食産業などでは排出する食品廃棄物の20％をリサイクルする義務を負うことになった。具体的にどのようなしくみを作っているかというと、ある関東地方の流通業（デパートとスーパー28店舗を経営）の場合、売れ残りのたべもの（食品残渣）を分別・収集して、独自のプラントで液体飼料を製造し、それを養豚企業に提供して豚の飼料とし、その豚肉をもとの店で販売するという例がある。他の例では、食品残渣を発酵させて堆肥を製造し、それを農家の肥料にして穫れた野菜を店で販売している企業がある。

　企業が食品リサイクルに取り組むことによって、家庭よりはるかに大きな規模で地域循環型農業のしくみを回すことができるというメリットがある。反面、規模が大きくなるということは循環の輪が大きくなるということだから、前に述べたように、輸送エネルギーなどの点で環境への負荷が増えるというデメリットもある。「肥塚が原点」ということをもう一度思い出してほしい。「リサイクルしていればそれでOK」と考える人もいるかもしれないが、実際にはこのようにリサイクルが進んでいても新たな問題が起こっている例は多い。「リサイクルは万能の解決方法ではない」ということを肝に銘じてほしい。

社会学の視点(3)——問題の原因を歴史から学ぶ

　これまで生ごみ処理の歴史を江戸時代から現代まで振り返ってきた。大きく分けると、肥塚のように家庭内の「小さな循環」による堆肥化→江戸時代のように「地域循環型農業」による堆肥化→明治時代以降になると生ごみと糞尿が肥料ではなく「ごみ」や「汚物」として処理される→1970年代以降のリサイクル、という4つの時期に区別することができる。

　このように、ある問題の原因を考える時に、その歴史を振り返って問題がいつどのように変化してきたのかを調べることはとても大事なことだ。その時に社会学の視点が生きる。生ごみの歴史を振り返ってわかるように、おなじ生ごみでも時代によっては「肥料」になったり、「ごみ」になったりする。本章の

はじめに述べたように、「ごみは事物の属性ではなく、人間がそれをごみと見なすからごみになるのだ」という視点を持っていれば、時代によってどんどん変わっていくように見える現象を、「同じ事物だが人間のものの見方が変わったから違うように見えるのだ」と考えて、一貫した見方ができるようになるだろう。

6 物質循環、生命循環、社会のつながり

　最後に、「循環」について考えておこう。本章では「循環」という言葉を定義せずに使ってきたが、実は農業問題や環境問題で「循環」という時にはいくつかの側面があり、それを区別しないとまったく別の議論になってしまう危険性がある。

　循環の第一の側面は「物質循環」だ。生ごみを堆肥化して農産物を栽培する時、肥料の3大要素と呼ばれる窒素、リン、カリウムなどの物質が循環している。物質循環は近代農業でも有機農業でも基本的な前提である。第二の側面は「生命循環」だ。生命循環とは、土の中の「微生物」→野菜や米などの「植物」→家畜や人間などの「動物」→植物や動物の糞尿や死骸を分解する「微生物」→土の中の「微生物」……という有機物の循環に関わるさまざまな生物の生命の循環のことをいう。

　「生命循環」をどう扱うかで近代農業と有機農業の立場は大きく違う。化学肥料は野菜や米の栄養となるが、有機物を含まないので土の中の微生物のエサにはならない。だから化学肥料だけをやり続けると土の中の微生物はエサ不足で数が減ってしまい、土は固くなり、病害虫が出やすくなる。言い換えると、近代農業は生命循環を軽視（あるいは無視）する。それに対して有機農業は有機質肥料を与えるので、土の中の微生物にエサを増やし、生態系の生命循環を豊かにする。生命循環の重要性をきちんと意識するようになれば、循環が土（大地）から生まれ土に還るものでなければならないことがわかるだろうし、循環の規模は小さい方がいい理由もわかるだろう。農学者の中島紀一は有機農

業の技術論の核心は「重層的・生命連鎖的自然小循環を農耕の場で安定的かつ活性高く成立させること」と述べているが，生命循環を意識すればこのような考え方は素直に受け入れることができるだろう（中島 2013：137）。

　物質循環や生命循環というと，まるで物質や生物だけで循環が成り立っているような印象を与えるかもしれないが，実際には「有機物→肥料→土→農産物→食卓→有機物……」という循環のすべてに人間の行動が関わっている。特に地域循環型農業を再生しようという取り組みにおいては，循環の重要性を理解した大勢の人間が自覚的・主体的に行動する必要がある。そういう人間たちの心や社会的しくみがつながって，初めて物質循環も生命循環も動き出す。社会学は人間の意識や行動を研究する学問だからこそ，本章の最後に「社会のつながり」の重要性を強調しておきたい。

【討議のための課題】
(1) 自分の住んでいる（あるいは出身の）市町村のごみ分別のしくみを調べて，友だちと比べてみよう。分別がどう違うか，その違いはなぜ生まれたか，どのしくみがよいかを議論しよう。
(2) 現在多くの有機物が肥料にならずに「ごみ」として燃やされたり，埋め立てられたりしている。具体的にどんな有機物がどのように処理されているかを調べて，問題点を議論しよう。
(3) 地域循環型農業を現代に復活させるためには何が必要か議論しよう。

文献
有田正光・石村多門，2001，『ウンコに学べ！』ちくま新書。
岩田進午・松崎敏英，2001，『生ごみ　堆肥　リサイクル』家の光協会。
環境省編，2001，『平成13年版　循環型社会白書』。
環境省，2011，『一般廃棄物処理実態調査結果』（http://www.env.go.jp/recycle/waste_tech/ippan/h23/index.html）。
岸康彦，1996，『食と農の戦後史』日本経済新聞社。
礫川全次，1996，『糞尿の民俗学』批評社。
森住明弘，1990，『汚れとつき合う』北斗出版。

中島紀一，2013，『有機農業の技術とは何か』農山漁村文化協会。
レインボープラン推進協議会，2001，『台所と農業をつなぐ』創森社。
吉野馨子・田村久子・安倍澄子，1999，『台所が結ぶ生命の循環』筑波書房。

第Ⅲ部
地域での実践活動

第8章 ローカルな食と農

桝潟俊子

キーポイント

(1) 日本の社会や人々の生活は，高度経済成長期以降の産業化と1990年代に入って急激に進んだグローバリゼーションのもとで大きく変動し，食と農をめぐる状況は生命・生活原理と経済原理が鋭く対立・矛盾する構造にある。
(2) 1990年代以降，「ローカル」と「コミュニティ」を再評価し，「底の浅い(shallow) オーガニック」をこえて人地や人とのつながりを取り戻そうとする動きは，アメリカやヨーロッパ各地で，同期(シンクロ)しているかのように広がりをみせている。
(3) ネオリベラリズムのもとでのグローバリゼーションと自由貿易の推進は，国際レベルの有機認証システムの整備を促進し，有機農業の「産業化」を招いた。
(4) 世界各地で取り組みが始まっている「ローカル」に視座をすえた有機農業運動やローカル・フードムーブメントは，大地や環境，地域，そして他者とのつながりや〈しくみ〉の再構築に向けた動きである。

キーワード

グローバル・フードシステム，CSA（地域支援型農業），提携，ローカル・フードムーブメント，認証制度の国際標準化，有機農業の「産業化」，シビック・アグリカルチャー，地産地消

1 食と農をいかにつなぐか

グローバル・フードシステムの支配——食と農の分断と荒廃

食は，生命の源であり，暮らしの根幹をなすものである。かつて，食は農（農業・農村・農家・農民）のあり方と分かちがたく結びつき，地域に根ざした

多様な食文化を形成していた。そして農山村では，地域のたべものや資源，エネルギーの自給構造が保たれ，物質と生命・生活の循環システムが生きていた。

ところが，日本の社会や人々の生活は，高度経済成長期以降の産業化と1990年代に入って急激に進んだグローバリゼーションのもとで大きく変動した。

20世紀後半，近代農業が世界を席巻し，工業的農業が強い力を持つようになった。日本では，1961年の農業基本法制定以降，工業と農業の本質的な違いを無視してたべものを商品化し，工業の論理によって生産力の向上，効率化，省力化が推し進められていった。「生業としての農業から産業としての農業への転換」が基本課題とされ，工業的な食料生産・供給システムが形成されたのである。1990年代以降，食料生産の国際分業がさらに進み，アグリビジネスが台頭し，世界市場は強固なグローバル・フードシステムによって支配されていった。今，アメリカ主導で日本も組み込まれようとしている TPP（Trans-Pacific Strategic Economic Partnership Agreement，環太平洋戦略的経済連携協定）は，「体制の危機の輸出合戦」（関 2010：78）の様相を呈している。

台所と農業は，今や大都市だけでなく，市街地を農村地域が取り囲んでいる地方都市でも離れている。都市が巨大化すればするほど，消費者とたべものが生産されている現場である農業・農村との相互交流や信頼関係は稀薄になり，見えなくなっている。生産者（農村）と消費者（都市）は分断され，かつて地域の生活に埋め込まれていた「地場生産・地場消費」あるいは「日本の農山漁村の自給力に合わせた食べ方」は失われてしまった。

世界各地から食料を輸入し，たべものの旬や季節感を見失い，地元の農業の存在を忘れ，新鮮なたべものの味覚や風味，地域の風土にはぐくまれた伝統的な食文化から切り離されてしまった。食料の輸送距離（「フードマイル」Food Miles，T・ラングの用語）はますます長くなり，それにつれて化石燃料の消費量が増大し，美食(グルメ)と肉食過多の不自然な食生活はたべものの安全性を損ない，自らの健康ばかりでなく，地球の限られた農耕地や資源・環境にも過大な負荷をかけている。

現代日本では，たべものが満ちあふれ，食料問題や飢餓に頭を悩ますことな

第8章 ローカルな食と農

く，食べたいものが食べられ，お金さえだせば"簡便で豊かな食事"がいつでも手に入る。だが一方では，贅沢な食生活や飽食への疑問，輸入農産物で支えられている「グローバル化した食卓」への不安，衰退する地域や国内の農業への危機感が募っている。というのも，高度産業社会における食と農の状況は，生命・生活原理と経済原理が鋭く対立・矛盾する構造にあるからである。(1)

アメリカにおける「ローカル」と「コミュニティ」の再評価

世界に目を転じると，アメリカでは，グローバル・フードシステムが引き起こす問題（飢餓や肥満，成人病，環境影響，家族農場や小規模な地域農業の衰退など）が深刻化している。そのため，アメリカでは，近年，食と農のグローバリゼーションをテーマにした著作が相次いで発表されている。(2)

そのなかの1冊マイケル・ポーラン『雑食動物のジレンマ』（Pollan 2006＝2009ab）は，2006年に全米100万部を突破するベストセラーとなった。日本では，まだなかなか具体的に「食と農の工業化の行き着く姿」をイメージできないが，ポーランは，雑食動物である人間はほとんど何でも食べられるために何を食べてよいのか悩むという窮状，そして不健康な人々が「健康な食生活」にとり憑かれる"アメリカン・パラドックス"のもとで集団発作に襲われたかのように脂肪恐怖症や炭水化物恐怖症へと陥っている様相などを，きわめてリアルに描いている。

ところで，近代農業に対峙する取り組みとして広がり，ファストフードに対抗すると思われた有機農業（オーガニック）は，巨大化・高度化したアグリビジネスによって再編され，「ビッグ・オーガニック」が出現した。

こうした事態を打開し，グローバリズムに対抗するため，1990年代に入ると，アメリカでは「ローカル・フードムーブメント」と呼ばれる動きが活発化した。強大なファストフード産業と多国籍アグリビジネスに象徴されるグローバル化したアメリカ型資本主義社会の足元で，厳格な有機認証やたべものの安全・安心へのこだわりだけでなく，地域の経済や文化，社会的公正（社会的正義），環境・エコロジーなどまで射程に入れ，「ローカルな食と農」を指向する動きが

沸々とわきあがり，着実に広がっているのである。

　全米各地で増え続けるファーマーズマーケットやCSA（Community Supported Agriculture，地域支援型農業）[3]，地域の農産物を学校給食に供給する取り組み（FTS：Farm to School），地場産農産物をセールスポイントにしたカフェや高級レストランの盛況，「バイ・フレッシュ/バイ・ローカル・キャンペーン」の急速な拡大など，多様な展開をみせている（Martinez et al., 2010）。また，ローカルで生産されたたべものをもとめる人は"ロウカボー"（locavore）[4]と呼ばれている。

ローカル・フードムーブメントの世界的広がり

　「ローカル」と「コミュニティ」を再評価し，「底の浅い（shallow）オーガニック」をこえて大地や人とのつながりを取り戻そうとする動きは，ヨーロッパ（イギリスやフランス，スイスなど）においても，同期（シンクロ）しているかのように広がりをみせている。

　例えば，イギリスにおいては1987年からCSAの取り組みが始まり，2001年9月にはソイル・アソシエーション（土壌協会）のなかにCSAを推進する「コミュニティを耕す（Cultivating Communities）」プロジェクトが立ち上げられた。また，フランスではCSAをモデルとしたAMAP（Association pour le Maintien d'une Agriculture Paysanne：地域の農民を守る会）という運動が2001年から始まり，今では全国で1742（2012年）を数えるまでに広がり，ミラマップ MIRAMAP（AMAP連合組織）という横の連絡機関が2010年に発足した。

　日本でも，選択的拡大による主産地形成とグローバリゼーションのもとでの地域の衰微に対する危機意識を背景に，1990年代の半ば頃から地産地消に取り組む市町村や農協が増えてきた。農産物直売所も急増し，「市（いち）」を核としたまちづくりの取り組みも各地に広まっている。また，近年，有機農業生産者やグループのなかには，提携のほかに，直売あるいはファーマーズマーケットで地域の消費者に対面販売を行ったり，レストランや飲食店などに販売するケースが目立つようになった。[5]

食と農を地域にとりもどす

　こうした「ローカル」と「コミュニティ」を指向した動きには共通した特徴がみられる。第一点は，経済やフードシステムのグローバル化に対抗する「ローカル」「コミュニティ」指向であり，第二点は持続的農業システム・有機農業指向，そして第三点は生産者と消費者の直結・近接性である（桝潟 2006：96）。なかでも，生産者と消費者が直接結びつくことは，後述のように，生産地（農村）と消費地（都市），あるいは生産者と消費者との関係の修復・変革，さらには地域の再生につながる契機として変革への大きなインパクトを持ち，重要な要件となっている。

　オルタナティブな新しい「食と農をつなぐしくみ」について注目が高まるなか，欧米では LFS（Local Food System）や AFN（Alternative Food Network）という概念が使われてきた。ここでは，「フードシステム」あるいは「フードネットワーク」を，「食の生産—流通—消費—廃棄のサイクルだけでなく，それを取り囲み相互に関連する政治・経済・文化そして自然環境まで含めた，食のあり方を規定する社会的要素をすべて含む総体を視野にいれた概念」として定義しておきたい（「フードチェーン（food chain）」や「フードシェド（food shed）」はモノの流れにほぼ限定されて用いられることが多い）。

　本章では，有機（organic）をこえた「ローカルへの覚醒」が，現代の混沌とした食と農をめぐる状況，例えばポーランが「雑食動物（omnivore）のジレンマ」として描いた状況，あるいはニューヨークに住む記者が，ニューヨークの食料品店で，カリフォルニア産の有機栽培リンゴと，ニューヨーク州産の慣行栽培リンゴを前に，どちらかを選ぶべきかと逡巡するような場面をどのように受けとめ，どのような地平を切り拓きつつあるのか，アメリカと日本の経験からその意義を考察する。そして，新自由主義とグローバリズムのもとで危機的状況にある食と農を地域に埋め戻す方途を探りたい。

2 アメリカにおける有機農業の「産業化」の進展

有機農産物流通のグローバリゼーションを前提とした有機認証の陥穽

　1990年のアラール騒動(9)がおさまったあと、回復したオーガニック産業の年間成長率は2桁になり、一気に整理統合が進んだ。大手フードビジネスがオーガニック（少なくともオーガニック食品市場）について、真剣に考え始めたからだ。ガーバー社、ハインツ社、ドール社、コナグラ社、ADM社などの企業は、すべてオーガニック部門を立ち上げるか、オーガニックブランドを吸収するかした。また、オーガニックブランドのカスケディアン・ファーム社は、カリフォルニアの有機トマト加工業のミュアー・グレン社を吸収し、さらにスモールプラネット・フーズ社という新会社も設置した。

　1990年は、有機食品生産法（Organic Foods Production Act of 1990）が成立し、「政府が有機農業を初めて認めた年でもある。農務省はそれまで、有機農法をあからさまに侮蔑していた。議会は農務省に、有機食品・農法に統一された基準を確立して、オーガニック（有機）という言葉の定義を練り直すよう指示した。その定義の解釈は、人によって異なっていたからだ」（Pollan 2006＝2009a：206-207）。

　アメリカでは、ヨーロッパ諸国と同様、有機農業生産者が組織した団体が追求する農法を栽培指針（基準）として打ち出し、有機農業の普及・拡大が図られた。こうして生産者団体の検査認証を受けた有機農場は、認証団体のマークやシールを貼付して流通・販売してきた。

　1990年代のアメリカにおける有機農業運動の最大の焦点は、連邦レベルの有機認証制度とその法制化であった。特に1990年前後には、連邦レベルの基準制定を支持する草の根の連携運動が全米に広がった。その運動目標は、民主的な手続きを踏んでそれまでの有機農業運動が到達した基準内容を連邦レベルにおいて実現することにあった。同法は、長期にわたる議論・調査の上、2002年10月に施行された。国際レベルでは、FAO/WHO合同のコーデックス（国際食品

規格）委員会が IFOAM（国際有機農業運動連盟）や欧米諸国の基準に準じたコーデックス規格を1999年7月の総会で採択し，基準・認証制度の国際標準化（平準化）を図った。こうした連邦と国際レベルにおける有機認証の整備によって，有機生産の増加や有機食品市場の成長がもたらされたのである。

アメリカ連邦政府農務省推計によると，1990年に10億ドルであった有機食品市場は，2000年には80億ドルに達し，今では「110億ドル規模の業界」（Pollan 2006＝2009a：188）となった。

ところが，地域や土，生命とのつながりを強めていく CSA 運動をめざしていたホーソンバレー農場の管理者ゲイリー・ラムは，連邦レベルの NOP（全国有機認証制度）のような有機農産物流通のグローバリゼーションを前提とした有機認証は，小さな農場や小規模の有機認証機関の生き残りを難しくし，ビッグ・オーガニックの成長につながることを見抜いていた。

> 有機農場やバイオダイナミック農場の関係者たちの間で既に起こっている事態だが，有機農法の政府基準の設定を支持したり，今では推進さえしている。こんなことは，絶対にするべきではない。政府とごっちゃまぜになれば何もよいものは得られないことは，もう十分歴史が証明している。（中略）
>
> 何が有機的かバイオダイナミックかの認証はすべて，民間のセクターで，自分たち自身の基準を持つ組織によって行われるべきなんだ。まして，合衆国の全地域を網羅する，有機農法に関する一律の基準なんてものは，まるで理に適っていない。手にするのは，消費者の安全と合法の名の下に制定された，融通の利かない規則の集まりだ。しかし，それは生命から生命を取り去ろうとする道に他ならない。（Groh 1990＝1996：110-111）

また，第三者機関による有機認証を取得することは，小規模農家にとって大きな負担となる（日本においても同じような状況である）。そのためあえて有機認証は取らない，という小規模農家たちがでてきている。野崎賢也がイサカの

ファーマーズマーケットで出会った農家は，"moreganic" という造語で，「有機認証への批判と自らの農業への誇り（オーガニック以上だ！）を表現していた」（野崎 2006）という。

オルタナティブな農業・有機農業の「産業化」

　有機農業に共感しオーガニックの価値を認める不特定多数の消費者にプレミアム（付加価値）を支払ってもらうために，表示と検査・認証の必要性と必然性があった。しかし，グローバリゼーションが進展し，ネオリベラリズムが強大となるなかで，連邦と国際レベルの有機認証の整備は，有機農業者や消費者が思いもよらない事態を引き起こすことにつながった。すなわち，概念自体が矛盾しているが，「大規模な企業的有機農場（工業的オーガニック）」の出現を招いたのである。

　2000年にゼネラル・ミルズ社がカスケディアン・ファーム社とミュアー・グレン社を買収したことが大きな論議を巻き起こしたが，その後も信頼のおけた小規模の有機ビジネス（地域に根ざした個性的な生産者ブランド）がいくつも，コカコーラ社，ドール社，ダノン社，ケロッグ社，クラフト社などの多国籍企業に買収されている（Sligh and Christman 2003）。

　さらにスーパーや自然食品店の大型店舗化・大規模チェーン化がすすみ，有機農産物の既定の販路のひとつとして定着した。世界最大のスーパー・ウォルマートも有機農産物を扱い，ホールフーズ（Whole Foods），ワイルドオーツ（Wild Oats）など自然食品系スーパーも「ビッグ・オーガニック」となった。[10]アメリカでは，オーガニック食品は大量に流通し消費されるグローバル化した商品となりつつある。

　農産物流通のグローバリゼーションを批判するジャーナリストのポール・ロバーツは，「大手食料品チェーンは『オーガニック』のような新しい付加価値を最初は喜んで受け入れてくれるが，次第に大規模農場を使って同じものをより安く生産しようとすることは目に見えている。さらに，自然食品市場の統合が進むと，消費者を重視するこれらの小売業者は，生産者に対して価格面でま

すます影響力を持つようになるだろう」、と指摘する（Roberts 2008＝2012：466）。

　カリフォルニアのオーガニック農場についての研究でも、オーガニック農場の「慣行化」「産業化」の傾向が指摘されている（Guthman 2004）。大規模な工業化したオーガニック農場が大規模な単作を行い、有機食品の生産と長距離輸送に膨大なエネルギーを消費することで、環境への悪影響が懸念され、持続不可能な事態に陥っているのである。

　有機農家や小規模の有機農場が巨大化したスーパーの要求に出くわしたときにこうした問題が始まる。そして、「このままでは、いずれ破綻がやってくる」と、ポーランは述べる（Pollan 2006＝2009a：246）。「オーガニックが誕生したのは、自然界の理に合う食を考え、太陽から肥沃性とエネルギーを受けとる生態系に倣った食体系を構築することにあった。そうでなければ持続不可能なのだと。……それだからいまオーガニック食品業界は、当初の予測とは程遠く居心地の悪い、それからそう、持続不可能な場所にいる。枯れかけた、石油の海の上に」（Pollan 2006a＝2009a：246）

3　大地と人とのつながりの再構築

オーガニックをこえて（beyond organic）

　かつて、「オーガニック」という言葉は、「地域に根ざす」ことを意味し、健康的で地域の環境にとっても良いものである、という意味を含んでいた。また、社会的な正義や公正という意味をも含んでいた。かつて「オーガニック」には、地域に根ざした循環や大地との「品格ある関係」、人とのつながりをきちんと創っていくことという意味がこめられていた。ところが、アメリカの著名な栄養学者であり自身も有機農園を営むジョアン・ガッソウは、現在では「オーガニック」からは、そうした意味が失われている、と指摘する（Gussow 2001）。

　ポーランも、「収穫された土地から五日間、四八〇〇キロの旅をして東海岸のホールフーズで売られるサラダパックは、厳密には、一体どこがオーガニッ

クだといえるのだろうか」(Pollan 2006＝2009a：225)，と問題提起している。

　アメリカでは，「オーガニック」が社会運動を表象するものでなくなった現在，「ローカル」という言葉が，かつて「オーガニック」が意味していた，大地とのつながり，人とのつながりを象徴する言葉として使われ始めた。アメリカの「ローカル」は日本と少し距離感が異なっているが (数百 km でもその範囲内になる場合がある)，逆に言えば，広大で大都市の周囲に余裕があるアメリカは，どんな土地でも「ローカル」になりえる (野崎 2006)。

　アメリカで地域の食が意識されるようになったのは，1980年代後半である。環境，貧困，農業などに関する問題解決をめざして活動していた諸グループ・団体が，「地域の食」をキーワードに，農業予算獲得に向けて連携をとり始めたことがきっかけだったといわれている (Gottlieb and Fisher 1996)。例えば，有機農業推進グループ，家族経営を守ろうとするグループ，都市の貧困問題に取り組んでいるグループが連携をとって，その活動資金を農業予算から獲得することをきっかけに，「地域の食」への注目は，地域の食と農をつなげるローカル・フードシステムを構築しようという取り組みへと展開した。

　さらに1990年代から21世紀にかけては，新自由主義と弱肉強食の自由貿易をテコにグローバリゼーションが進み，それに伴う社会的な不公正や不正義の噴出，深刻化する環境問題 (地球温暖化など)，工業的有機農業 (ビッグ・オーガニック) の出現などによって，地域経済は疲弊し，家族農場や小規模農場は苦境にたたされている。

オーガニックからローカルへ

　アメリカのスーパーではほとんどのたべものは棚に並ぶ前に4〜7日かかっている。そして販売されるまでに平均1500マイル輸送されている。メキシコやアジア，カナダ，南米などの農業者たちは大規模なアグリビジネスに適合するよう人為的に歪められたシステムのなかで競争している。

　「有機食品は近くで栽培されたものがベスト」と主張する「Local Harvest」という情報サイトがある。このサイトは，1998年に設立され，ローカル・フー

ドムーブメントに関する情報サイトとしてはナンバーワンの2万人以上の会員数を誇る。西海岸のサンタクルーズでギジェルモ（Guillermo Payet）が立ち上げたこのサイトでは、全米のローカルハーベスト・ストアから家族農場、CSA、ファーマーズマーケット、レストラン、食料品店／フードコープ（food co-op）、卸売業者、食肉加工業者まで検索してコンタクトをとることができる。

アメリカでは、アグリビジネスや工場的農業（ファクトリー・ファーミング）、工業的有機農業の出現による家族農場や地域社会の衰微など、食と農のつながりへの危機がはっきりと目にみえる形であらわれた。グローバリズムとアメリカ型資本主義は、オルタナティブな農業を指向する有機農業までも産業社会のシステムのなかに取り込み、短期間で工業化した「底の浅い（shallow）有機農業」へと変質させ、有機農業が持つ社会運動としての影響力・変革力を低下させてしまった。危機の構図があまりにも露骨なため、対抗策がわかりやすく行動をおこしやすいという状況にあったことは否定できない。

シビック・アグリカルチャー──地域農業とフードシステムの再生

大地と人とのつながりを確かめつつ生きていく場としての「ローカル」や「コミュニティ」への再評価は、CSAをはじめとするローカル・フードムーブメントの大きなうねりとなりつつある。

アメリカにおけるCSAは、1980年代半ばに北東部地域のふたつの農場ではじまったとされている（桝潟 2006：83-84）。だが、アメリカの有機農業運動においてCSAが注目され、全国的な展開をみせるようになるのは、1990年代に入ってからのことであった。1990年代の状況を背景に、有機農業の「産業化」やグローバル化の進展を拒否する有機農業者や活動家が、オルタナティブな選択肢として「ローカル」指向の農業・フードシステムを追求する運動が展開した。

「コミュニティ」は、一定の範囲の地域社会を指す場合もあるし、共同体（バーチャルな共同体を含む）を表す場合もあるが、いずれにしても大地（環境）や人とつながり・分かち合う関係、「分かち合いの社会」を意味している。ま

表8-1 CSA 農場で用いられている農法

農法	農場数	割合（%）
認証有機	134	42.7
有機（しかし認証ではない）	128	40.8
バイオダイナミック	11	3.5
認証有機とバイオダイナミック	10	3.2
有機とバイオダイナミック	7	2.2
その他	23	7.3
無回答	1	0.3
回答総数	314	100.0

若干の農場はひとつ以上の農法をあげていたが，適当なひとつのカテゴリーを選択した。
出所：Lass et al.（2005）。

た，「2001 CSA Survey」（Lass et al., 2005）によると，CSA 農場のほとんどすべてが，持続的農業システム（有機農法（バイオダイナミック農法を含む），もしくは持続性のあるエコロジカルな農法）で農地管理を行っている（表8-1）。そして，近接する農業者と消費者（ステーク・ホルダー）が創り出した「ローカル」な「コミュニティ」は，有機農業の「産業化」と有機認証による「商品化」に対抗して，地域の農業を支えて環境を保全し，健康的な食と持続可能なライフスタイルを取り戻す契機と変革力を秘めている。

　アメリカの農業とフードシステムが巨大化・高度化した「産業化」とグローバル化の道を歩むなかで，コーネル大学のライソンは，地域に根ざした農業とフードシステムの再生を「シビック・アグリカルチャー」と命名した。シビック・アグリカルチャーの組織形態は，ファーマーズマーケット，路面直売所，市民菜園，CSA などである（Lyson 2004＝2012）。

　ライソンは，地域社会と市民的共同体こそが，政治，経済，社会，環境の民主的かつ持続可能な社会実現の基礎と考えるシビック・アグリカルチャー論を基底として，ナショナルな言説領域から自覚的に区別し，徹底した「ローカル」の視座から経済社会を捉え直し，ローカル・フードシステムや経済民主主義を構想した（北野 2012）。このような視点からもローカル・フードムーブメントは注目されており，AFN や LFS の補完的概念として「シビック・フード

ネットワーク (CFN：Civic Food Network)」という概念が提案されている。

4 日本における地域・「ローカル」への視座

有機農産物の商品化と提携運動の停滞

　日本の提携（Teikei）を軸とした有機農業運動の理念にも，当初から，地場生産・地場消費（地産地消）の考え方が組み込まれており，地域を視野にいれた取り組み（例えば地域自給や学校給食への地元産農産物の供給など）が展開されていた。だが，その実践は一部にとどまっていた。

　例えば，山形県高畠町は"有機農業のメッカ"といわれ，1970年代初めから有機農業運動の前衛的・先駆的役割を担ってきた。高畠町有機農業研究会は「地域に根をはる有機農業運動」を目標として近くの消費者（福島市や米沢市）に働きかけたが，70年代当時は地方都市で食や農の安全性に高い関心を持つ多くの消費者を組織することが難しく，結局，首都圏の消費者グループとの提携を軸に運動を展開せざるをえなかった（松村・青木編 1991）。

　その後，1980年代前半に有機農業運動は提携を軸として広がりをみせ，高揚期を迎えた。ところが，1980年代中頃から有機農産物が提携以外の市場に流通するようになるなかで，有機農業運動が有していた変革力やオルタナティブの追求（生産者とのつながりや生活の問い直し，互助と自立，食や農の危機の超克，持続可能性の追求，環境保全，エネルギー問題など）といった意義がみえにくくなっていった。

　だが，そうした有機農業にかかわる社会的諸問題に対してすべての生産者・消費者が自覚的であったわけではなかった。1970年代前半から兵庫県で有機農産物の共同購入グループとして活動してきた「食品公害を追放し安全な食べ物を求める会」（以下，「求める会」）は，水俣病の問題や三里塚闘争，減反政策など，さまざまな社会問題に取り組んだ例といえる。原山浩介が行った「求める会」の会員の聞き取り調査によると，「求める会」に消費者として参加した複数の会員が，「そうした活動の広がりに対して自覚的ではなかったこと，あく

までも食の安全を求めるための運動でしかなかった」と述べる。その一方で,「さまざまな問題に多様なアプローチをするための自律的な空間を作りえたことについては,一定の意義を認めている」という (原山 2008：151)。

1990年代以降,有機農産物の商品化がさらに進み,外食産業などにおいても「有機（オーガニック）」は商品の差別化のための「記号」になった。さらに2001年のJAS法改定による制度化によって,「行政が定めた厳格な基準をクリアした安全な食品」として有機農産物は一種のブランドとなった。「この制度化にいたるプロセスは,有機農業が,社会のさまざまなシステムに対する挑戦であるという性格が次第に弱くなっていく歴史」(原山 2008：165) でもあった。アメリカにおいて,1990年代以降の新自由主義グローバリズムのもとで起きた有機農業の「産業化」と同質の事態が日本においても進行しつつあるのだ。

特に,2001年の有機JAS制度の完全実施以降,「底の浅い有機農業」の広がりが目立つ。大地や環境,人とのつながりを意識しない,「単なる無農薬・無化学肥料栽培のための技術」や「有機資材を使用する農業技術」,あるいは「有機JAS規格クリアのための技術」などである。

また,2013年9月,アメリカは,日本の有機JAS制度をアメリカの連邦レベルの有機制度（NOP）と同等と認めた。これにより,2014年1月1日より有機JAS制度による認証を受けた有機農産物に「organic」と表示してアメリカへ輸出することが可能となる。つまり,輸出時の手数料や手間が軽減され,輸出が容易になる。日本側はすでに,アメリカの有機制度と日本の有機JASとの同等性は認めていたので,日米間で有機農産物・有機食品の輸出入の促進を企図するTPP参加に向けた布石ともみられる。

地産地消の取り組み

1990年代に入ってから,日本でも各地に地産地消の取り組みが広がり,直売所は活況を呈している。だが,政府や農協の主産地形成計画に対応して専作的拡大を図ってきた産地では直売所への出荷や地産地消への対応に戸惑っている。というのも,「地産地消において意味を持つ地域農業のあり方」がその取り組

みにおいて明確になっていないからである。多くは「生産者の顔がみえる」ということで,「安心」と「新鮮」を求める消費者に受け入れられて活況を呈しているが,「安全」や「持続性」には十分対応できていない。これに対して,アメリカの CSA をはじめとするほとんどのローカル・フードムーブメントでは,「大地に根ざした本来の地域農業」が追求されており,有機農業もしくは持続性のあるエコロジカルな農法で農地管理を行っている。さらにいえば,ローカル・フードムーブメントは地域の自然や環境保全に大いに貢献する取り組みである。

　日本では「アメリカ版地産地消」として CSA が紹介されることが多い。カナダで CSA に取り組んだ経験をもつレイモンド夫妻が始めた北海道の「メノビレッジ長沼」は,1996年から「離れてしまった食卓と田畑のつながりを取り戻そう」と,「地域に根ざした農の営み」で地域社会を変えようと実践を展開している。

　また,埼玉県小川町では,OKUTA という環境と健康に配慮したリフォーム会社が,金子美登さんという農家の田畑がある集落で有機栽培されたコメを全量買い上げ社員に宅配するという「こめまめプロジェクト」を立ち上げ,地域企業の社員の食を地域の農業が支える,いわば企業版 CSA を下里集落で2008年産米から始めている (Column 6 参照)。

食の「安心・安全」から持続可能な地域社会の形成に向けて

　2011年3月11日に東日本大震災がおきた。消費者のなかには,放射線被曝を恐れ,提携する生産者が作った放射能ゼロのコメや野菜であっても食べない,受けとらないという選択をした人もいる。たしかに放射性物質の被曝にはここまで低ければ安全という閾値はなく,リスク判断が難しい。安全にこだわる消費者ほど,被災地の農産物への不安を募らせていった。そして,放射能汚染がないとみられる西日本や輸入農産物への選好が強まり,地産地消が失われ,有機農産物の地元の学校給食への供給が閉ざされていった。

　そうしたなかで,福島県会津・飯豊山麓の山村・喜多方市山都町の浅見彰宏

さん（ひぐらし農園）は，福島原発事故後，堰と里山を守りながらの営農と暮らしぶりを見にきてもらいたいと直売を始めた。思いのほかたくさんの人が立ち寄ってくれ，「本木上堰」の保全活動を軸にした地域づくりとローカルなたべものが交錯し始めた（浅見 2012）。

　日本の有機農業運動の主要な担い手は，農薬害や土の疲弊，家畜の異変に気づいた農民と，「安全な食べ物」を求める都市の消費者（特に子育て期の女性）であった。自らや家族の生命，生態系の危機を感じとり，そうした危機感に衝き動かされた人々だといえる。運動の展開過程において，生活者として地域農業や環境，資源・エネルギーの問題などにも視野を広げる人々も少なからず存在したが，多くの人々はたべものの安全性や個人の「健康・安心」を求めることへと次第に偏重していった。それは，あくまでも食の安全を求めるための運動であるかぎりにおいて，むしろ多くの人々の関心や共感を高め，運動へと転化させることができたからでもある。

　だが，日本においても，地域社会や「ローカル」に視座をすえ，地場生産・地場消費を基礎として地元の農林漁業や地場産業と連携し，環境や生き物，人とのつながり（「関係の豊かさ」）を求める実践が積み重ねられている（井口・桝潟編 2013）。そこでは，人間と人間とのつながりや，人間と環境とのつながりの回復が模索され，さらに共同性の創造への指向がある。有機農業や「地域自給」の視野を持った「個」の生産や暮らしのなかにも，身体を介した自然と他者との関係・つながりが紡ぎだされているがゆえに，「個」の関与と責任を実感できるのである。「他者の生/生命への配慮や関心」でつながる「生命共同体的関係性」（桝潟 2008）のもとで，家族や地域の暮らしを基盤に，暮らし方や生き方を意識化して見直すことで，共同性・公共性への回路を探り当てようとしている。

　今，世界各地で取り組みが始まっている「ローカル」に視座をすえた有機農業運動やローカル・フードムーブメントは，大地や環境，地域，そして他者とのつながりや〈しくみ〉の再構築に向けて動きだしている。

第8章　ローカルな食と農

【討議のための課題】

(1) 食のグローバル化・商品化のもとで，オルタナティブな農業を指向する有機農業が，なぜ「産業化」し，「底の浅い（shallow）有機農業」に変質していくのか，考えてみよう。
(2) 1990年代以降，世界的な広がりをみせているローカル・フードムーブメントに共通する特徴として，持続的農業システム・有機農業指向がみられる。それはなぜか，考えてみよう。
(3) 日本の有機農業運動は1980年代前半に提携を軸として広がりをみせ，高揚期を迎えた。ところが，1980年代中頃から有機農産物が商品化し市場に流通するようになるなかで，運動が持つ変革力やオルタナティブの追求といった意味がみえにくくなっていった。それはなぜか，考えてみよう。
(4) 食と農を地域にとりもどし，持続可能な地域社会の形成に向けて，世界各地でどのような動きや実践的取り組みが行われているか，調べてみよう。

注

(1) 「生活農業論」を提唱する徳野貞雄は，「生命・生活原理と経済原理の対立構造が，農業・食料問題の最大の課題」と捉え，「農業・食料問題に関しては，生命・生活原理が第一原則であり，経済的原理は生命・生活原理を前提として展開されるべきである」と，主張する（徳野 2002：47）。
(2) 例えば，エリック・シューローリー『ファーストフードが世界を食いつくす』（草思社），ラジ・パテル『肥満と飢餓——世界フード・ビジネスの不幸のシステム』（作品社），ティム・ラング/マイケル・ヒーストン『フード・ウォーズ——食と健康の危機を乗り越える道』（コモンズ），ポール・ロバーツ『食の終焉』（ダイヤモンド社），ブルースター・ニーン『カーギル——アグリビジネスの世界戦略』（大月書店）などがある。
(3) 日本では一般的に「地域が支える農業」と訳されているが，会員制の農場運営のしくみ（〈システム〉）で，その形態や規模はさまざまである。このしくみは，日本の有機農業運動における〈提携〉（注(6)）を参考にしたといわれているが，現在ではアメリカで独自の展開をみせている。「コミュニティ」は地域社会ないし共同体を意味するが，ここでの含意は地理的・地域的要素も重視されてはいるが，それに加えて農場経営のリスクを「シェアする」，さらに心情や価値観を共有するという「共同体」の意味もある。また，「CSA」には，「地域が支える農業」であると同時に，それを反転させた「ASC」という「農業が支える地域」という含意もあるとい

う（Henderson 1999＝2008）。なお，アメリカで「CSA のバイブル」とされているヘンダーソンとヴァン・エンによる *Sharing the Harvest* の改訂版の訳書では，「地域に支えられ，地域を支える農業」という意味を込めて，CSA を「地域支援型農業」と訳している。

　NPO/NGO・適正技術センター（NCAT）の研究によると，CSA は，1986年2ヶ所，2001年400ヶ所，2005年1144ヶ所と増えてきた。2010年初めの概数は1400ヶ所をこえたが，実際にはもっと多いとみられている（Martinez et al., 2010：ⅲ）。CSA の多い地域は，アメリカ東部から中部にかけてと，カリフォルニアなどの西海岸沿いである。

(4)　ときに"localvore"ともつづられる。「-vore」は丸呑みするという意味で，この用語は最も一般的に半径100マイル（約160km）の範囲から収穫したたべものから成る食事をとる実践をあらわしている。この言葉は，こうした取り組みを促進するため2005年の世界環境デーに向けて，サンフランシスコのベイエリアでジェシカ・プレンティスによってこの言葉が作られた。近年，ローカル・フードムーブメントがまさにひとつの社会現象として急速に拡散しているなか，新しいオックスフォードアメリカ辞書は，2007年の言葉としてロウカボーを選んだ。

(5)　これらの販売方法は，アメリカの CSA 農場でも取り入れられている。日本では提携先がない新規参入者や自然農実践者によくみられる消費者とのつながり方である。埼玉県小川町に新規参入した有機農業生産者や豊橋有機農業研究会，名古屋のファーマーズマーケット・オアシス21への出店生産者などがその例である。

(6)　欧米では，日本における有機農業運動の草創期に紡ぎだされた〈提携〉という独創的な運動形態に対する関心が高まっている。〈提携〉とは，生産者と消費者が直結し，お互いの信頼関係に基づいて創り上げた有機農産物の流通システムである。

(7)　ポーランは，「この国に途方もなく食べ物があふれていることは，確かに選択肢を複雑にしている。……様々な国からの移民で成り立つ，比較的歴史の浅いアメリカには，それぞれの移民に特有の食文化がある。この国には国全体を導いてくれる，ひとつの強力でしっかりした食の伝統が存在したことはないのだ」と述べている（Pollan 2006＝2009a：12）。

(8)　2007年3月12日付のアメリカ版『タイム』の"My Search for the Perfect Apple"（「完璧なリンゴを探して」）と題する記事（原山 2008：119）。

(9)　農薬アラールは慣行栽培の果樹園で広く使われていた伸長抑制剤だが，環境保護庁（EPA）は発癌物質だと発表した。人気ニュース番組『シックスティー・ミニッツ』が，やや過熱気味にリンゴ農家のアラール使用についてとりあげ，オーガニック・パニックという文字が週刊誌の表紙を飾り，一夜にしてスーパーのチェーン店に並ぶ有機食品の需要が増大した（Pollan 2006＝2009a：205）。

(10)　自然食品市場の統合が急速に進むなか，2007年には，自然食品チェーン最大手の

ホールフーズが，最強の競争相手だったワイルドオーツを 5 億ドル（約380億円）で買収すると発表した（Roberts 2008＝2012：466）。

文献

浅見彰宏，2012『ぼくが百姓になった理由（わけ）』コモンズ。

Belasco, W. J., 1989, *Appetite For Change.*（＝1993，加藤信一郎訳『ナチュラルとヘルシー——アメリカ食品産業の変革』新宿書房。）

Gottlieb, R. and A. Fisher, 1996, Community Food Security and Environmental Justice: Searching for a Common Discourse, *Agriculture and Human Values* 13: 23-32.

Groh, T., and S. McFadden, 1990, *Farms of Tomorrow: Community Supported Farms-Farm Supported Communities*, Kimberton, PA: Biodynamic Farming and Gardening Association.（＝1996，兵庫県有機農業研究会訳『バイオダイナミック農業の創造——アメリカ有機農業運動の挑戦』新泉社。）なお，増補改訂版が1997年に出版されている（*Farms of Tomorrow Revisited: Community Supported Farms-Farm Supported Communities*）。

Gussow, Joan Dye, 2001, *This Organic Life: Confessions of a Suburban Homesteader*.

Guthman, Julie, 2004, *Agrarian Dream: The Paradox of Organic Farming in California*, University of California Press.

原山浩介，2008，「喪失の歴史としての有機農業——『逡巡』の可能性を考える」池上甲一・岩崎正弥・原山浩介・藤原辰史『食の共同体——動員から連帯へ』ナカニシヤ出版，119-176。

Henderson, E. and Robin Van En, 1999, *Sharing the Harvest: A Commuity Supported Agriculture*, White River Junction, Vermont, Chelsea Green Publishing Company.（＝2008，山本きよ子訳『CSA　地域支援型農業の可能性——アメリカ版地産地消の成果』家の光協会。）なお，この訳書は，2007年に出版された改訂版に解説を加え，一部削除し，日本の読者向けに編集したもの。

井口隆史・桝潟俊子編，2013，『地域自給のネットワーク』コモンズ。

北野収，2012，「〈解説〉ライソンとシビック・アグリカルチャーの風景」ライソンT. A.，北野訳『シビック・アグリカルチャー——食と農を地域に取り戻す』農林統計出版，168-202。

Lass, Daniel A., A. Bevis, G. W. Stevenson, J. H. Hendrickson and K. Ruhf, 2005, Community Supported Agriculture Entering the 21th Century: Results from the 2001 National Survey.（「2001 CSA Survey」）

Lyson, T. A., 2004, *Civic Agriculture: Reconnecting Farm, Food, and Community*, Tufts University Press.（＝2012，北野収訳『シビック・アグリカルチャー——食と農を地域にとりもどす』農林統計出版。）

Martinez, S. et al., 2010, *Local Food Systems: Concepts, Impacts, and Issues*, ERR 97, U. S. Department of Agriculture, Economic Research Service.

桝潟俊子，2006,「アメリカ合衆国における CSA 運動の展開と意義」『淑徳大学総合福祉学部研究紀要』第40号：81-99。

桝潟俊子，2008,『有機農業運動と〈提携〉のネットワーク』新曜社。

桝潟俊子，2011,「愛媛県今治市における地産地消の展開と有機農業――自治体行政における環境倫理の形成に着目して」『淑徳大学研究紀要』（総合福祉学部・コミュニティ政策学部）第45号：177-203。

松村和則・青木辰司編，1991,『有機農業運動の地域的展開――山形県高畠町の実践から』家の光協会。

野崎賢也，2006,「オーガニックからローカルへ――社会運動としてのアメリカの『ローカル・フード運動（ムーブメント）』と日本の『地産地消』」『現代農業』2006年2月増刊号。

大山利男，2003,「解題」『のびゆく農業944 アメリカの CSA――地域が支える農業』農政調査委員会，2-8。

Pollan, Michael, 2006, *The Omnivore's Dilemma: A Natural History of Four Meals*（＝2009a/2009b, ラッセル秀子訳『雑食動物のジレンマ――ある4つの食事の自然史』（上・下）東洋経済新報社。）

Roberts, Paul, 2008, *The End of Food*（＝神保哲生訳，2012,『食の終焉――グローバル経済がもたらしたもうひとつの危機』ダイヤモンド社。）

榊田みどり，2012,「フランス・AMAP にみる地域流通の可能性」『地上』（GOOD EARTH），2012年12月号：40-49。

関曠野，2010,「世界貿易の崩壊と日本の未来」農文協編『TPP 反対の大義』，74-80。

Sligh, M. and C. Christman, 2003, *Who Owns Organic?: The Global Status, Prospects, and Challenges of a Changing Organic Market*, Pittsboro, NC: RAFI-USA.

徳野貞雄，2002,「食と農のあり方を問い直す――生活農業論の視点から」桝潟俊子・松村和則編『食・農・からだの社会学』新曜社，38-53。

Local Harvest (http://www.localharvest.org/)

Column 6

集落ぐるみの有機農業——埼玉県比企郡小川町下里一区の取り組み

小口広太

　有機農業の先進地として全国的に知られている埼玉県小川町。そのなかでも，「集落ぐるみの有機農業」を実現している下里一区の取組みを紹介する。

　下里一区は周囲を里山に囲まれ，その間を細長く約17 ha の水田が広がっている。水田は圃場整備を終えており，それを契機に下里機械化組合を設立した。また，生産調整政策の一環で転作作物として小麦，大豆を栽培するブロックローテーション方式を導入し，「水稲‐小麦‐大豆」による二年三作の輪作体系に取り組んでいる。

　在村農家のなかでもリーダー的な存在であった専業農家・安藤郁夫氏は　衰退する地域農業の現状を憂い，2001年から自給用の大豆の作付面積を広げ，有機農業への転換参入を果たし，水稲も2005年から有機農業へ転換参入した。その後，2007年から始まった農地・水・環境保全向上対策による営農活動への支援をきっかけに集落内の他の在村農家の間にも有機農業の取り組みが広がり，2012年の時点で9戸ある水稲販売農家すべてが有機農業への転換参入を果たしている。

　現在，大豆と小麦は下里機械化組合が地権者から農地を借り，生産から販売まで請け負っている。水稲は堆肥散布，収穫，乾燥といった作業を下里機械化組合が請負い，田植えと販売は個々の農家に任されている。

　有機農業への転換参入を支える要因のひとつとして，転換参入に応じた販路の確保が挙げられる。これについては，隣の下里二区の在村農家であり，下里一区の水田も耕作している金子美登氏（霜里農場）の支援なしには実現できなかった。金子氏は1971年から有機農業に取り組んでいる先駆者であり，1980年代後半からは新規参入者とともに町内，近隣の地場加工業との連携に取り組んで，自然酒，乾麺，生醤油，豆腐など，商品化を進め，共同出荷可能な多角的販路を開拓してきた。その販路を下里一区の在村農家も共有することができたおかげで，大豆と小麦の有機農業への転換参入および栽培面積の拡大がスムーズに進んだといえる。

　また水稲は2008年産米から，埼玉県さいたま市にあるリフォーム会社 OKUTA（オクタ）が社員用に1俵あたり2万4000円で全量買い上げている。さらにコメの価格決定や出荷方法，稲作体験や味噌づくりといった交流事業などのしくみづくりには，小川町で地域づくりに取り組む NPO 法人「生活工房つばさ・游」がコーディネーターとして関わっており，企業と農家が支え合う新しいモデルを NPO との協働によって創り出している。

　下里一区の取り組みは，有機農業の地域的広がりの獲得から有機農業を軸にした地域づくりという新たなステージに向かって進んでいる。例えば，家の庭先で育てている自給野菜や果樹を女性たちが「下里有機野菜直売所」で販売したり，定年を迎えた住民たちが環境美化や里山保全に取り組む「美郷刈援隊」を結成したことなどが挙げられる。いずれの取り組みも有機農業との親和性を持っている点に特徴がある。

第❾章 中山間地域
——生活の場から

相川陽一

▶キーポイント

(1) 中山間地域とは日本列島の大部分を占める山がちな地域を指し，広大な面積とは対照的に，居住人口は少数である。
(2) 中山間地域の暮らしは，地域資源を活用する農林業によって地域の二次的自然の形成・維持に関わっており，食料供給や治水などを通じて，都市の住民生活を支えている。
(3) 高度経済成長期に産業構造の転換の中で，都市への若者人口の流出が生じ，人口減少と高齢化に伴って地域資源活用の衰退が生じている。
(4) 食とエネルギーを国外からの大量輸入によってまかなう暮らしが全般化するなかで，自給生活の可能性を中山間地域に見出して移住する人々も少しずつ増えており，定住促進に向けた行政支援が展開されている。
(5) 地域再生に向けた展望は短期に開けるものではないが，地域資源を活用した中山間地域（中国山地）の自給的な暮らしを持続可能な社会の原型として捉えることで，都市や平野部をモデルとして条件不利地域と規定されてきた中山間地域は，自らに拠って立つ根拠を得ることができるだろう。

▶キーワード

中山間地域，地域資源，地域自立，持続可能性，食とエネルギーの自給，暮らしの継承

1 中山間地域から持続可能な暮らしと社会を考える

身近な自然環境を活かした暮らし

長い冬の間に，家の周りで育った木を切って薪を作り，家のわきに積んでお

く。薪で風呂を沸かし，ストーブにくべて暖をとる。春が訪れると，日当たりの良い斜面に芽吹いたワラビやゼンマイ，タラの芽などの山菜を採り，田のあぜから野草を摘んで，さわやかな春の味を楽しむ。雪解けのぬかるみが乾いたころ，庭先の小さな畑に種をまき，田植えの準備に忙しい日々が始まる。

　このような暮らしは，昔話の世界ではない。人が暮らしを営むために，自身が暮らす地域の自然環境を活かす定常型の暮らしが，今も日本のあちこちの山里で営まれている。持続可能な社会とはどのような社会なのかと考えてみたとき，身近な自然環境を資源として活かす山里の暮らしは，現代を生きる私たちにさまざまな示唆を与えてくれる。現代社会を生きる人々の多くにとって，生活の本拠となる地域社会の外部から食物やエネルギーの多くを持ち込むことは自明の前提になっているが，山里の暮らしは外部資源依存的な暮らしを相対化する視点を与えてくれるからだ。

持続可能な社会の原型としての中山間地域

　交易とは，地域をこえたヒトの移動やモノとカネの交換を介した文化接触によって，人々の相互理解や新たな発想を生み出す創発的な営みである。しかし，生存に必要な食物やエネルギーの大部分を域外から得る暮らしが全般化すると，人々の生存を支えていた田畑や山林といったストックが荒廃し，地域社会レベルの自給力は弱体化する。生存に必要な資源を遠隔地からの大量輸送でまかなう暮らしは，巨大な流通機構や規模の経済によって利益を得る巨大資本に生存基盤を委ねる暮らしとなり，地域の自給力のみならず自治力の低下をもたらす。食とエネルギーの自給が，生存維持や欲求充足のみならず，地域の自己決定権をめぐる課題でもあることを，東日本大震災以降の日本社会を生きる人々は意識せざるを得なくなっている。

　有機農業やコモンズ（入会）の研究を通して持続可能な社会を構想してきた多辺田政弘は，1980年代に島根県や和歌山県などの山間地での調査に基づいて「地域の更新性を支える地域自給経済の問題が今後重要な実践的課題となる」と述べ，「都市は農山漁村に優越する存在ではなく，農山漁村の自給力に依拠

してはじめて存在しうるのだ」と指摘した（多辺田ほか 1987：3）。人口減少と高齢化が進行する農山村に持続可能な社会を見出す発想を読者は奇異に思われるかもしれない。だが山里では，地域資源を活用した自給的な暮らしが今も営まれ，近年はそのような暮らしをめざして都市部から移住者がやってくる動きもあり，地域自給の営みは新たな意味を付与されながら受け継がれていこうとしている。

中山間地域の存立基盤としての農林業

　中山間地域とは日本列島の大部分を占める山がちな地域を総称する際，中山間地域という用語が使用される（本章3節にて詳述）。この地域の暮らしは，農林業を通じた自給経済と商品経済の重なり合い，そして集落を基礎とした地域自治によって特徴づけられる。道路やトンネルなどのインフラストラクチャーが整備された今日では，自身が暮らす市町村外への通勤者も増えているが，中山間地域では多くの住民が兼業農家や自給農家として田畑を営み，林業に従事する人々もいる。

　中山間地域の農林業は産業であると同時に地域社会を支える基盤そのものである。地域社会は自然環境に働きかけて恵みを得る生存維持の営みによって形づくられ，維持されてきた。農林業がつくる自然環境は二次的自然と呼ばれるが，山間につくられた無数の水田は治水機能を，手入れされた森は保水機能を持ち，下流部に位置する都市住民の生存を保障する役割も担う。そして，二次的自然を維持するには，例えば毛細血管のように地域にはりめぐらされた水路を人々が共同で掃除し，耕作を続ける必要がある。雪解け水を水路に集める技術や水を地域で分け合う合意も必要である。

　小規模・分散型の農地条件のもと，農業をめぐる経済・社会環境が年々厳しくなるなかでも，人々は耕作努力を続けてきた。そこには所得確保だけではない動機づけが働いている。農林業は地域生活の一部であり，だからこそ経営環境が悪化しても人々は耕作努力を続け山に入り続けるのである。

都市的生活様式と村落的生活様式

　農山村の生活を都市生活と比較してみよう。都市的生活様式とは，専門家や専門機関への依存を前提として成り立ち，生存維持や生活課題の解決における個々人の自給力の低さによって特徴づけられる暮らしのあり方を指す。対して，村落的生活様式は個々人の自給力の高さと共通問題の村落内での共同処理によって特徴づけられる（倉沢 1977）。食料の生産基盤をほとんど持たない都市部では，貨幣との交換によって食物を得る暮らしが一般的であり，平野部の都市近郊農村でも都市と大差のない消費生活を営む人は珍しくない。

　大都市から遠く離れた山間地でも，食物の取得や廃棄物の処理には，店舗や行政機関といった専門サービスが展開しているが，他方で，地域資源を巧みに活用する自給的な暮らしも息づいている。人口減少と高齢化が進行するなかで，食とエネルギーの自給を志向する移住者を迎え，新たな地域文化形成に向けて動いていく可能性も残されている。

住込み型フィールドワークから

　筆者は，2009年から2013年にかけて，島根県の西部に位置する浜田市弥栄町（旧那賀郡弥栄村。以下，旧弥栄村もしくは弥栄と略記）に暮らし，食と農を軸にした地域づくりや移住者の受け入れ活動とその調査研究に携わってきた。弥栄は過疎の先発地であると同時に，都市からの移住受入の先進地でもあり，中山間地域の可能性と課題を考える上で示唆に富む地域である。筆者は，人口減少の時代を生き抜いてきた農林家やこの地で生きることを主体的に選んだ移住者から，山間地には不利な条件ばかりでなく，大都市からの地理的な遠隔性に左右されない定住条件が存在することを学んできた。

　本章では，まず筆者のフィールドワークにもとづいて山間地・弥栄の四季と暮らしを紹介し（2節），次に中山間地域の全般的現状について統計データから巨視的に把握する（3節）。続いて，弥栄を事例に地域資源を活用した暮らしの実態（4節），直面する課題（5節），課題解決に向けた動き（6節）を紹介していく。

2 中国山地の四季

春の弥栄

　弥栄は冷涼な多雨地帯で，年平均降水量は1800ミリから2000ミリ，12月から2月にかけてまとまった降雪があり，2月後半には雪解けの兆しがみえはじめる。

　3月の雪解け時期には種まきが始まる。冬野菜と夏野菜の端境期にあたる春はまた山菜の季節でもある。そして，欅菜やイネの椎苗が枝葉をひろげゆく5月から6月は田植え時期となる。水稲は機械化が最も進んだ作目のひとつで，トラクタ，乗用田植え機，コンバインなどを用いて現在では最小限の手作業で栽培可能だが，小さな田が点在する弥栄では，手押しの農機具も珍しくない。

　田植えが終わる6月末頃から，あちこちの集落で「泥落とし」という名の宴会や夏祭りが開かれる。「泥落とし」の名称は足袋や田靴で田に入り，手植えを行っていた時代の名残であろう。集落単位で宴会が催される背景には，かつては結いに代表される相互扶助で田植えが行われていたことが関係している。

夏の弥栄

　田植えが終わり初夏に入ると，早朝から草刈り機のエンジン音が聞こえる。夏が草刈の季節であることは，鎌で草を刈っていた時代から変わらない。以前と異なるのは，草刈りの目的が，各戸で小頭飼いしていた牛などの家畜の飼料を得る営農行為から，生産環境や景観の維持，つまりは草を刈ること自体へと変わったことだ。金属の刃が高速で回転する刈払機の扱いは重労働で危険を伴うが，苦労して刈った草の多くは焼くか山積みしたままで利用されることは少なく，かつての目的を失った草刈は苦行化しつつある。

　2000年からは，集落などの小地域単位で協定を結び，草刈りや耕作を通じて地域の農業環境を維持する行為に対して国から一定の補助金を拠出する中山間地域等直接支払制度が開始されている。だが，この制度が始まる以前から，

人々は熱心に草を刈ってきた。いかに短く，美しく刈るかという競い合いも高齢農家の間で行われており，集落の宴席では「誰が最も草刈上手か」という話題が頻出する。

　夏場は畑作農家の繁忙期である。降雪地では冬場に農作業が減るため，露地農家もハウス農家も夏から秋にかけてが稼ぎ時であり，ナスやキュウリなどの果菜類や葉物類の収穫と出荷に早朝から大忙しである。

秋の弥栄

　8月半ばを過ぎると風が冷たくなり，稲刈りと秋のむら祭りの準備が始まる。大型コンバインを使う集落営農組織も，手押しのバインダや鎌を使う小さな農家も，9月上旬から下旬が稲刈り最盛期である。集落営農とは，農地維持のための共同の取り組みで，コンバインなどの農業機械を集落で共有する機械組合方式や，農業法人を作り農作業を法人に委託する方式などがある。島根県では，農業生産だけでなく，地域維持にかかわる高齢者外出支援サービスなどの農外事業を行う地域貢献型集落営農も展開されている。

　秋は，むら祭りの季節である。10月から11月にかけて，毎週のように村内の神社や集落の集会所で秋祭りが執り行われ，石見神楽が奉納される。石見神楽とは島根県西部に伝わる伝統芸能で，地域住民が神社を単位に「社中」という団体を構成し，舞手や奏者となる。日頃は田畑や工場や会社で働く若者が，烏帽子をかぶり笛や太鼓を奏で，神話や昔話に範を取った舞を奉納する。かつては昼過ぎから始まり夜明けまで続く祭りが多かったが，住民の高齢化にともない，最近は日付が変わるころに終了する集落や日中に行う集落もある。秋祭りは11月末にすべて終了し，むらは長い冬を迎える。

冬の弥栄

　祭りが終わる頃，日本海から湿った北風が中国山地に吹きつけ，冬が訪れる。弥栄には，日本海沿岸部の浜田市街地への通勤者も多く，厳冬期は早朝から除雪車が村内を走り回る。除雪業務は集落営農組織の冬場の収入源でもある。雪

に覆われるので，多くの農家は2月後半まで農閑期となる。しかし，ハウス農家や農産加工を行う事業所は真冬も農作業を続ける。これらの農家や事業所では近隣住民を雇用しており，周年雇用を維持するための仕事づくりとしてモチなどの加工品開発が試みられている。

これまで，山間地の四季と暮らしを概略的に記してきた。次に，統計データを用いて山間地（中山間地域）の全般的状況を確認していこう。

3　中山間地域とは

中山間地域の定義

中山間地域とは，1960年代に中国地方内の地域区分として限定的に使用された用語であり（小田切 1994：1-4），「平野の周辺部から山間地に至るまとまった平坦な耕地が少ない地域，いわゆる中山間地域」と定義された（農林水産省 1990：186）。現在は都市的地域，平地農業地域，中間農業地域，山間農業地域の4つの地域類型が使用される（表9-1）。

農業地域類型は，市町村を基礎単位とするため，同一市町村内に都市的な地域と山間地の双方を抱える際に正確な区分が困難であるなどの課題を持つ（小田切 1994：7-8）。また近年は農業センサスが耕作面積30a以上もしくは年間販売額50万円以上の販売農家中心の統計調査となっていることから，中山間地域の農家構成で多くを占める自給的農家を含めた総農家ベースの実態把握が困難になっている。これらの問題点をふまえた上で，統計データから中山間地域の特徴を確認していこう。

中山間地域の特徴——統計データに基づいた把握

中間農業地域と山間農業地域を合わせた中山間地域の面積は国土の71.9%におよぶ（表9-2）。また日本の林野率は66.6%であり，日本は山国といえる（2010年農業センサス）。しかし，人口構成は面積と対照的である（表9-3）。ほとんどの人口が都市的地域に集住し，中山間地域は広大だが居住人口は総人口

第Ⅲ部　地域での実践活動

表9-1　農業地域類型の基準指標

都市的地域	・可住地に占めるDID面積が5％以上で、人口密度500人以上又はDID人口2万人以上の旧市区町村。 ・可住地に占める宅地等率が60％以上で、人口密度500人以上の旧市区町村。ただし、林野率80％以上のものは除く。
平地農業地域	・耕地率20％以上かつ林野率50％未満の旧市区町村。ただし、傾斜20分の1以上の田と傾斜8度以上の畑の合計面積の割合が90％以上のものを除く。 ・耕地率20％以上かつ林野率50％以上で傾斜20分の1以上の田と傾斜8度以上の畑の合計面積の割合が10％未満の旧市区町村。
中間農業地域	・耕地率が20％未満で、「都市的地域」及び「山間農業地域」以外の旧市区町村。 ・耕地率が20％以上で、「都市的地域」及び「平地農業地域」以外の旧市区町村。
山間農業地域	・林野率80％以上かつ耕地率10％未満の旧市区町村。

注：DIDは人口集中地区を指す。
出所：2010年農業センサス『利用者のために』7ページ。

表9-2　農業地域類型別面積と国土面積に占める割合（2005年）
（単位：ha, ％）

	国土全体	都市的地域	平地農業地域	中間農業地域	山間農業地域
面積	37,791,478	4,400,779	5,592,449	11,985,919	15,183,894
割合	100.0	11.6	14.8	31.7	40.2

注1：国土全体の面積は、2005年10月1日現在の国土面積。
注2：北方領土や水面等、農林業センサスの総土地面積に計上されない国土面積があり、農業地域類型の割合を合計しても100％にならない。
資料：2005年農林業センサス、国土地理院「平成17年度全国都道府県市区町村別面積調」を基に算定。
出所：『平成20年度食料・農業・農村白書』118ページ。

表9-3　農業地域類型別の人口構成の推移（2005年⇒2010年）（単位：万人）

	2000年		2010年		増減数（率）	
	実数	構成比	実数	構成比		
都市的地域	9,759	76.9	10,077	78.7	318	3.3
平地農業地域	1,306	10.3	1,260	9.8	▲46	▲3.5
中間農業地域	1,177	9.3	1,086	8.5	▲91	▲7.7
山間農業地域	451	3.6	384	3	▲67	▲14.9
計	12,693	100	12,807	100	113	0.9

注：国勢調査を基に農林水産省で作成。
出所：『平成24年度食料・農業・農村白書』276ページ。

表9-4 総戸数規模別農業集落数の構成比（2010年）　　（単位：％）

農業地域類型	9戸以下	10～29戸	30～49戸	50～99戸	100～149戸	150～199戸	200～299戸	300～499戸	500戸以上	合計%	集落総数
都府県	5.4	23.8	18.3	20.8	8.8	4.8	5.4	4.9	7.9	100.0	132,041
都市的地域	1.0	5.9	7.7	15.2	10.7	7.4	10.7	12.6	28.8	100.0	29,850
平地農業地域	1.5	17.7	21.9	28.7	11.8	5.9	5.9	4.0	2.6	100.0	33,546
中間農業地域	6.0	31.0	22.2	21.9	7.6	3.7	3.7	2.3	1.6	100.0	43,931
山間農業地域	14.7	41.1	19.2	15.1	4.5	1.9	1.6	1.0	0.8	100.0	24,714
島根県	10.8	48.2	19.5	11.8	3.7	1.8	1.6	1.4	1.1	100.0	4,088
都市的地域	2.2	24.4	16.4	21.4	11.4	6.0	5.6	6.7	6.0	100.0	537
平地農業地域	2.9	48.7	31.6	11.9	3.9	0.3	0.3	0.3	—	100.0	310
中間農業地域	6.9	47.6	21.5	14.2	3.7	2.0	2.0	1.3	0.8	100.0	1,497
山間農業地域	18.2	55.9	16.6	6.7	1.3	0.6	0.3	0.1	0.2	100.0	1,744

注：各類型の最大値に網かけ処理を行った。
出所：2010年農業センサス農山村地域調査報告書。

の11.5％と少ない。

　高齢化率（総人口に65歳以上人口が占める比率）は2010年時点で，都市的地域21.3％，平地農業地域25.8％，中間農業地域29.7％，山間農業地域34.8％と中山間地域で高い。農業集落の戸数規模を構成比で示した表9-4では，島根県の山間農業地域における30戸以下の集落は74.1％，うち9戸以下の小規模集落は18.2％を占め，島根県において小規模集落は例外的な存在ではないことがわかる。

　人口減少と高齢化が進行する中山間地域は，一定の農地シェアを持ち，食料自給に一定の役割を果たしている。全国の経営耕地総面積に中山間地域が占める割合を示した表9-5では，中山間地域の割合が37.8％ある。その上，中国山地を抱える山陰では61.6％，山陽では70.9％で，島根県全体では72.2％と中山間地域の占める割合が際立って高い。

中山間地域問題としての着目

　1960年代には中国地方内の限定されたエリアを指していた中山間地域の語が

表9-5 全国の経営耕地面積に中山間地域が占める割合 (単位:%)

		経営耕地総面積	水田	畑	普通畑	牧草地	樹園地
全国	都市的地域	14.2	16.9	9.6	13.1	3.5	17.6
	平地農業地域	48.0	47.8	49.7	51.8	47.6	39.4
	中間農業地域	27.8	26.3	28.9	26.0	33.2	35.0
	山間農業地域	10.0	9.0	11.8	9.1	15.8	8.0
	(中山間地域)	37.8	35.3	40.7	35.1	48.9	43.0
	全 国 計	100.0	100.0	100.0	100.0	100.0	100.0
中山間地域	都府県	36.7	35.0	40.2	36.0	70.6	42.6
	北海道	40.4	37.8	41.0	34.1	45.8	76.0
	東 北	40.8	36.7	60.1	53.9	74.8	35.0
	北 陸	31.7	30.8	44.1	39.7	77.3	43.5
	北関東	25.7	11.8	23.6	22.1	73.8	20.4
	南関東	8.2	9.2	6.0	5.6	28.6	11.5
	東 山	52.3	51.3	65.2	64.6	76.9	38.8
	東 海	23.9	23.6	19.7	16.0	69.4	30.0
	近 畿	45.8	43.7	49.8	48.3	80.5	56.5
	山 陰	61.6	65.0	46.0	47.6	32.9	66.9
	山 陽	70.9	71.3	73.6	72.1	79.7	61.3
	四 国	48.9	43.3	62.8	59.7	91.9	58.2
	北九州	37.0	33.0	44.0	40.7	71.6	49.6
	南九州	54.7	64.7	47.4	46.3	62.9	52.8
	沖 縄	16.6	43.9	13.2	12.1	20.9	61.6
	島根県	72.2	71.4	78.2	77.2	84.4	70.1

注1:農業経営体の経営耕地面積をベースにした数値である。
注2:小田切(2006:24)を参考に作表。
出所:2005年農業センサス農山村地域調査報告書。

一般的となった背景には、高度経済成長期に端を発した人口減少が社会減から自然減へ質的に変化し、地域社会の存続が危ぶまれ始めたこと、そして1980年代中盤以降の規制緩和の政策潮流やグローバリゼーション下での国内農業保護政策の後退が同地域に与える負の影響が懸念され始めたことがある(小田切1994:3-13；中島, 2000:51)。「日本農業総体を覆う『担い手不足』の典型地域として中山間地帯が農政に位置づけられ始め」たのである(小田切 1994:13)。

農業経済学者の小田切徳美は，1990年から2005年までの農地面積の減少率の推移から，平均耕地面積の減少が西日本の中国・四国地方に始まり，後に東日本でも同様の動きが起きたと指摘する（小田切・藤山 2013：22-23）。

なお，ここまで中山間地域という地域区分を多用してきたが，その地域特性は多様で，一括りに論じることができない面を持つ。暮らしのあり方や中山間地域問題への対応といった質的要素に着目すればなおさらである。中山間地域の特徴を明らかにする際には，特定地域の現地調査から得た知見がただちに一般化され得るものではなく，いくつもの論理や比較研究を媒介させる必要がある（谷口 2009：39）。全国各地の中山間地域が直面する課題や解決に向けた取り組みを考える際には，共通性と地域ごとの歴史的固有性の両面を考慮する必要がある。

4 地域資源を活かした暮らしの原像と崩壊

事例地の概要

本節以下では島根県浜田市弥栄町（旧那賀郡弥栄村。以下，弥栄もしくは旧弥栄村と略記）に定位して，地域資源を活用した中山間地域の暮らしの過去と現在をみていこう。

弥栄村は，1956年に2村の合併によって発足し，約半世紀後の2005年に，隣接する3町とともに浜田市と合併した。2010年時点の林野率は84.9％で，農業地域類型上の山間農業地域にあたる。経営耕地総面積は1960年時点で639 haだが2010年には257 haまで減少し，うち水田235 ha，畑20 ha，樹園地2 haと大部分を水田が占める（農業経営体ベース）。農家構成は1960年時点で第一種兼業農家が多数を占め，1975年以降は第二種兼業農家の割合が最多となっている（以上，農業センサス）。

村内には27の集落が点在し，2011年4月1日時点の高齢化率は43.0％で，27集落のうち高齢化率50％を超える集落は12あり，うち世帯数6戸以下の小規模・高齢集落が6集落ある（住民基本台帳）。住民の就業状況は，第一次産業

243人（32.1％），第二次産業130人（17.2％），第三次産業384人（50.7％）で農外就業者も多い。主な内訳は農業226人，医療福祉業125人，製造業71人，建設業58人，卸売業・小売業51人，公務員46人で，農業のほかは医療福祉分野の就業者が多く，日本海沿岸の市街地への通勤者が一定数いる（2010年国勢調査）。

　旧弥栄村役場（現浜田市弥栄支所）や公民館が位置する中心部には，子育て世代が暮らす公営住宅が密集するが，縁辺部では人口・戸数減少と高齢化が進行し，限界集落化が進行しつつある。限界集落とは社会学者の大野晃が1990年代に提唱した概念で「65歳以上の高齢者が集落人口の50％を超え，独居老人世帯が増加し，このため集落の共同活動の機能が低下し，社会的共同生活の維持が困難な状態にある集落」と定義される（大野 2005：22-23）。

地域資源を活かした暮らしの原像

　1970年代に中国山地で住込み型の調査研究に携わった農学者の乗本吉郎は，旧弥栄村を含む調査報告のなかで「もともと農山村地域の農業は，歴史的に農業だけで自立してきたわけではない。製薪炭業とか林業といったいわば自営兼業，すなわち農業を支える堅実な兼業をもっていた」と記した（乗本 1973：149）。つまり，山と田畑という地域資源に支えられた暮らしである。

　ここで地域資源という概念を整理しよう。中国山地の地域資源の利用形態をモデル化した農業経済学者の永田恵十郎は，地域資源と資源一般を区別する要素として，①資源の非転移性，②資源相互間の有機的な連鎖性，③資源の非市場性をあげる（永田 1988：83-87）。資源の非転移性とは，土地や気候のように，それを域外に移動させることが不可能な特性をいう。石油などの鉱物資源が転移性を持つことと対照的である。資源相互間の有機的な連鎖性とは，地域資源が特定資源だけで存在するのではなく，複数の資源が地域内で相互作用することで維持される特徴をいう。永田は「耕地・水・森林等の地域資源は一つの有機的連鎖性をもっているのであって，この連鎖性が破壊された時には，地域資源の有用性は失われる」と関係論的に地域資源を捉えている。資源の非市場性とは，資源の非転移性や相互連関性に関連し，特定資源のみを域外市場の需要

第❾章　中山間地域

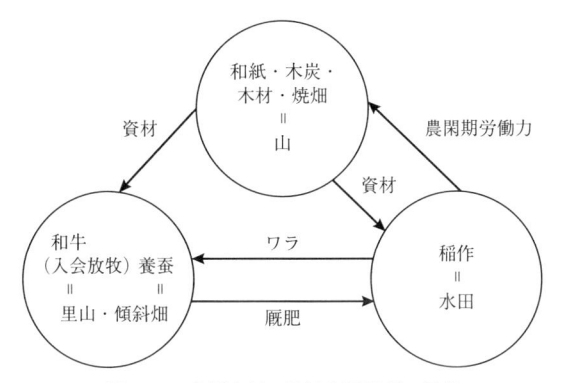

図 9-1　中国山村の地域資源管理の原像
出所：永田（1988：237）

に応じて選択的に開発対象とした際には，資源間の相互連関が破壊され，地域住民の生活に負の影響が生じるおそれもあるといった観点から市場取引になじまない特徴とされる（永田 1988：83-87）。このほか，地域資源が地縁などに基づく地域社会の成員間の信頼関係と協調行動によって維持されてきたという性質からも，市場取引になじみにくい性質が想起されよう。

中国山地における地域資源活用は，奥山（図9-1では山），身近な里山，田畑の3地目間の連関から成り，山の資源―家畜―田畑の間に有機的なつながりが形成されていた。たとえば里山からカヤなどの山草を得て水田に投入し，家畜には山草を給餌してその厩肥を田畑に投入するというつながりである。里山では養蚕用の桑も栽培された。奥山では木炭や和紙の原料となる楮・三椏を得，焼き畑も行われ，木材に限定されない多用な樹木の利用がなされていた。また，夏場は里山と田畑で働き，冬場は奥山で炭焼きに従事するといった季節兼業が成り立っていた。

弥栄村では明治以前からたたら製鉄が営まれており，川から採取した砂鉄を山中で鉄に精錬する際に使用する薪炭生産が盛んであった。近代製鉄業の勃興とともにたたら製鉄は衰退したが，木炭はその後も長く地域住民の主要な現金収入源となっていた。人々は，都市部から遠く離れた山中で暮らしながらも，薪炭を通して都市のエネルギー需要を支えてきた。

203

エネルギー転換と生業構造の崩壊

　ところが高度経済成長期を境に，地域資源活用と生業構造が崩壊し始め，弥栄の人口は激減した。その背景には薪炭から石油・ガスなどの化石燃料へのエネルギー転換や気象災害の続発などがある。高度経済成長期のエネルギー転換によって薪炭需要が激減し，同時期に「三八豪雪」(1963年) や豪雨災害が相次いだため，世帯ごと他出する挙家離村が続出し，弥栄村の1960年から1965年にかけての人口減少率は34.8％に及んだ。この時代，弥栄村を調査した農学者の安達生恒は，挙家離村の多発によって農家経営や行政活動などの多くの分野に機能不全が起こり，地域社会が衰退イメージに包み込まれてしまう現象を過疎状況と呼んだ (安達［1966］1981：10)。過疎は人口社会減として生じ，都市に他出した青年層の親世代が高齢化するにつれて人口自然減地域が出現し，限界集落問題を生み出すに至っている。

　弥栄の生業構造が崩壊し始めた1960年代は，農業政策の大きな転換期でもあった。1961年に制定された農業基本法は，農工間所得格差の是正を目標に，選択的拡大による農業の産業化によって，多品目栽培による自給農業から，専作化と域外販売を中心とした農業構造への転換が推進された。このようなモデルは，小規模・分散型の農地・居住構造を持ち，山に関わる生業と田畑を兼業する暮らしによって生計を成り立たせてきた中山間地域には適用困難な面を持つ。こうした産業構造の転換と政策転換のなかで，弥栄のような中山間地域は暮らしの激変を余儀なくされ，構造的劣位に置かれていった。

「人も自然も高齢化した」

　弥栄村で長年にわたって農林業を営んできた徳田金美さん (76歳・男性，年齢は聞き取り時点) は現在の地域について「人も自然も高齢化した」と語る (2010年，筆者聞き取り)。薪炭から石油へのエネルギー転換，第一次産業から第二次・第三次産業への産業構造の転換，自給的農業から産業的農業への農業の近代化 (工業化) といった全体社会レベルの構造変動のなかで，この村に何が起きたのだろうか。

第❾章　中山間地域

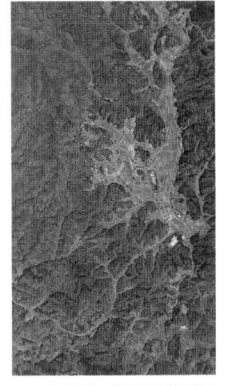

1947年撮影（米軍）　　2010年撮影（国土地理院）
図9-2　約半世紀の間に拡大した森（浜田市弥栄町西の郷）
出所：国土地理院。

　エネルギー転換と農業の近代化は，住民と里山の結びつきを弱めていった。産業としての薪炭生産が衰退し，機械化と化学肥料の普及によって，厩肥や農耕のために戸飼いされていた牛がいなくなり，家畜のえさとして刈られていた山草は農業利用されなくなった。農政の選択的拡大路線のなか，行政主導で養蚕や葉タバコなどの商品作物を集中的に栽培する動きもみられたが長続きせず，山を活用する換金作物としてシイタケ栽培が一時盛んになったものの，遠く離れた都市部に出荷するには乾燥させて干シイタケにする必要があり，乾燥機の燃料である石油価格の高騰や干シイタケの輸入増などを受けて衰退した。
　薪炭林を構成するナラなどの広葉樹は，若木のうちに伐採すると10～15年ほどで再生し（萌芽更新と呼ぶ），薪炭材や燃料に継続利用できる再生可能な資源である。だが，薪炭需要の急減と木材輸入の自由化に伴い，山仕事で生計を立てる人が減り，伐採されなくなった木は成長し続けて老木となった。その結果，近年では西日本を中心に広葉樹が虫害で枯れ始めている（例：カシノナガキクイムシによるナラ枯れ病）（福島 2011：85-86）。
　若年人口の他出構造が生まれ，在村層の高齢化が進行すると，人が自然にはたらきかけることで形づくられ，山・田・畑の地目間の有機的なつながりをもとに維持されてきた二次的自然は，これらの相互のつながりが断ち切られるこ

とによって荒廃した。このことを徳田さんは「人も山も高齢化した」と表現したのである。山と人の距離が離れることによって生じたのが森の拡大である（図9-2）。森の拡大によって山と集落（里）の境界が近づき，イノシシやシカ，サルなどによる農作物への獣害が増加した。田畑を電気牧柵で囲う，集落と里山の境界を金網で囲うといった対策が取られているが，根本的な解決の方向は，再び森の資源を使う暮らしを取り戻していく以外にない。そのためには，中山間地域における人と自然との向き合い方を，自然保護のみでも収奪的開発でもなく，持続的活用の観点で再構築していく必要がある（福島 2011；福島 近刊）。

5 過疎の時代を生き抜いてきた人々

山とともに生きてきた人々

多くの人々が離村するなか，主体的に山里に生きることを選んだ人々は，どのような生活を営み，どのような思いで生きてきたのだろうか。先述の徳田さんは，このように語る。

> ［筆者注：自分で所有する］山もなけりゃあ，農地もそうたくさんなし。その中でも，できることならやっぱり田舎で仕事をして，田舎で生活するほうがいいかなあと思った。学校を卒業したころは，大工になりたいと思ったが，それもようせん。それで，山仕事をはじめた。
>
> そのときは，何でも金になりよったんだ。スギにせよ，マツにせよ。雑木でもいろいろな物が金になりよった。たとえば，しゃくし（しゃもじ）屋さんといって，山でしゃくしを削る人もいたんよ。製品をつくることは，何でもできよったんだ。賃金が安かったから，山を活かすことができたというのもあると思う。
>
> コルクにしてもそう。今でも，コルクに勝つ製品はないんよ。近頃は発泡スチロールができたが，これはいらんようになったら，跡の始末に困る。発泡スチロールを燃やしたら，真っ黒い煙が出て，どうにもならん。コル

クはその心配がない。家の断熱材や防音材にもとてもいい。いろいろな使い方ができるが，いろいろ，いいものが山にはたくさんあるのはあるんだが，やはり今は賃金がかかりすぎて，採算が取れんのだと思う。(福島ほか 2011)

この語りには，重要な知見が含まれている。まず，山林を広く所有しない人であっても山仕事で生計を立てることが可能であったこと。山のさまざまな資源は商品化でき，それらは質が高くバラエティに富んでいること。そして，山から得る資源は，使用価値の高さだけでなく，廃棄過程においても環境負荷が少ないなどの利点を持つことである。林業とは，用材を伐出して販売するだけでなく，山中のさまざまな資源を換金する生業でもあった。

農産物の輸入自由化は1980年代以降に加速したが，木材輸入は1964年に全面自由化され，それ以来激しい国際競争にさらされてきた。輸入材や石油製品は，規模の経済によって安価な大量販売が可能だが，手仕事は仕事の質では優っても再生産可能な価格での販売が困難である。しかし徳田さんは，今も山に入り，田畑を耕し続けている。

有畜複合農業で生き抜く

　農業基本法に基づいた専作化や規模拡大が全国で推し進められた時代に，タバコやシイタケなどの商品作物を育てながら家畜を飼い，水田と多品目の野菜畑を営み，田畑と山をつなぐ暮らしを継続してきた人がいる。2013年で77歳になる串崎文平さんは，牛を小頭飼いして刈草を飼料にし，田畑に厩肥を入れる有畜複合農業を実践してきた。串崎さんは自身の農業生活をふりかえって，このように語った。

　　池田勇人内閣が，所得倍増計画で選択的拡大と言うて，何もかもをつくらんで，水稲なら水稲，畜産なら畜産，乳牛なら乳牛，ハウス栽培ならハウス栽培，何か一つのことを大がかりにやれちゅうことが流行った。だが私は，それはいっぺん，やりはなえてみたが，だめだった。気象災害のと

きにリスクが多いんでな。リスクを分散するためには多品目の方が安心しとられるような気がする。(相川ほか 2013：35)

　例えば，草を刈っても，それをそのまま焼きたくはないんだよな。だけえ，畑に使うとか，草マルチにするとか。わが家には牛がおるから，牛に刈草をやる。飼料がそれでまかなえる。米ができたら，くず米を利用する。だけえ，余った物をむだにしない。常に循環しとるわけで，そこのあたりちゅうのは，大事なことじゃないかな。(相川ほか 2013：35)

このような暮らしは，決して楽ではなかったという。しかし，串崎さんも，徳田さんと同じく，小さな農業を手放さずに，農林業で生計を立ててきた。何もかもをお金で手に入れようと思えば，弥栄は条件不利地である。しかし，自力で，あるいは周囲と協力して動けば，田畑や里山から食もエネルギーも自給できるだけの資源に囲まれている地域でもある。そのような地域に移住しようとする若者に向けて，串崎さんはこのように語る。

　私らも，若いときにはかなり，子育てでの苦労はしたけえだが，最終的には，食べるものを食べてやるけえ，と思って頑張ったけえな。お金がなけにゃあ，やれんときに，やっぱし，タバコもつくるし，シイタケもつくるし，それはそれで，仕方がなかったと思う。ただし，お金の亡者には，ならんかったと思うとる。お金はなけにゃあ，やれんけえだが，お金，お金ですべてを考えとると，お金がなくなったときは，それで終わりなんだけえな。だけえ，お金はなくても何とかなるんだ。(相川ほか 2013：36)

6　地域再生に向けた動き

自明性の解体から主体化へ

「あたりまえ」であったものが，「あたりまえ」にみえなくなったとき，ある

第❾章　中山間地域

いは「あたりまえ」のものとして意識化されなかったものが意識され始めたとき，そこには自明な世界の動揺が起きており，危機が顕在化している。危機が偶然の一回きりの不幸な出来事ではなく継起的に生じているとき，そこには，危機を一般的な状況にさせていく構造の力がはたらいている。

　今，中山間地域が直面する危機は，歴史的に形成され，同時代的な連鎖構造のなかにある構造的危機である。構造的危機に向き合うためには，危機への短期的な対処に力を割かれながらも，同時に，なぜ，どのように危機が生起したのかを過去に学び，地域社会で歴史的に形成されてきた構造に立脚して長期的なスパンを想定し，未来に向けて構造的な展望を示していく必要がある。構造的展望は，各地の暮らしの現場において試みられてきた中山間地域の持続性の危機に対する民衆の努力の同時多発的な展開のなかに見出すことができる。

山村移住の先進地として

　前節までに述べた暮らしは，主として70歳から80歳代の高齢者のものであった。日本農業を支えてきた「昭和ひとけた生まれ世代」が，2014年には全員80代となる。これまでにみてきた暮らしは，かれらの引退や物故とともに消えゆくものなのだろうか。そうとは言い切れない。現在弥栄で起きている都市からの移住者による小さな農林業の非血縁的継承の動きに着目していこう。

　弥栄は，過疎の先発地のみならず，山村移住の先進地としても知られる。1971年に数名の青年が山陽方面から移住し，無人になってしまった集落に住みこんで弥栄之郷共同体を立ち上げ，管理社会化する現代社会で自治をめざす共同体運動を始め，自家製味噌の商品化を試みた。かれらは早くから農業研修生の受け入れ活動を始め，全国各地から多くの若者がやって来た。このようなはじまりの歴史をもつ弥栄之郷共同体は，現在は有限会社やさか共同農場となって約30名の従業員を雇用し，村内最大の事業所となり，数十人の移住者が村に定住している（弥栄之郷共同体 1989）。

　弥栄村役場も1990年代から定住政策として，移住者用の住宅建設や農林業研修生の受け入れ制度などを開始した。2005年の浜田市との合併後も，旧村単位

で有機農業研修生（専業農家）の受け入れ制度を継続させ，2013年10月1日現在までに30名が農業研修を受け，うち17名が弥栄に暮らしている（浜田市弥栄支所資料）。2011年度からは兼業をベースにした暮らしが中山間地域に適しているとの発想から，兼業農業研修制度も新設され，2013年3月現在，3名の研修生が都市から移住した。同時期に，島根県も，兼業農家をめざす移住者への支援制度を開始し，2013年時点で22名の研修生が県内各地で就農し，うち19人が中山間地域を就農地に選んでいる（2013年9月6日，島根県農林水産部農業経営課，筆者聞き取り）。小規模・分散型の農地・居住構造を持つ地域特性を活かす上で国レベルの政策から相対的に自律性をもった政策を実施する主体として自治体の役割は重要度を増している。さまざまな住民活動や施策が打ち出されてきたことにより，2012年時点で，人口約1500人の村に，子どもから大人まで，少なくとも約90名の移住者が暮らしている（相川 2012：12）。

「ちょっと下に降りたら，農業しかできなくなる」

都市との近接性や利便性だけが人々に定住を促す要素ではない。中山間地域に可能性を感じて移住する若者は弥栄では近年少しづつ増えている。在村者，帰郷者，移住者という異質な主体が対立や協働を繰り返しながら，伝統的なものと新規なもの，山村的なものと都市的なものが混合し，新たな地域文化を生み出せるかが試されている。

中山間地域を選んだ移住者として，山を活用しながら田畑を営み，集落維持に参画しながら新しい価値観を地域に発信する人物の暮らしを紹介したい（相川 2011）。弥栄で最も標高の高い横谷集落に暮らす新庄ミツルさんである（1968年生まれ，山口県下関市出身）。彼は1988年の大学卒業後すぐに弥栄に移住した。当時，世はバブル景気に沸き，農業への志を正面から受け止めてくれる人は周囲にいなかったという。弥栄之郷共同体での研修後は同共同体の職員になり，主力産品である味噌製造や畑仕事に携わり，職場で出会ったパートナーとともに空き家を借り，農業（勤務）と農業（自営）の兼業暮らしを営んでいる。大豆を米ぬかと混ぜて自家製肥料を，自宅まわりの竹林や広葉樹を伐採し

て竹炭や薪をつくり，肥料と竹炭は田畑に，薪は薪風呂と薪ストーブの燃料に活用する。水は裏山から引いている。

　彼は弥栄を定住地に選んだことについて「ちょっと下の方に降りたら，農業しかできなくなるから」と語る。そして，食とエネルギーを自給する暮らしを続けるなかで「自分の自給力は，まだまだ未熟だけれども，例えば，まき風呂やまきストーブのある暮らしは，原発に頼ったり，石油が原因で起こされる戦争に加担しない暮らしにつながる」と考えるようになったという（以上2010年筆者聞き取り）。彼の暮らし方の中には伝統的な暮らしの継承と地域資源を活用する自給的な暮らしへの新しい意味づけが同居している。

　2000年代の弥栄には，食とエネルギーの自給を志向する20〜30歳代の若者の移住が少しずつ増えている。人口減少を押しとどめるほどの人数ではないが，縮少していく地域のなかで地域資源を活用した暮らしが，高齢者にとっては孫にあたる世代へと非血縁的に継承される兆しが見え始めている。

　本章では，多くの人が都市住民となり，農山村部にも都市的な生活様式が浸透して久しい現代社会を生きる私たちの暮らしが，中山間地域のさまざまなストック（再生可能な自然資源）に支えられていることを示し，中山間地域の暮らしの歴史的な変遷と直面する課題，そして地域の歴史的構造に根ざした課題解決の方向づけを論じてきた。

　中山間地域が直面している状況は，決して楽観視できるものではないが，耕し続ける人々と山国をめざす若者がいる事実から出発し，小さくとも可能性の灯をともし続ける努力が，地域住民，行政機関，そして研究者に求められている。

【討議のための課題】
(1) 中山間地域の田畑や里山といった二次的自然の利用を進めていくために，どのような住民活動や行政制度が考えられるだろうか。話し合ってみよう。
(2) 食とエネルギーの地域自給を進めることで，地域内外に，どのような効用が生み出せるだろうか。そして，クリアすべき課題にはどのようなものがあるだろ

(3) 都市から中山間地域への帰郷や移住を促していくためには，どのような条件整備が必要だろうか。この課題を読者自身に引きつけて考えるために，帰郷・移住したい人とそうでない人に分かれてグループ討論を行い，それぞれの理由を整理してみよう。

文献

相川陽一，2011，「移住者が体現する山村暮らし――中国山地の地域再生に携わって 4」『ピープルズ・プラン』56号：14-19。

相川陽一，2012，「中山間地域での新規就農における市町村施策の意義と課題――島根県浜田市弥栄町の事例」『近畿中国四国農研農業経営研究』第23号：28-46。

相川陽一，2013，「地域資源を活用した山村農業」井口隆史・桝潟俊子編著『地域自給のネットワーク――有機農業叢書5』コモンズ，81-133。

相川陽一・串崎文平・河野守・佐藤大輔・新庄ミツル，2013，「山村・弥栄で農に生きる意味を語ろう」島根県中山間地域研究センターやさか郷づくり事務所編『やさか郷づくりまとめの集い報告集――郷づくり事業の4年間のふり返りと今後をみつめて』島根県中山間地域研究センターやさか郷づくり事務所，27-45。

安達生恒，[1966] 1981，『過疎地再生の道』日本経済評論社（初出：安達生恒，1967，「過疎地域における営農と生活――島根県弥栄村のレポート」『地上』1967年7月号：42-81）。

福島万紀・佐々本道夫・徳田金美・三浦香，2011，「地域に根ざして生きる想いと技を受け継ぐ 弥栄に生きる，山使いの達人たちの言葉から」島根県立大学JST人材育成グループ『島根発！ 中山間地域再生の処方箋――小さな自治，人材誘致，小さな起業』山陰中央新報社，85-93。

福島万紀，2011，「山村に暮らしながら里山と林業を考える」『国民と森林』117号：2-5。

福島万紀，近刊，「山村地域に生きるための林業再生の挑戦――実践研究からみえてきた山村住民，移住者，近郊都市住民の協働可能性とローカルな木材流通拠点の創出」谷口憲治編『条件不利地域における地域資源活用による農山村発展』農林統計出版。

倉沢進，1977，「都市的生活様式序説」磯村英一編『現代都市の社会学』鹿島出版会，19-29（鈴木広ほか編，1985，『リーディングス日本の社会学7――都市』東京大学出版会，89-97［部分収録］）。

永田恵十郎，1988，『地域資源の国民的利用――新しい視座を定めるために』農山漁

村文化協会。
中島紀一，2000，「農村市民社会形成へのヴィジョンと条件」『農林業問題研究』35(4)：215-220。
農林水産省，1990，『平成元年度　農業の動向に関する年次報告』農林水産省。
乗本吉郎，1973，「過疎集落の動向と農林業対策　島根県過疎地域（大田市・温泉津町・弥栄村・日原町・横田町・西ノ島町）調査から」『農業総合研究』27(4)：139-157。
小田切徳美・藤山浩，2013，「中山間地域への接近――中国山地からの『創り直し』」小田切徳美・藤山浩編『地域再生のフロンティア――中国山地から始まるこの国の新しいかたち』農山漁村文化協会，15-44。
小田切徳美，1994，『日本農業の中山間地帯問題』農林統計協会。
小田切徳美，2006，「中山間地域農業の構造と動態――2000年農業センサス分析」矢口芳生編『中山間地域の共生農業システム　崩壊と再生のフロンティア――共生農業システム叢書第3巻』農林統計協会，16-55。
大野晃，2005，『山村環境社会学序説――現代山村の限界集落化と流域共同管理』農山漁村文化協会。
多辺田政弘・藤森昭・桝潟俊子・久保田裕子，1987，『地域自給と農の論理――生存のための社会経済学』学陽書房。
谷口憲治，2009，『中山間地域農村経営論』農林統計出版。
弥栄村誌編纂委員会編，1980，『弥栄村誌』弥栄村。
弥栄之郷共同体，1989，『俺たちの屋号は「キョードータイ」　村に楽しい暮らしと農業を――島根・弥栄之郷共同体の17年』自然食通信社。

第Ⅲ部　地域での実践活動

Column 7

在来作物と種子を受け継ぐ

江頭宏昌

　戦前まで我が国の農作物の大部分は在来品種であった。在来品種は自家採種のたびに選抜が繰り返されるので，栽培年月が長いほど地域の風土や農家の感性になじんだ固有の形質を持つようになることが多い。ここではさまざまな在来品種を総称して在来作物と呼ぶことにする。

　戦後，大量生産・大量流通の時代が到来すると，在来品種の多くは近代品種へと置き換わり消失していった。在来品種は近代品種に比べて，生育が揃わない，収量が少ない，病気に弱い，収穫物の揃いが悪いなど，生産・流通効率で劣ることが多いためである。

　戦後間もないころから1976年まで山形大学農学部に在籍した蔬菜園芸学の青葉高教授は先駆的な在来野菜の研究を行い，消滅の危機にある野菜の在来品種は「生きた文化財」であるから保存が急務であると訴えた人物である。筆者ら同学部の教員有志は青葉氏の志を受け継ぎ，生きた文化財としての在来作物の価値を世の中に問い直そうと，2003年11月に市民に開かれた山形在来作物研究会（以下，在作研）を発足した。

　在作研の活動として県内の在来作物を紹介する新聞連載のため4年間種々の農家を訪問取材したことがある。そもそもなぜ，生産効率が悪く，お金にもなりにくい在来作物を継承してきたのか。農家にその理由を問うと，一番多く返ってきた答えは「おいしいから」であった。子どものころから食べ慣れている味なので自分が食べたいのはもちろん，家族や日頃お世話になっている人にもおすそわけして喜んでもらいたいからという返事であった。経済的尺度とは無縁のそうした想いこそが，在来作物を存続させてきた原動力だったのだと思い知らされた。在来作物を守ることは，人々の良心を守ることにもつながるのではないか。

　伝統野菜を含む在来作物への関心は年々高まっている。テレビや新聞などで取り上げられることが増えているばかりか，全国的に在来作物を守り活用しようとする研究会やコミュニティの発足が相次いでいる。

　在来作物は地域に伝えられてきた多様な歴史や文化を知り，地域の風土を活かすための知恵を探索するのに役に立つ。よそからの来訪者に在来作物を使った料理を振る舞えば，郷土の味だけでなく，それにまつわる歴史や食文化を通して，地域らしさ（地域の個性）までわかりやすく伝えることができる。

　在来作物のもうひとつの魅力は，時間と空間を超えた「つながり」を生むことである。在来作物をきっかけに都会から農村へ人が訪れる空間的なつながりを生むだけでなく，農村で世代間のつながりを生むこともある。在来作物を知る・食べるといった全国各地のイベント会場には，たいてい20歳代から80歳代くらいまでの幅広い年齢層の多くの参加者が集う。そこには伝統の上に生きることができる安心感と地域を誇りに思う喜びがあり，それを地域で共有して未来につなごうとする希望がある。異業種のつながりもごく自然に生まれる。

　より多くの人々が在来作物の存在価値に気づき，種子と文化を継承して欲しいものである。

第10章 農の担い手
―― その多様なあり方

高橋 巌

(キーポイント)

(1) 「農の担い手」とは，産業としての「農業」だけでなく，食の自給や農村の生活面から，地域で「農」に携わる人や組織・集団のことをいう。
(2) 今日の「農の担い手」とは，企業的農業経営者だけでなく，兼業農家，高齢者，定年帰農者，UIJ ターン者など，地域で「農」に携わる多様な人々の集合体である。もとより日本農業は，共同的な用水管理など，集落を単位にした家族経営とその相互扶助を前提に成立してきた。担い手問題の議論は，突出した企業的農業経営者を対象にするだけではなく，これらの条件を基礎にした総合的な見地から行われなければならない。
(3) 農村における高齢化を必ずしもネガティブに捉えるべきではなく，「元気な高齢者」の地域農業における担い手としての役割と積極的な社会参加に着目し，その意義を評価する必要がある。

(キーワード)

農，地域農業，担い手，多様性，高齢化，高齢者，定年帰農，新規就農，UIJ ターン

1 「農」とその多様な担い手

本章でいう「農」とは，産業としての「農業」だけでなく，食の自給や農村の生活面から「農」に関わる分野を含む広い概念であり，その担い手とは，「地域で農に携わる人や組織・集団」を指す。その実態を分析し，今後の方向を検討するのが本章の課題であるが，具体的にいえば「農に携わる」人々や組

織が，現在どのような状態にあり，今後それをどのように捉え，考えていくべきかということである。現在，担い手については，絶対数の「減少（農村の過疎化）」と「高齢化」[(1)]が大きな問題になっているが，それとともに，さまざまな階層が農を担うという担い手の「多様性」の実態もおさえる必要がある。そこで本章では，農の担い手の「多様性」を中心に，高齢化等の諸問題をどう捉え，今後どのように新たな農の担い手を呼び込んでいくかを考察していく。

日本農業の姿と担い手の実態

　まず，日本の農業・農村の基本的な姿を確認しておこう。これまでの章で学んできた通り，日本の農業では，欧米のような「農場制農業」による単一作物の大規模生産が可能な地域は多くなく，「分散錯圃」といわれるように小さい圃場が入り組んだ土地での，共同による水管理が不可欠な水田と集落（むら）を基礎とする家族農業が展開されている。そこでは，農村で生活するために必須の「道普請（農道などの補修）」「農業用水管理」などを住民の共同出役で担いながら，生活と農作業を持続させてきた。もちろん農地の利用調整などについても，戦後の農地改革以前にまで遡る先祖代々の意識がまだ残る場合もあり，決して一様ではない。そうしたなかで，さまざまな異なる利害を調整する集落の話し合いが行われ，農地をどう維持していくか，耕作できなくなった農地を誰がどのように耕作するのかなどを協議し，合意形成していくのが一般的な日本の農村の姿である。一部の地域・部門を除けば，日本の農村は依然として「一匹狼」の大規模農業者が地域の農業生産を牽引する構造にはなっておらず，農業生産維持の基本となるのはあくまで集落であり，その集落の共同性に基づき「生産と生活が表裏一体」となっているのが日本の多くの農村なのである。もちろん，こうした姿は混住化・過疎化・高齢化で徐々に変わってはきているものの，地域の農業生産の維持が，こうした集落の「共助・相互扶助」を前提とした合意形成の中でこそ可能であったことは，認識されるべきであろう。

　また，今日の農村に住む者は多様である。仮に，都府県の農村で，都市からある程度離れ，かつ農業生産基盤が一定程度残る典型的な農村をイメージして

みよう。そこには，夫婦で長年農業を営み続けてきた専業農家や，畜産・果樹などの専業農家など農業に深く関与する層が暮らしているであろうが，一方で，自給的農業のみに従事している単身高齢者，役場や農協勤務など地元で兼業に従事し生活費を補填しながら週末・農繁期を中心に農業を営んできた兼業農家などが加わるであろう。さらに，農業経営規模が小さく農業では生活ができないため，家を離れて遠方に就職し年に何回か帰郷して親の農業を手伝う後継者や，さらには農業から完全に離れサラリーマンになり，代々の農地を他の農家に委託する元農家なども存在する反面，かつては農業から離れていたが，兼業勤務先を定年後に地元にUターンして農業を継承し就農した後継者などもあり，さまざまな階層が同じ地域で生活している。

さまざまな「農」への関わり

　ここには，職業として農業に携わるか否かや，表10 - 1による統計上の「農家」の概念を超えて，さまざまな形で「農」に関わる層が混住する実態が示されている。さらにここに新規就農や「田舎暮らし」をめざして他地域から移住したIターン，Jターン者が含まれる場合もあろう。こうした多様性は「農業だけでは食べられない」農業構造を乗り越えるために，それぞれの農家が生活するための知恵を絞った結果である。さらに，農業に中心的に携わっている人の多くは60歳以上の高齢層が多く，「高齢化」が著しい農村が多い現実を再度確認する必要がある。こうした高齢化の中で，集落における農業の担い手が形成されることになるが，換言すれば，実際に集落で暮らすこのような人たちが，その地域の農業のみならず，より広く「農」に関わっているという前提なくして，「担い手」の問題は語れないのである。

2　国が育成しようとする「担い手」

　ここで注意すべきは，農業政策決定の現場や農水省など行政の立場でいう「農業の担い手」は，「今後，国として支援・育成しようとする"人や組織"」

第Ⅲ部　地域での実践活動

表10-1　農の担い手問題に関する基本統計用語等の解説

- 農家：経営耕地面積が10a以上，または経営耕地面積が10a未満であっても過去1年間の農産物販売金額が15万円以上あった（農業を営む）世帯。「農家」以外で，耕地及び耕作放棄地を合わせて5a以上所有している世帯は，「土地持ち非農家」という。
- 販売農家：経営耕地面積が30a以上又は農産物販売金額が50万円以上の農家をいい，近年は，農林業センサスなどの基本統計分析はこの販売農家がベースとなっている。これに該当しない農家は「自給的農家」という。
- 農業経営体：次のいずれかに該当する事業を行う者。
  (1) 経営耕地面積が30a以上の規模の農業。
  (2) 農作物の作付面積又は栽培面積，家畜の飼養頭羽数，その他の事業の規模が，露地野菜作付面積15a，施設野菜栽培面積350 m^2，その他調査期日前1年間における農産物の総販売金額50万円に相当する事業の規模など，一定の外形基準以上であること。
  (3) 農作業の受託の事業。
- 農業就業人口：16歳以上の農家世帯員（1995年までは15歳以上の世帯員）で，自営農業だけに従事した者と，自営農業とその他の仕事の両方に従事した者のうち「農業が主」である農業者の合計をいう。自営農業に携わる世帯員に関する基礎的なデータ。
- 基幹的農業従事者：農業就業人口のうち，普段の就業形態が「仕事が主」である世帯員をいう。より農業を生活の中心に置く農家世帯員の指標。近年，国はこの指標を分析の基礎にしている。
- 認定農業者（制度）：農業者が「農業経営基盤強化促進基本構想」に示された農業経営の目標に向けて，自らの創意工夫に基づき，経営の改善を進めようとする計画を市町村が認定し，これらの認定を受けた農業者を「認定農業者」として重点的に支援措置を講じるもの。2012年度から，各地域が抱える「人と農地の問題」の解決を図るため，集落・地域の話合いにより，今後の地域の中心となる経営体を定め，そこへの農地集積を進めるため，「人・農地プラン」を作成する取り組みが始まっている。
- 集落営農：集落営農とは，集落を単位として，農業生産行程における一部または全部についての共同化・統一化に関する合意の下に実施される営農をいう。
- 高齢者：65歳以上人口を「高齢者」，65～74歳を前期高齢者，75歳以上を後期高齢者という。
- 団塊世代：1947～1949年の間に生まれたベビーブーマー世代のことで，この後継者に当たる世代は通常「団塊ジュニア世代」という。両者ともに，全人口に占める割合が高い。

出所：農水省 HP，厚労省 HP ほかに加筆し作成。

「支援対象にしようとする"あるべき人・組織"」といった「狭義の担い手」を指すことである。例えば，ネットで「農業／担い手」などをキーワードにして検索すると，以下のような記事がヒットするはずである。すなわち，「担い手」を，「農業経営への意欲や能力のある農業者のうち，農業経営基盤強化促進法にもとづく経営改善計画の市町村認定を受けた認定農業者などをさす。品目横断的経営安定対策では，一定規模の農地を持つ認定農業者や集落営農が担い手農家とされ，育成のために国の支援が手厚くされた」などと説明するのである。[3]

国は，表10-1の「農業経営体」という概念にもあるように，「大規模な企業的経営（もしくはそれをめざす者・組織）」や「元気な若者」に支援を集中しているのである。もちろんこれは最近始まったことではなく，1961年の「農業基本法」が育成しようとした「自立経営農家」以降，一貫して「担い手」を「他産業並みの所得を得られる」「生産性の高い農業経営体」に集約し，農地の利用集積による規模拡大を通じて「国際競争力を強化」しようとしてきた。さらに近年では特に，「農家」という家族経営ではなく，法人（企業）経営体による「法人化」を特に推進しようとしている。しかし，こうした政策プロセスは，一部を除いて，効果的に進んできたとはいえないし，農業・農村の現場に少しでもふれた者であれば，これ以上の規模拡大には困難が多いことはすぐに理解できるであろう。

こうした実態をふまえ，農協系統組織など現場関係者は「集落」をベースにした担い手支援策を強く要請してきた。この集落を重視した「担い手」は「集落営農」といわれるが，国はこの集落営農も「法人化を進めるべき」とする方向で政策誘導を図っている。しかし2013年公表の農水省調査によれば，全国の集落営農数は1万4634，うち法人数は2917と約2割弱に留まっており，「集落の話し合い」を発展させて活動する非法人の組織が多数を占め，むらの「共助」的な組織が多い実態にある（農水省 2013）。

以上を要約すると，次の通りになる。「農の担い手」とは，地域で農に携わる多様な人々の集合体であり，かつ集落の相互扶助という前提から考えるべきものであること，日本農業は分散錯圃が多い水田農業が中心であり，共同的な用水管理など集落を基礎にした家族経営が中心にならざるを得ないこと，担い手問題の議論は，これらを基礎にした見地が必要であることである。

3 高齢化が進む担い手の状況

担い手を表現する今ひとつの言葉は「高齢化」である。日本は，65歳以上の高齢者人口比率である「高齢化率」が，2013年6月時点で24.8％に達し，今後

第Ⅲ部　地域での実践活動

表10-2　高齢者営農の主要指標（農業就業人口：2010年農林業センサス）
〈農業経営組織別，主副業別，経営耕地面積別〉
（単位：人，％）

		全　数	前期比	15-59歳	60歳以上	65歳以上	前期比
販　売　農　家		2,605,736 100.0	-746,854 -22.3	681,678 26.2	1,924,058 **73.8**	1,605,036 **61.6**	-345,489 3.4
農業経営組織別	単一経営農家	1,775,297 100.0	-462,673 -20.7	454,101 25.6	1,321,196 **74.4**	1,103,301 **62.1**	-205,810 3.7
	稲　作	975,955	-303,220	16.9	**83.1**	**71.1**	5.2
	麦類作	1,808	-4,276	19.5	**80.5**	**67.8**	2.4
	雑穀・いも・豆類	25,989	-3,613	24.7	**75.3**	**64.5**	2.0
	工芸農産物	62,291	-25,685	32.7	**67.3**	**55.5**	2.0
	露地野菜	164,564	-13,387	32.0	**68.0**	**55.6**	3.1
	施設野菜	115,386	-20,025	45.5	**54.5**	41.2	1.4
	果樹類	240,424	-42,910	29.7	**70.3**	**57.5**	4.0
	花き・花木	63,056	-15,549	44.1	**55.9**	42.7	2.5
	その他の作物	14,205	-6,226	36.5	**63.5**	49.6	4.1
	酪　農	46,096	-13,753	**60.0**	40.0	28.1	**-1.7**
	肉用牛	47,609	-7,450	34.5	**65.5**	**53.7**	0.2
	養　豚	7,435	-2,945	**53.0**	47.0	32.5	0.4
	養　鶏	7,272	-2,612	47.9	**52.1**	37.5	1.7
	養　蚕	301	-433	13.6	**86.4**	**80.4**	1.4
	その他畜産	2,906	-589	**50.4**	49.6	37.3	1.2
	準単一複合	488,014 100.0	-133,111 -21.4	145,045 29.7	342,969 **70.3**	280,933 **57.6**	-57,741 3.1
	複合経営農家	175,364 100.0	—	61,648 35.2	113,716 **64.8**	91,457 **52.2**	—
	販　売　な　し	167,061	-112,100	12.5	**87.5**	**77.4**	6.8
主副業別	主業農家	923,030	-217,318	48.8	**51.2**	32.2	0.7
	うち65歳未満専従	821,314	-197,967	**51.6**	48.4	30.0	0.5
	準主業農家	508,830	-153,328	30.9	**69.1**	49.7	3.0
	うち65歳未満専従	233,666	-30,016	40.5	**59.5**	33.2	1.9
	副業的農家	1,173,876	-376,208	6.3	**93.7**	**89.9**	7.1
経営耕地面積別	経営耕地なし	8,586	-347	**52.5**	47.5	33.2	3.8
	1.0 ha 未満	1,202,889	-422,681	17.0	**83.0**	**71.9**	4.9
	1.0～3.0 ha	958,826	-281,818	27.8	**72.2**	**59.4**	4.1
	3.0～5.0 ha	196,046	-36,120	40.2	**59.8**	45.4	3.6
	5.0～10.0 ha	121,026	-6,433	46.9	**53.1**	38.0	3.5
	10.0 ha 以上	118,363	545	**59.6**	40.4	27.8	1.1

注：太字・網掛け部分は過半数を超えている部分である。各項目は，販売農家の内数である。「複合経営農家」は2010年に定義が変わったので前期比は記載していない。
出所：『農林業センサス』より作成。

とも急速に高齢化が進むとみられる「高齢社会」先進国となっている。さらに約600万人を超える「団塊世代」が定年延長期間を終える中で，この層の就業や生活をどうすべきかが重要な検討課題となっている。すなわち，都市住民を含む「団塊の世代」が定年後の人生をどこでどのように過ごすかという見通しが，今後の日本社会全体を左右する重要な問題となっているのである。

　地域農業・農村における問題もまた「農業の担い手不足と高齢化」である。現状のまま推移すれば，地域農業の担い手の空洞化は拡大の一途をたどることは間違いない。表10－2にあるように，2010年時点の販売農家における農業就業人口をみると，2005年と比較して約75万人も減少する一方，「65歳以上」の割合は3.4ポイント増と高齢化率が上昇しており，「60歳以上」が全体の73.8％を，統計上「高齢者」として扱われる「65歳以上」が61.6％を占めている。過疎化・高齢化により拡大する耕作放棄地の問題とも相まって，今後の農業の担い手の高齢化が懸念されている。

　さらに見ていくと，農業就業人口の約7割に相当する約177万人余の「単一経営農家」のうち多くの部門で，過半数を「65歳以上」が占め，比較的収益性が高い施設野菜でも「60歳以上」が54.5％となっている。他方，「15～59歳」が過半数を占めているのは，酪農など畜産3部門のみに留まっており，対前期比で見ても，65歳以上の割合が減少したのは酪農のみである。

　すなわち，日本の農業は事実上「高齢産業」というべき実状にあり，耕作放棄地が拡がっている実態とも相まって，最大の問題といえる。老若を問わず，新たに農（業）に関わろうとする「新規就農者」を呼び込む必然性がここにある。

4 新規就農（新規参入）の状況と定年帰農の実態[(4)]

　では，その新規就農の実態はどうなっているだろうか。一般には，「新たに農業を始めた者」を広くまとめて「新規就農（者）」とするが，厳密には新規就農は大きくふたつに分かれる。農家世帯員の後継者が兼業先の仕事を減らし

て（あるいはやめて）新たに農業に従事するようになった場合が「（狭義の）新規就農」，農業に従事していなかった者（世帯員）が新たに農業に参入する場合が「新規参入」である。また，農業法人などに雇用就業し新たに農業に従事する場合を「雇用就農」といい，農家世帯員以外が新たに農業に就農する例として，近年になって統計でもカウントされるようになった。さらに「新規就農」には，農家世帯員として同居しながら農業に移行した場合と，別な地域に他出した後継者が家に戻って就農する場合（Uターン）が，また「新規参入」には，やはり当該地域に居住した他産業従事者が農業に参入する場合と，別な地域から移り住んで就農する場合（Iターン）が含まれる。しかし，Iターン・Uターンなど人口の移動関係と就農形態を個票ベースで一括し区分する統計は現在のところ存在しない（田原 2010）ため，詳細な実態把握は困難である。

そしてこの新規就農の多くを占めるのが，「定年帰農（者）」である。定年帰農とは1990年代後半より一般化してきた用語であり，農業以外の就業先の定年期＝高齢期前後に就農する層を広く指していう。その多くは，自営の高齢離職新規自営就農者，すなわち農家世帯で兼業先を退職後就農に移行した（筆者はこれを「在宅型定年帰農者」と称している）層であり，以下にみるように1990年頃から増え，高齢の農業就業人口増加の一因となってきた。地域によっては，「Uターン型定年帰農者」が多くを占めるところもあるが，マスコミに注目されやすいIターンによる「Iターン型定年帰農者」は，割合としては多くないと考えられる（高橋 2002）。

実際に図10-1で新規就農者数の概況を確認すると，2000年以降の中心的な傾向として，新規就農の多数は，在宅型定年帰農者（60歳以上の新規自営就農者）が支えていること，全体的な傾向として，2006年頃まで増加を続け約8万1000人でピークを形成した後低下に転じ，2009年にはいったん約6万7000人まで回復するものの，2010年には約5万5000人まで低下し1997年水準まで戻ったこと，などが確認できる。こうした定年帰農者については，在職時の経験を活かし集落営農の中心メンバーとなったり，地場農産加工や新たな販売ルートなど多角的な農業＝六次産業への意欲が旺盛である例も多く，筆者らもさまざまな事例

第10章　農の担い手

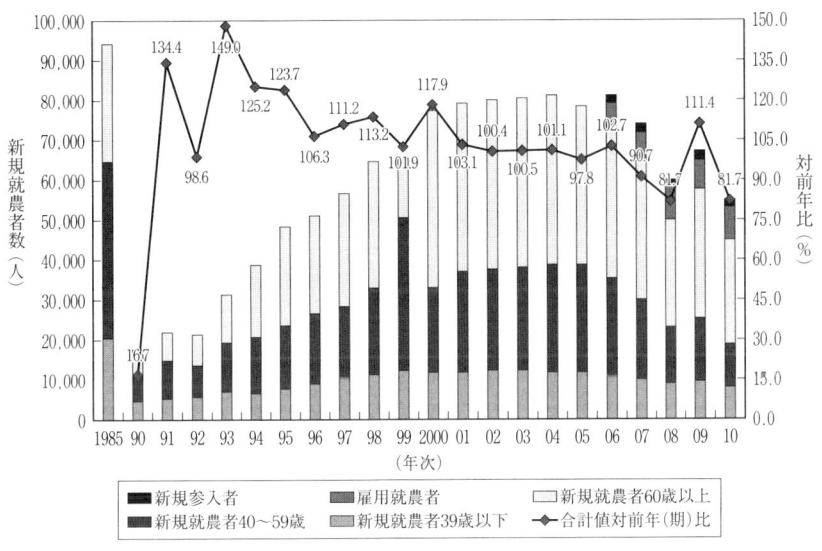

図10-1　新規就農者数の推移

出所：農水省『新規就農調査』より作成。

分析によりその可能性を検証してきた（高橋 2002，田畑・農協共済総合研究所 2005）。

しかし，直近では，65歳以上の新規自営就農者がマイナス約25ポイントと減少が大きくなっていること，またそれに続く40～59歳層でも，50-59歳の新規自営就農者がマイナス約35ポイントと大きく減少していることなど，状況が変化している様子が読み取れる。こうした在宅型定年帰農の状況変化については，団塊世代の定年延長によるリタイアの遅延に加え，就業・ライフスタイルの多様化などもその原因と見られる（高橋 2009）。

他方で，「39歳以下の新規参入者」など若年・中堅層や，国が今後の担い手として期待する農業法人などにおける雇用就農者のデータを見ると，若干の増加が認められるなど新たな兆しはあるが，大きな波を形成するまでにはなっていない。2011年3.11以降，震災などによるインパクトや統計上の制約，景気後退による非農業の就業機会減少などが影響するなかにあって，今後の動向は慎重に見通す必要があるが，就農支援の必要性はここからも理解できよう。

就業者人口（万人）　　　　　　　　　　　　　　就農率（％）

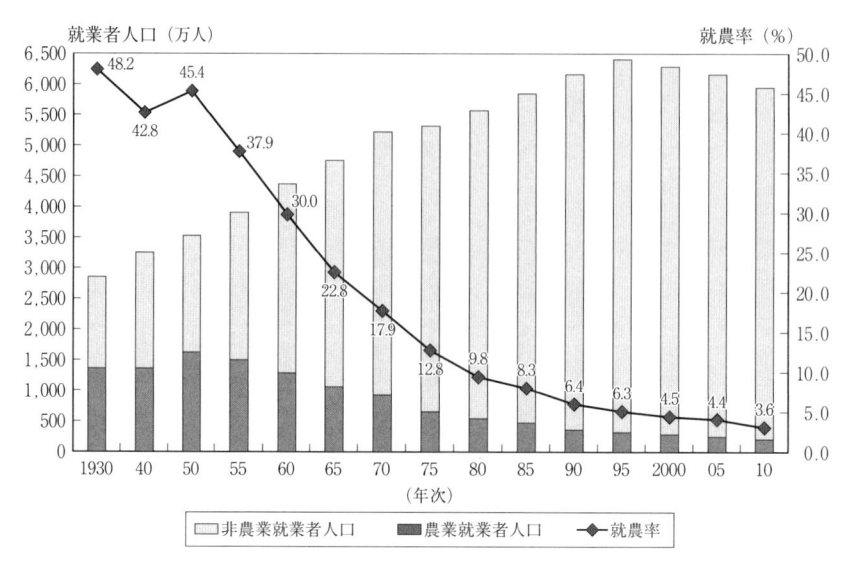

図10-2　農業・非農業就業者人口の推移

出所：『国勢調査』より作成。

5　「就農」にかかる推移

　次に，日本における「就農（仕事としての農業）」がどのような位置にあるのかを，長期のトレンドで確認しておこう。ここでは，通常の分析に用いられる「農（林）業センサス」ではなく，「国勢調査」を使用することとした。その理由は，近年の農業センサスが販売農家ベースの統計に純化し，農家層全体での実態把握が不可能になったからである。

　まず図10-2は，就業人口のうち，職業を「農業」と回答した農業就業者の人口を「就農率」で示し，それ以外の非農業就業者の人口とともに，1930年から2010年に至る80年間の推移を示したものである。高度経済成長期までは，「非農業」の中には漁業・林業従事者も数多く加わっているので非農業に占める第一次産業のウエイトは現在よりも高いが，そのうち「農業」だけをみても，戦前段階の1930年では就業者のうち48.2％に達し，「就業者の約半数は農業者

であった」ことになる。この傾向は戦後の1950年まで続くが，以降減少に転じ，高度経済成長を経た1980年には10％を下回って，2010年にはわずか3.6％にまで減少した。実数ベースでみても，ピークとなった1995年の約6400万人まで就業者人口が一貫して増加を続けたのに対し，農業就業者人口は農地改革直後の1950年における約1613万人をピークとして，一度も増加することなく，1970年には1000万人を下回って，2010年には約213万人という水準まで減少した。すなわち「仕事全体」の中で農業の占める相対的な位置は低位にあることがあらためて理解できる。

6 中高年への就農支援と若年層担い手確保の必要性

　次の図10－3は，同じ期間の5歳区分年齢別の就農率の変化をみたものである。まず確認できるのが，すべての年代で，若年段階では就農率が相対的に低く，年齢が高まるごとに就農率が上がっていく傾向にある。無論，産業構造が農業中心だった戦前段階から1960年代までは，25～39歳代の若年・中堅層は現在よりも就農率が圧倒的に高いが，それでも20～30％前後に留まっている。具体的には，1955年段階でも49歳までの年齢層の就農率は4割に達していないほか，1960年も50～54歳まで4割に届いておらず，加齢に伴う「右肩上がり」の傾向は共通しているのである。「農業は高齢者に適合した仕事である」ことは以下でも述べる通りでありこれまでも実証されてきたのであるが，図10－3から，日本農業の「担い手」には，基本的に「若年時代には他産業に従事し，高齢期に入ると就農（帰農）するというライフコース」が存在し，それが「定年帰農」の用語が誕生するはるか以前の「国民皆農」だった戦前段階から受け継がれたものであることが示された。80年間の長期にわたって「定年（高齢）帰農」の傾向が継承されてきたということは，日本農業の「担い手」像を考える上で，この姿が一定の普遍性を持つとも考えられる。よって現段階の中心的な問題は，従来は高位水準にあった中高年になってからの「就農＝帰農」傾向が今後とも続くかどうかということと，1980年以降，39歳以下の若年・中堅層の

第Ⅲ部　地域での実践活動

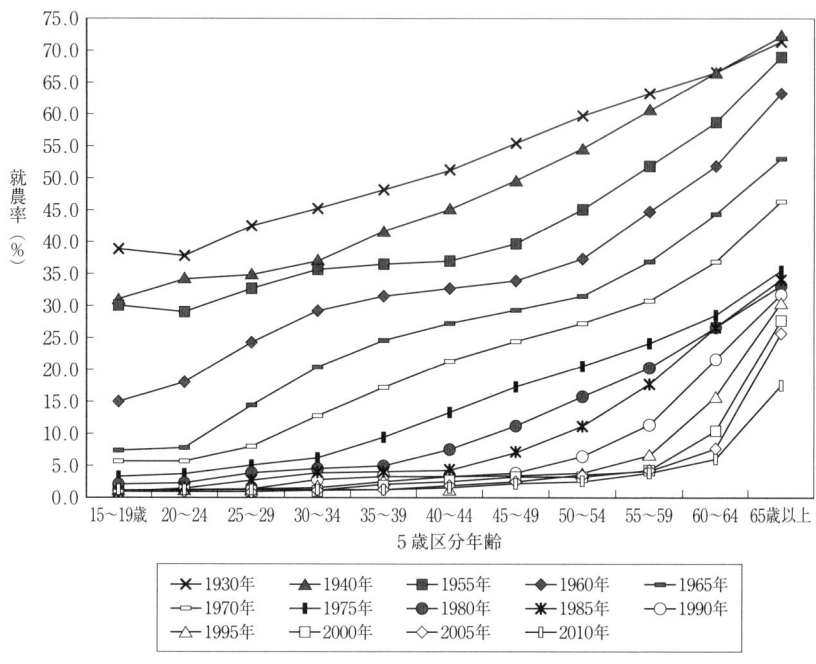

図10-3　就農率の年齢別シェアの推移／1930年～2010年

注1：15歳以上の集計値である。但し，1940年は14歳を含む。
注2：1940年のデータは1962年に復刻したものを使用。
注3：1950年は年齢区分が異なるため，集計から除外した。
注4：1965年，1970年は抽出データを使用。
出所：各年『国勢調査』より作成。

就農率がゼロに近い水準にまで低下するなかで，この回復が見通せるのかということの2点にある。

　詳細な分析は別稿に譲るが（高橋 2013），団塊の世代の就農が定年延長などのため期待通りに進んでいないことから，2010年では「65歳以上」の就農率が20％を下回る一方，20歳代でわずかに就農率の上昇が見られるものの，全体としては就農率の減少が目立っている状況にある。80年の長きにわたり，加齢に伴い就農率が上昇する傾向が確認できたことは，高齢者就農・定年帰農者への支援，とりわけまだ「回復」に至っていない団塊世代の就農・帰村支援を強化する必然性を示している。一方で，若年・中堅層の就農が限りなくゼロに近く

なった現状は，「農業」の担い手を確保することの重要性だけでなく，あらゆる産業における雇用・就業をめぐる状況からも，さらにはきわめて重要な「安全な食」と「環境保全の担い手」の確保という点からも，就農に関するバリアを積極的に除去し，若年・中堅層へも新規参入の道を開くべき状況にあるといえよう。

7 担い手の「多様性」をどう考え，どう支援すべきか

高齢化する担い手の役割

　私たちは「担い手」の高齢化傾向をどう捉えるべきであろうか。筆者はかねてより高齢化を必ずしもネガティブに捉えるべきではなく，「元気な高齢者」の地域農業における担い手としての役割と積極的な社会参加に着目し，その意義を論じてきた。農業に取り組む高齢者に接して見えてくるのは，「高齢になっても老いた身体に鞭打って働く高齢者」という痛ましい姿ではなく，マイペースながら地道に農業生産に取り組み，その生産の喜びを地域の仲間と共有する明るい例が多い。事実，今後の「担い手」として期待される集落営農組織をみても，その実態は定年帰農などによる高齢者が中心である例が多く，定年帰農者らが安定的な年金所得をベースとしながら，農業機械のオペレーターとして，また農外就業の経験を活用した販売活動を展開するなど，多角的に貢献している実態がある。さらに今日，営農だけでなく，近年非常に盛んになってきた農産物直売所や地場農産加工，グリーン・ツーリズムなどにおいても，高齢者を担い手の主力とする事例が多くなっている。高齢者の経験を活かし役割を確保する対策は，都市における高齢者対策としても重要であるが，農村部の定年帰農などはその役割発揮を促すモデルになるものといえよう。

　一方，近年，都市住民などの間では，多くの調査により「農業・農村回帰」の傾向が指摘され，就農フェアなどが活況を呈すのみならず，メディアでも農業・農村・食の問題や，新たに農業に取り組む都市住民などの新規参入者（Ｉターン者を中心とするがＵターンなどの「新規就農」を含む）が数多く取り上げられ

る傾向にある。また親元までは帰って来れず親と同居できないが，近隣（の都市など）までは帰還し，高齢の親と地域の農業を側面から支援するＪターンも重要な存在といえる。

　近年では，若年層における農業への関心の高まりといった「追い風」も認められ，これは環境問題への警鐘などから「価値観の転換」が波及した結果という指摘もある。こうしたことから，「雇用就農者」と，Ｉターンなどの「新規参入者」が，若干であるものの増加傾向にあることはすでにみた通りであるが，統計的な反映は明確でないものの，都市と農村の二地域居住や，他の仕事をしながら「農」に携わる「半農半Ｘ」のような多様な農業・農村への関わりも注目されている。

　Ｕターン型定年帰農の例が多い事例として，山口県の瀬戸内海に面した地域がある。この地域は，もともと学卒・就職で地域外に定住して働いた後，定年前後に帰郷するＵターン者が多い「定年帰農サイクル」のみられる地域であったが，筆者らは，現地調査により，これまでと同じような定年帰農の継続は先行き不透明であることを指摘した（高橋・濱田 2005，高橋・田畑 2005）。実際に，私たちの見通し通り，近年は定年帰農者組織が解散するなどの変化が現れているが，それでも地域に後継者自体がいないか，あるいは少ない地域においては，地域農業の再生産のため，Ｕターン者，そしてさらにＩターン者への働きかけが重要な対策になることはいうまでもない。最近では，こうした「UIJターン者」が地域活性化や村起こしを担い，あるいはいったん農村の外で暮らし都市的な価値観を知っているからこそ農村のよさを自覚し，農村の内発性を生かした地域開発を指向する例も多くなっている（高橋・清水 2013）。

有機農業と新規参入

　2006年に有機農業推進法が成立して以降，地域の環境と調和しその保全を図りながら農業生産する有機農業は，食の「安全・安心」を求める声の高まりもあって多方面から注目されている。こうしたなか，有機農業への新規参入の意義も大きくなっており，実際に私たちの調査によれば，有機農業が活発なこと

で知られる埼玉県小川町などでは若年層の新規参入者が相次いでいる（高橋 2007）。こうした有機農業に参入しようとする新規参入者の多くは環境問題に関心を寄せる傾向が強く，一般的な環境問題に対する関心の高まりからみても，就農が「環境保全の担い手」になることを自覚しているものと思われる。有機農業就農が「将来の職業選択のひとつ」であることを示すとともに，若年・中堅層就農を阻害するバリアを排除し，その隘路を是正する支援策が求められているのである。

8 「多様な担い手対策」の強化

　一般に，新規就農者が直面する大きな課題は，「農地・住宅確保，資金確保，農業技術の習得」の3点であるが（澤田 2003），UIターン者を受け入れその活動の場を保障し，在村の人々との共同の取り組みを積み重ねることで，過疎化・高齢化を打開する可能性を広げた各地の事例にも注目すべきであろう。もちろん，定年帰農や高齢者就農支援のみで，耕作放棄問題など現在の地域農業の困難な課題が直ちに解決するものではないが，全国の多くの自治体・農協・農業支援組織において，決して実現困難な取り組みではない。さらに，若年層を「村に呼び寄せる」努力も強く求められている。今後は，現在吹いている「追い風」を最大限に生かし就農や帰村（Iターン移住，UJターン帰還）への支援対策を強力に構築するために，「多様な担い手」に関する対策を早急に検討するとともに，農村・都市双方で情報の双方向的な発信を強化し，食の安全を担保する有機農業・資源循環型農法の担い手を確保していくことも重要である。まずは地域に適合した対策のためのプロジェクトを立ち上げ，それぞれの地域に適合した「多様な担い手」対策を具体化すべきであろう。

　またこれは農村だけの課題ではない。残念ながら，今後TPPなどの自由貿易が拡大されれば，農山漁村が大きなダメージを受け「産業としての農業」は危機的な状況となりかねない。そのなかで，都市住民が安全な「食」を確保しようとするなら，自らができる範囲で「農」や「農山漁村」に接して「食」の

自給に関わることが、これまで以上に重要になると思われる。「市民皆農」の時代というわけである。今後、持続可能な社会を創るためにも、農村と都市双方ともに、グリーン・ツーリズムなどの交流活動がますます重要になると考えられる。

なお、地域対策に取り組むに当たっては、地域支援組織のあり方などマネジメントに関する「組織論的な視点」も重要になるが、この点については別稿（高橋 2002, 高橋・田畑 2005, 高橋 2010b）を参照されたい。

【討議のための課題】

(1) 「自分は、今後、農や農村にどう関わりを持っていきたいのか（いきたくないのか）、それはなぜか」について討議しなさい。
(2) 地域の農業をどのような人たちが担っているのか。特定の地域を選んで統計などから調査し、その実態をもとに、10年後・20年後の「担い手の姿」を討議しなさい。
(3) 都市的地域と農村部の要介護高齢者率や高齢者の就業率のデータをダウンロードし、両者を比較しながらどのような違いがあるのか、討議しなさい。
(4) 自分が過疎農村の市町村職員であると想定し、「どのような対策により都市住民などのIターン者を呼び込むべきか」について、討議しなさい。

注
(1) 筆者のこれまでの分析および見解は、高橋（2002）を参照。
(2) 「百姓」の語源からもわかるように、もとより日本の農家世帯員は、地域のさまざまな生業・産業に「兼業従事」してきたのであって、農業だけを仕事にしてきた「専業農家」が農村の中心世帯であった事例は、歴史的事実としても中心的なものとはいえない。
(3) 2010年5月13日付朝日新聞（朝刊）富山全県版。http://p.tl/eZlF（2013年12月閲覧確認）
(4) 5〜8節の分析は、高橋（2010a）をもとに、データ更新を中心に大幅な加筆修正をしたものである。
(5) 農林業センサスの「農業就業人口」と、ここでいう国勢調査の農業就業者の人口データは一致しない。

第10章　農の担い手

文献

農水省, 2013,「集落営農実態調査」(2013年2月公表). http://p.tl/qgS4 (2013年12月閲覧確認)

澤田守, 2003,『就農ルート多様化の展開論理』農林統計協会.

田畑保・農協共済総合研究所編, 2005,『農に還るひとたち——定年帰農者とその支援組織』農林統計協会.

田原裕子, 2010,「日本における引退過程の動向」高橋巌編著『高齢化及び人口移動に伴う地域社会の変動と今後の対策に関する学際的研究報告書』全労済協会, 37-44.

高橋巌, 2002,『高齢者と地域農業』家の光協会.

高橋巌・田畑保, 2005,「総括：地域の担い手と定年帰農・帰村——Uターン高齢者のライフスタイルと農村」田畑保・農協共済総合研究所編『農に還るひとたち』, 289-298.

高橋巌・濱田健司, 2005,「山口県大島町A集落における定年帰農——集落悉皆調査による」田畑保・農協共済総合研究所編『農に還るひとたち』, 161-195.

高橋巌, 2007,「有機農業の地域展開とその課題——埼玉県小川町の取組み事例を中心として」『食品経済研究』35号：90-118.

高橋巌, 2009,「今こそ定年帰農による農業担い手確保を—2—茨城県・JA茨城みどりの定年帰農対策」『家の光ニュース』754号：26-27.

高橋巌, 2010a,「『農』への新規参入——先行研究及び就業状況との関連における分析」高橋巌編著『高齢化及び人口移動に伴う地域社会の変動と今後の対策に関する学際的研究報告書』全労済協会, 15-23.

高橋巌, 2010b,「本調査研究のまとめ」高橋巌編著『高齢化及び人口移動に伴う地域社会の変動と今後の対策に関する学際的研究報告書』全労済協会, 144-147.

高橋巌・清水由紀奈, 2013,「地域経済論研究室における祝島フィールドリサーチと現地連携の意義」日本大学生物資源科学部, 日本大学大学院生物資源科学研究科・獣医学研究科『全国農村サミット2012　地域の復興再生力と大学の役割パート2』農林統計協会, 58-66.

高橋巌, 2013,「高齢担い手の現状から今後の対策を考える——農の福祉的視点」『農業と経済』79(10)：68-74.

第11章 農村における女性
―― エンパワーメントと価値の創造

霜 理恵子

キーポイント

(1) 農村における女性を「見えない存在」から「見える存在」に変えた大きな契機は，農村女性による起業活動である。
(2) 活動は女性個人のエンパワーメントを促進してきただけでなく，家族・当該地域社会・全体社会にも新たな価値の創造などの根源的な影響を与えている。
(3) 食と農のグローバリゼーションが進むなか，一人一人が持続可能で安定した生活を送るために，農村における女性たちの活動に学ぶことは多い。

キーワード

フェミニズム第二の波，「不可視の存在」，農村女性起業，「自分の財布」，ワーカーズコレクティブ，エンパワーメント，ネオリベラリズム，女女格差

1 農村女性を取り巻く状況の変化

「不可視の（＝見えない）存在」

農業・農家経営やムラの運営において，農村女性たちはほとんど補佐的な役割しか与えられてこなかった。婚家およびムラ内における社会的地位も，たいへん低かった。こうした役割や地位は，農家において家は生活経営体であり，無償労働組織としての性格を強く有していたことと深く関わっていた。家長の指示の下，家成員は皆，手間（労働力）として働き，その労働報酬はほとんど与えられず，「個人の財布」は持ちようがなかった。これは，嫁だけでなく，

跡取り息子や姑も同様であったが，家父長制および男尊女卑の考え方は，特に女性の地位，なかでも嫁の地位を一番下位に位置づけた。

研究者の多くも，戦後，農村の民主化をどう進めるかに関心が高まった一時期を除けば，農村での男性たちの諸活動を中心に研究を行い，農村女性を正面から扱うことはほとんどなかった。農家女性は長い間，「不可視の（＝見えない）存在」であった。

フェミニズム第二の波と学問の変革

1960年代，アメリカにおける第二次女性解放運動（フェミニズム第二の波とも）を出発点に，世界各地で，男女の形式的平等に加え，実質的平等を求める運動が広がっていった。その運動の中から女性学という学問が生まれ，既存の学問内部からの根源的な自己変革が進められた。社会学においても同様で，田中和子によると「女性社会学」運動は，社会学という学問組織における女性研究者に対する差別を告発すると同時に，女性研究者自身の自己認識を促す運動であり，かつ，社会学という学問における女性の「不可視性」を鋭く衝き，またそこに潜在する女性の性役割に関する「自明視された仮説」を顕在化させ，再吟味する試みであった（田中 1981）。

農村社会学では1990年前後からジェンダー視点による研究が始まる。それは，女性学の影響という理論的インパクトとともに，研究者が調査地の農村で目にする現実の変化に気づいたことによるところが大きい。つまり，農業の後継者不足や過疎化の進む農村にあっても，朝市や直売所などで元気に活動する農村女性たちの姿があること，それが各方面にさまざまな影響を与え始めていることに気づいたのであった。もはや，女性ぬきには農業・農村の現状は捉えられないという研究者の認識はこうして生まれ，広がっていった。[1]

地道な活動の蓄積と1990年代の政策

農村女性起業とは，農村女性とその家族ないしは地域の農家が作った農産物そのもの，もしくはそれに何らかの手を加えたものを，従来の農協出荷などと

はまったく異なる流通経路・形態により消費者に提供する社会経済活動のことである。農産物無人販売所や有人の直売所，農産物の加工・販売，農家民宿，農村食堂など，1980年代から全国各地で誕生，展開し現在に至る。その萌芽は，1970年代の生活改善運動や農協婦人部の活動に見ることができる。

　こうした経済活動を通して女性たちは自分の財布を持ち，自信をつけ，生きがいを感じ，夫や家族との関係性，ムラの中での地位・役割などを変化させてきた。男女共同参画や女性のエンパワーメント（力をつけること）などの言葉は使わなくても，それを体現するかのように生き生きと暮らす農家女性が増えてきていたのだ。

　この動向から1992年の「農山漁村の女性に関する中長期ビジョン（新しい農山漁村の女性　2001年に向けて）」（以下，中長期ビジョン）において「農村女性起業」と名づけられることになり，中長期ビジョンに基づく政策の後押しを受けることで，よりいっそう活動的女性の数を増していった。これには，1999年の「男女共同参画社会基本法」もその追い風となった。

農村女性起業の社会的背景

　戦後日本の農業政策は，農業基本法（1961年制定）に基づく農業の近代化政策であり，それは大規模化，機械化，化学化により，従来の自給的農業から儲かる農業への転換をめざすものであった。

　しかし，この転換はうまくいかず，農家は農業収入の増加ではなく兼業収入による生活水準の向上を選んだ。一部の企業的農家を除けば，大半の農家の農業経営は儲かるものからはほど遠いなかで，1960年代以降になると，農山村では過疎問題，都市では公害問題や食品汚染などが社会問題化していく。

　1970年代になると，あるべき農業やたべものの探求を掲げて都市の消費者と農山村の生産者が結びつき，有機農業運動が全国各地で展開されていく。それは，消費者運動，生活協同組合運動，反公害運動などとも重なりを持ちつつ広がっていった。

　同時期，農山村では戦後まもなく始まった生活改善運動や農協婦人部活動に

よる家庭菜園作り，味噌・醤油・漬け物など加工技術の伝承や食生活の見直しなど，地道な活動も広がっていた。こうした地道な活動のなかで女性たちの仲間作りが進んだ。1990年前後から注目を集めていく農村女性起業は，これらの活動にルーツを持つものが多い。

1980年代には，都市住民の側から第一次農村回帰ブーム，1990年代初めのバブル崩壊後には，第二次農村回帰ブームが起こる。そして，2000年代になると「青年帰農」，「定年帰農」，UIJターン者の増加とその受け入れや定着，スローライフ，ロハス，「半農半Xという生き方」など，農村を中心とするきわめて多様な社会現象が発生してきた。[3]

2011年の東日本大震災と原発事故は，多くの人々の生活を根底から破壊した。仕事や住む場所，生活のあり方を大きく変えざるを得なかった人，またこれを契機に生活を変えようとしている人もある。そうしたときに，人々の選択肢のひとつとして，農村への移住と農的暮らし，そして農村女性起業がみつめなおされている。

2　農村女性起業の実際とその社会的意義

農村女性起業の典型例として，岡山県高梁市宇治町の元仲田邸くらやしき（以下，くらやしき）での食事・宿泊施設運営を見てみよう（霞 2010）。

宇治町では，高度経済成長期以降，高齢化と過疎化が進行していた。1980年代，中学校の統廃合問題が持ち上がると地域の将来への危機感が高まり，「このままじゃいけん」と地域の結束も強まった。その中でさまざまな話し合いがなされ，山村の自然と歴史環境を活用し，都会から人々を迎え，農村の温かい人情を感じてもらう活動をしようという意見が出された。こうして1992年から1996年にかけて，岡山県から助成を受けて農村型リゾート施設整備事業に取り組み，地元女性たちによるくらやしきの運営が始まったのである。

愛他的精神の集合体

　くらやしきの建物は，元庄屋である仲田氏の邸宅で，当主は東京在住のため空き家になっていた。この事業を耳にした当主は自ら「地域のために役に立ててください」と，調度品も含めすべて無償で市へ寄贈した。宇治町の名望家として古くから厚い信頼を寄せられてきた仲田家の対応に，住民たちは非常に感銘を受けたという。

　元生活改良普及員でくらやしきの運営を担うことになった代表のKさんは，在職中は仕事が忙しく地域のために活動することが十分にはできなかったが，定年後はこれまでの経験を生かして地域のために頑張りたいと運営に携わることを決めたという。

　Kさんと志を同じくする数名が集まり，準備を重ねた。地域の人みんなで取り組む事業だ，ということを印象づけるため町民すべてに呼びかけ，最終的に名乗りを上げたのは女性20数名だったが，地域全体として取り組むものだという姿勢は確認された。

　仲田家の現当主，くらやしき代表のKさん，集まってきた女性たち，それぞれが宇治町のためにという愛他的精神に突き動かされていたことは，とても重要な点である。農村女性起業の特徴とされる，志があること，地域に根ざすこと，の2点を端的に示している。

主体的な取り組み

　女性たちは，自分たちで主体的に研究・工夫を重ねて，色々なアイディアや工夫を出し合い，積極的に行動に移していった。

　例えば，道を挟んで真向かいにある，仕出し・料理店の店主に協力を依頼して，料理や献立その他，さまざまなことを相談した。商売敵と思われるかもしれないと危惧したが，思い切って店主の胸に飛び込んだのだという。「男の人なら色々面子やらあって，到底できなかったと思います，『私たちは家庭の主婦で毎日料理はしていても，お客様に出すようなものは作ったことがありません。素人です。だから，教えてください』とお願いをしました。そうしたら，

『いいよ』とすぐに引き受けてくださった。懐が広いと思いました」とKさん。

　食材の調達についても，メンバーで意見を出し合うなかで，地元のものをできるだけ使おうということになった。早速，農家に声をかけて，コメ・野菜・果物・花などを専用に栽培してもらうことを依頼，仕入れや調理などの方法も整えていった。この過程で，提灯切りという伝統的な切り干し大根の作り方が復活した。干す前の切り方に特徴があり，やや肉厚に切るため表面積が大きくなり，たっぷりしみ込んだ煮汁がじわっと口の中で広がる。歯ごたえが違うし，見た目も珍しいので，今ではくらやしきの朝食の人気メニューのひとつである。くらやしきと連携している宇治町内の軽食・農産物直売所（かんばら茶屋）で売っているので，おみやげに買って帰る宿泊客も多い。また，くらやしきで販売している土産物は，宇治町産のものばかりである。

　さらにくらやしきでは，地域外からの利用客だけでなく，宇治町コミュニティ協議会の年間行事，地域住民の法事や同窓会といった，地元住民の利用も盛んである。

くらやしきの運営理念

　くらやしきでは，当初からその運営の理念を，おもてなしの心と地産地消としてきた。近年では，都市－農村交流やグリーン・ツーリズム，観光業の領域で，やや使い古された感のある言葉であるが，くらやしきを始めた1992年頃はほとんど使われていなかった。つまり，このふたつは誰かに教えてもらったというよりは，よりよいくらやしきのあり方を考える過程で自ら掴み取った理念なのである。

　運営の上で，代表Kさんのリーダーシップは大きいが，代表も含め，できるだけ上下関係を作らずに，仲間として，皆が経営感覚を持つように心がけてきた。他人任せで後ろからついていくだけの人をできるだけ作らないようにするためである。さらに，経営感覚といっても儲け本位ではなく，一番大切なことは，食事や宿泊を通して田舎の良さを感じてもらうことだと考え，そのための経営を実行してきた。代表の交代とメンバーの再生産は時間をかけて進められ，

2008年には代表が交代し，一回りほど若返った。新しいメンバーも少しずつ入ってきている。新旧メンバーが心をひとつにして運営するためには，これまでの成果，これからの個々の役割などを，自分できちんと考えることが大切だと常に各自に自覚を促しているという。

成功の諸要因

　オープンから数年は，一般の利用に加えて行政・農業関係機関の視察が殺到し，ピーク時の売り上げは年間2000万円を超えた。近年の利用率は安定して，宿泊と食事を合わせると年間の利用者数は4000人から4300人くらいを推移し，売り上げは年間1500万円前後である。その半分が人件費に充てられるが，メンバーへの給与は時給制で，岡山県の最低労働賃金よりは少し高いくらいの金額である。売り上げが低下したら時給を下げ，3月の決算時に余剰金が出れば配分していくというやり方を取ってきている。もともと儲けるためというよりは，宇治町のために，地域の人たちに元気が出ればという思いで始めているので，給与に関してはメンバーも了解しており，赤字は一度も出したことがない。

　利用客も，リピーターができ，毎年決まって訪れる人たちが新しい人を連れてきて，その新しい人がさらに新しい人たちを連れてくるという具合に広がっている。オープン以来，宣伝広告費はゼロで，まったくの口コミにもかかわらず利用が広がってきている。それが可能になっている理由として，メンバーは「来られた方とここにおります者が，いろいろ交流をさせていただいて，仲間のようになっていく，そこらかなあと思うんですけど，わからないです。それと，儲け本位にならないように心がけてきたんです。どんなに行き届いたサービスでも，儲けようという気持ちがあるとそれは来られた方に伝わってしまいますから」と言う。

　くらやしきは，都市農村交流の優良事例として，あるいは農村女性起業の成功事例として，県下だけでなく中四国地方，さらに全国的にも知られるようになってきた。成功の要因としては，①計画段階から女性たちに任されたこと，②それぞれが経営者であるという意識が共有され，高いモラール（士気）が形

成・保持されてきたこと，③ライフサイクルをはじめとする相互の家庭の事情まで理解しあって働きやすい場を作ってきたこと，④リーダーに恵まれたこと，⑤地域との深い関わり（男性の支え，地域住民の支え）があったこと，⑥高い志^{こころざし}を持っていたこと，などがあげられよう。

宇治町内への影響

　くらやしきの成功は，携わってきた女性たち自身に大きな自信を与えると同時に，女性たちへの評価も高めた。さらに，従来の地域運営に新たな風が吹き込まれることになった。閉鎖的で男性中心主義的なやり方から，「女の人の意見聞かんと物事が進まん。ええようにはいかん。わしらようわかったんじゃ，そのことが」と男性たちが話すように，風通しのよいものに大きく転換されていった。

　また，くらやしきを訪れるお客さんたちの感想を通して，直接運営に携わっていない宇治町住民の地域イメージも変わってきた。宇治には何もない，不便な田舎といったマイナスイメージを持つ住民が多かったが，「何もないのがいい」「便利でないのがいい」「静かで落ち着いた雰囲気がある」「田んぼや畑，山を見るとほっとする」といった訪問客のプラスイメージの感想を聞くことで，「そねぇな見方もあるのか」「ええとこなんじゃ，ここは」というまなざしの転換も起きている。

　こうした外からの風は，くらやしき以外のリゾート関連部門を活気づけていった。また，既存のグループ活動の活発化や新たなグループの誕生，男性・高齢者・Ｉターン者・Ｕターン者などがそれぞれ活躍の場を広げていくなど，多方面に影響を及ぼしている。

　総体として，年齢・性別・職業・出身地・その他，さまざまに異なる属性の住民たちが，思い思いに活動をする機会が生まれ，地域全体が活性化していくことにつながっている。

農村女性のエンパワーメント

　農村女性起業は，農村女性のエンパワーメントを引き起こすことが多い。農村女性のエンパワーメント（empowerment）とは，社会的な力を持たず，意思・方針決定への影響力や直接参加の機会を持たなかった農村女性たちが，さまざまな活動を通して社会・政治・経済の変化の担い手となっていく過程のことである。

　起業によって農家女性が手にした力とは，自分の意思を自覚し，表明し，自家の農業経営や農家経営，暮らし方全般にわたる方針決定にも影響力を持つようになり，社会・政治・経済の変化の担い手となっていくような力だった。女性たちは，自分は農業者や生活者，一人の人間（女性）としての役割や責任を果たせる存在なのだというアイデンティティを形成し，さらに互いに尊重し合い，認め合えるよい仲間を得るとともに，家族内の関係や地域社会内の関係も変わっていった。個々人を生き生きと変えていっただけでなく，周りの人たちも変わっていくのである。

「自分の財布」と精神の自由

　精神的自立とは，自分のことは自分で決めることができるということである。かつて，「おとうさん（夫のこと）に聞いてみんとわからん」と口にしていた農村女性は，起業活動により明らかに減った。「自分の財布」を持つことで，その意識と行為が大きく変化したからである。

　現代社会において自分のしたいことをかなえるには，ほとんどの場合，お金が必要である。どんなにわずかな金額でも，誰かにいちいちおうかがいを立てなければならない状況は，その個人の意識や行為に多大な影響を及ぼす。農村女性たちが「自分の財布」を持たなかった頃の不自由さを語る，その語りからは，自分で判断し，行為し，その結果に責任を持つということから彼女らがいかに疎外されていたかがうかがえる。

　起業活動を通して，たとえわずかでも自分の自由になるお金ができたことで，農村女性たちは大きな精神の自由，行動の自由，自分に対する自信を獲得して

いった。それがエンパワーメントにつながったのは必然である。

労働者の差別化とワーカーズコレクティブ

ワーカーズコレクティブとは，働きたいと思う人が自ら出資して対等な関係で運営をする市民の事業体のことである。例えば，障害者の小規模作業所，授産施設，主婦たちで運営するまちなかの食堂や弁当屋など，さまざまなものがある。

資本主義社会は，その発生当初から労働者の選別を進めてきた。すなわち，「一流の労働者」と「二流の労働者」である。前者は，毎日，安定的に効率よく働ける健康な成人男性である。後者は，効率性では見劣りし，何らかの手助けを必要とすることの多い障害者・高齢者そしてそうした人々を抱え込む役回りの女性たちである。選別がいっそう進むと，障害者，高齢者，女性は，労働市場の周辺どころか労働市場の外に位置づけられることになる。

彼ら／彼女らを雇ってくれるところがないなかでは，自分たちで働く場を作るしかなかった。こうして作り出された場はたいへん小規模だが，能力主義などの半ば自明視された価値観に基づく現代社会のあり方を根底から問い直す別のまなざしを持つ。その意味において，オルタナティブな（もうひとつの）社会領域として息づいている。

基幹的・中心的農業経営からは周辺に位置づけられることが多かった農村女性の起業も，同じくオルタナティブなものである。農村女性起業は，ワーカーズコレクティブの農村版だといえる。

アンペイド・ワークからペイド・ワークへ

担い手が農村や農家の男性ではなく，女性（しかもそれほど若くない）だったことには，大きな意味がある。農村の中高年女性は，家庭菜園の管理，毎日の食事の支度，加工品の調製（漬け物，味噌，醤油など），子どもや高齢者の世話，祭りや田植えの日のまかないなど，家事・育児・高齢者のケアなどを担ってきた。これらの役割は，女性が主体的に選択したわけではなく，女性役割として

農村・農家内で自動的に割り当てられたものであった。こうしたアンペイド・ワーク（無償労働）は，人が生きていく上で大切で不可欠であるにもかかわらず，まったくお金を生み出さない。そして，その大半は女性が担ってきた。

しかし，起業することは，それらのアンペイド・ワークをペイド・ワーク（有償労働）へ転換することを意味した。実際，この転換を目の当たりにした農村女性の多くは，鮮烈な印象をもってそのことを語る。

活動の中で考えて行動する

農村女性起業活動の「意図せざる結果」として，既存の価値の転換や新たな価値の創造をあげることができる。それは，社会を根底から問い直す，きわめてラディカルな「結果」でもある。

活動の中で，多くの女性たちは，これまであまり考えたことがなかったことを考えるようになった，と話す。例えば，生活の豊かさとは何だろうか，農業の良さって何だろうか，どうして私はここ（地域）で暮らしているのだろうか，と一人でいるとき，仲間と作業をしながら，あるいは休憩時にお茶を飲みながら話すときや会議・研修などの場も含め，活動に関わるさまざまな場面で，考え，話をし，それを行動に移す。こうした認識と行為の循環が日常生活の中で始まり，続いてきた。

地産地消という言葉が広く知られる前から，それを基本的な姿勢として貫いてきた起業グループは多い。できるだけ自分たちの手で原材料を生産確保する。地域内の産品を利用するように努め，できるだけお金を地域内に落とすようにすることで，小さな経済を地域内に生みだしてきた。

休耕田・耕作放棄地の積極的解消につながった例もある。荒廃地が減ると，集落内の雰囲気が明るく，賑やかになる。何となくみんなが元気になる。逆に，荒廃地が目につくと，気分が沈み，雰囲気も悪くなる。岡山県鏡野町長藤地区では，そう考えた人たちが協力して，大豆などの集団転作を実現させた。また，女性たちがお互いに声をかけあって，それぞれの畑で少量多品目の野菜の作付を奨励してきた。

また，長藤地区には山菜おこわや山菜菓子などを製造・販売する女性たちの事業体があり，その材料確保を応援するため，一時期やめていた山焼きを集落で復活させた。

　集落内のものをできるだけ利用するこうした地産地消の姿勢は，高齢者の生きる「張り」を支えてもいる。90歳を過ぎても，ぼちぼち，元気に農作業している女性がある。その野菜を分けてもらい，加工用の食材に使う。年金などで暮らすに困らないほどの収入があっても，みんなのためになったというのが生きがいになるだろうと思うから，と分けてもらっている女性たちは話す。

　農村女性起業は地域内の資源を見直し，地域内の人と人のつながりを作り出している。ひとつひとつの出来事を通して，女性たちは価値を再発見したり，新たな価値を創造したりしてきたのである。

3 いくつかの課題と今後の展望

変化する農村女性起業

　農村女性起業は，食と農に関わる領域で起こった。その特徴として，比較的小規模なこと，地域に根ざすこと，志を重視すること，仲間作りを重視すること，平均年齢が高いこと，地域や地域農業に良い影響を与えること，農村女性のエンパワーメントに効果をもたらすこと，などがあげられてきた。

　しかし，近年これらとは異なる特徴を持つ農村女性起業も増えてきた。運営の過程で変化したものもあれば，設立当初からというものもある。大規模化，地域との距離化，利益追求，個人化，若年齢化などである。こうした変化を即，良くないことと捉えるのは単純すぎる。しかし，それを単に「変化」とのみ捉え，その意味を問わないことは大事な点を見落としてしまうのではないか。これらの変化をどう捉えたらよいか考えるために，起業活動の変化のなかで顕在化してきた問題を以下にあげておこう。

何のため，誰のためか

　活動の中で，何のため，誰のための農村女性起業かという目的を確認しながらやっていくことの重要性を，繰り返し確認してきた事業体がある。他方で，自分，家族，友人知人や仲間のため，地域のため，社会（世の中）のため，と高い志を持っていたはずが，次第にそれを忘れ，大きくその目的を変えた（変わった）事業体もある。志の忘却あるいは希薄化とでも呼べそうな状況である。

　生産・販売等の運営が軌道に乗っていくと，規模拡大志向が事業体内外から出てくる。たいていの農村女性起業では現状維持が選択されるのだが，それを見て「やっぱり農村女性の経営感覚はその程度か」とマイナスの評価をする人もある。しかし，別の見方もできる。彼女たちは，今の生活を大きく変えたくないから，規模拡大ではなく現状維持を選択するのだということ，つまり，何のためにやっているのかと考えたとき，お金を儲けるためではなく，その地域で家族や近所の人たちとともに暮らし続けるためにやっていたのだということを思い出すのである。「お金はそこそこあればいい。たくさんありすぎると，おかしくなる」と言うのを聞いた。

競争や生き残りでなく，共生と連帯

　近年，日本社会においては，能力主義や競争を礼賛する風潮が広がっている。農村女性起業活動に関する農業政策も，ネオリベラリズムの思想を反映している。「やる気のある人を応援する」という言い方には一瞬なるほどと思うが，簡単にネオリベラリズムにからめ捕られる危険性も持つ。農業における「やる気」とは何か。規模拡大やコスト削減に努める農業者や集団のことか。「やる気」がないとされるそれ以外の農業者とは誰か。兼業農家か，高齢専業農家か，小規模の農村起業家か。

　弱肉強食の論理に貫かれたグローバリゼーションおよびネオリベラリズムに対抗するには，同じ発想の農業政策では，勝算は薄い。相手の土俵で戦うのではなく，別の土俵を用意するのが賢明なやり方であろう。すでに全国各地で，専業農家・中小規模の兼業農家，非農家などを含めた多様な住民がムラ（ある

第Ⅲ部　地域での実践活動

いは地域）の構成員としてムラ内の資源管理をしたり，直売所や産消提携など
を核として小さな地域経済を作り出している。こうした現実を重視したい。

　農村や地域社会，そして日本の食と農業は，専業農家だけが支えてきたわけ
ではない。さまざまな経営規模・志向・家族形態の家々がそれぞれ個別に暮ら
しを立てながら，農業用水路その他の施設・資源を共同で維持・管理してきた。
それを忘れて，ある者には離農を勧め，別の者には農地の集積によるいっそう
の規模拡大を勧めようとする。あるいはもっと規模拡大をした方がいいと，農
村女性起業活動の一部エリート化を図ろうとする。こうしたやり方では，ごく
少数の農業者・農業集団を作ることはできても，農地の荒廃はいっそう進み，
中山間地の農村にはほとんど人が住まなくなり，結果，日本の食と農を守るこ
とはできなくなるだろう。

　鳥取県智頭町西宇塚という戸数50戸ほどの山間集落には，「杉の里」という
農産品加工施設がある。代表のKさん（昭和16年生，女性）ほか，最高齢の100
歳を超えた女性を含む集落内の高齢女性たちがメンバーで，それぞれの家の田
畑を耕しながら，かき餅など，季節に応じた地元の農産物および加工品を作り，
発送，販売している。

　代表のKさんは「みんなの拠点として，ものづくりの拠点として，杉の里は
もう20年以上になる。地域の食材を利用した特産品の開発，生産，販売は，み
んなに元気を与えている」，「会員の間では苗の交換もして，畑を埋めていくよ
うにしている。山のもの，山菜を採ってきて貯蔵する。手作りこんにゃく，鯖
の糀漬けなども作っている。みんなが元気が出るような活動をしてきた」とい
う。「『お肌ツヤツヤ，計算ばりばり，生き生き80歳』が合言葉で，地域の生活
の知恵や工夫を次世代に伝えたいと思うし，皆が楽しく，元気で，地域を誇り
に思えるような活動をしていきたいと思う」という（靍 2011）。

女女格差の問題

　女女格差もネオリベラリズムと深い関連性を持つ。女性が丸ごと差別されて
いた時代には，女性は一枚岩のように見えた。しかし，1990年代以降，農業・

農村においても男女共同参画政策が推進され，農業・農家経営，農業団体の運営，農村の運営などにおいて，女性たちは活躍の場を広げてきた。その結果，男性と同等，あるいはそれ以上の能力を発揮する女性も出てきた。頑張れば女性も認められるのだとおおむね歓迎されている。

他方，いまだに自己決定の領域が限られている農村女性も多い。最近では，そうした女性たちに対して意識が低いとか，自業自得だという冷たい声が上がるようになってきた。自己責任論である。農村女性の間でも，こうした女女格差が生じている。

格差自体が悪いわけではない。問題なのは，格差が生じた原因が個人の問題，個人の責任に矮小化されることである。個人の能力や努力の問題も確かにあるが，それと同時にその個人が置かれた社会的環境の問題も大きい。夫をはじめとする家族が，女性を支える場合もあれば足を引っ張る場合もある。理解や協力が得にくいなかでは，女性の認識や行為は大きく制約される。農村女性たちは，同じスタートラインに立っているわけではないのである。それを忘れて女女格差の広がりを自己責任論で片づけるのは誤りである。自分を変え，周り（社会的環境）を変えることなしに，エンパワーメントは進まない。

起業活動の安定的継続

メンバーの再生産がなされない限り，集団はいつか消滅する。農村女性起業の事業体もそうである。岡山県高梁市宇治町の元仲田邸くらやしきのように，将来の代表交代と新メンバー確保を見すえ，長期的にこの課題に取り組んできた事例もある。しかし，それは多数派とは言えない。むしろ，比較的小さな集落や地域を基盤に組織化された事業体が多いことや仲間意識の強さもあって，新メンバー加入には消極的な場合が多い。

鳥取県岩美町鳥越で1997年に誕生した農村食堂，「鳥越どんづまりハウス」もそのひとつである。当時20戸前後となっていた鳥越集落では，集落を上げて農村食堂事業に取り組んだ。中心になったのは集落の女性7人であった。山菜をはじめほとんど地元の食材で調理される食事が人気で，県内はもとより関西

方面をも含めリピーターも多く，一時は年間2000人を超えるお客さんで賑わった。しかし，中心となる女性たちの高齢化などにより2011年9月に惜しまれながらも「休業」となった。その後，鳥取県岩美町が募集した「地域おこし協力隊」隊員が2013年7月に着任し，どんづまりハウス営業再開に向けての取り組みが始まっている。

　鳥取県日南町大仙谷集落の「アメダス茶屋」も高齢化の問題を抱えた。アメダス茶屋は国のふるさと創生事業を利用し，1991年に道の駅的機能を持った特産品の販売と軽食の提供を目的に始まった。集落で運営協議会を作り，女性たちが中心となって，ほぼ毎日，山菜や野菜の天ぷら定食，そばなどを提供し，多くのお客さんで賑わってきた。しかし，ここでも高齢化により営業日が次第に減り，存続が危ぶまれるようになってきた。ちょうどその頃，2011年12月に当時30歳前後のNさん夫妻がIターンしてきた。夫妻は茨城県内で福祉施設に勤務しながら農業を中心とした生活を送っていたが，東日本大震災と原発事故を機に移住を決意したという。アメダス茶屋運営協議会との話し合いを通して互いに信頼を深め，アメダス茶屋を二人で引き継ぐことになった。こうして2012年4月にリニューアルオープンしたが，その後，赤ちゃんが生まれ妻は子育てに専念，その他諸事情もあって残念ながら2013年11月30日で営業終了となった。

地域との連携は必然であり必須

　地域内資源の活用と自分たちで仕事を作り出すことが結びついて，自分のため，地域のためという農村女性起業が生まれた。したがって，住民の多くは，自分がその事業体に直接関わっていなくても，その事業体に親しみを持っていることが多い。それは，地域に「埋め込まれている」事業であり，自分たちのもの，自分たちのこと，という意識につながる。

　そうした状況においては，多くの個人・集団や組織・ネットワークなどからの知恵や工夫，情報が集まりやすい。また，地域内の諸個人，集団・組織，社会的ネットワークとの連携が進むことにもつながる。

何のために働くのか

　近年，農村女性起業の目的が，仲間づくりからビジネスへ転換してきたことを指して，「成熟」と呼ぶことがある。だが，成熟とは価値付与する言葉である。経済を中心にすべてのものが再編成されていく現代社会にあっては，もっと注意深く使う方がよいのではないか。

　あらためて，私たちは，何のために働くのかと考えてみることが重要だ[4]。儲けが第一ならば，農村に立地した経営にこだわらなくていい。活動の場所をもっと便利な所に移しても構わない。そもそも，農村に住み続ける意味はないかもしれない。また，地域外から人を安く雇い，安く使い回してもいい。人件費はコストだと考えるなら，極力切り詰めて，儲けを増やしたらいい。規模を拡大して，スケールメリットが活きるような大量生産・大量販売をめざせばいい。

　しかし，そうやって利益を上げて，忙しくなって，それでいいのだろうか。それよりも，地域内の資源を最大限に活用し，地域の人と一緒に働くことの方が，ずっと自分のため，他人のため，地域のためになっているのではないか。生産量，売上高，給与報酬額などだけでは測れないものが，たくさんある。

　今ある事業体の成り立ちや歴史，どのような個人・集団や組織・ネットワークとのつながりを作ってきたか，そもそもどんな経営理念でやってきたのか，働いている人たちの満足度はどうか。こうしたことをあらためて振り返りながら，働く意味を考えることが求められている。

何をどこまで金銭化するか

　何をどこまで金銭化するかは，「消費される農村」の問題とつながる，難しい問題である。1980年前後に，農産物の直売や加工品の販売を始めた女性たちが感じたとまどいである。まだ農村女性起業という言葉も，国の政策もなかった頃，それまで自家消費用だったものを売るということに対しては，女性のとまどい以外に，周りの冷ややかな目もあった。材料の大豆から自分たちで栽培し，加工場を自分たちで作って味噌を製造・販売してきたある女性は，「味噌

ば売るっちゅうで（味噌を売るそうだ）」と陰口を叩かれて，恥ずかしいやら悔しいやら，何とも嫌な思いをしたと話す。うまいことして金儲けしているというねたみややっかみだけでなく，自給部分が金銭化できることへの驚きもあったと思われる。

ほかにも，野菜を朝市や直売所に出荷するようになってから，隣近所や友人知人との野菜のやりとりが，何となく，しにくくなったということも聞いた。あるいは，「『ふれあい市』と言いながら，心のふれあいではなく単にモノと金の交換になっている」と言う人もあった。

これらの語りは，バラバラなことを言っているようで，実は生活の中で換金化されていなかった部分をどこまで広げるかということに関わる問題群である。換金化の目安となっていたのは，かつては人々の生活感覚であったのだが，経済至上主義の広がりの中ではその目安は容易に変容する。

農村女性から学ぶ

高度経済成長以降，都市への人口集中に伴って多くの農山村では人口減少が続いている。今後も農山村の人口増加の見込みはほとんどない。高齢化・少子化もじわじわと進行している。それでもムラに住み続けるために，人々はそれぞれの持てる社会資源をフルに活用してきた。農村女性起業は，その典型例である。

農家女性は，空洞化していく自家の農業経営を支える担い手となるとともに，その過程ではさまざまないきさつにより朝市や直売所などとの関わりが生じた。従来の社会規範とぶつかり，葛藤を生じることも珍しくはなかった。それでも，社会規範をうまく操作したり，新たな社会規範を作り出したりしながら，後戻りしないエンパワーメントの道を模索してきた。こうした元気な女性たちが，身近な人々を変え，ムラを変えていっている。

農家女性のエンパワーメントにより各家々の女性たちの力が底上げされていくことは，高齢化・少子化の進行により活気を失いつつあったムラに，新たな力を与えていくことにもなった。

第11章　農村における女性

　農村女性たちの活動は，農業のあり方や農家の暮らし，農村のあり方そのものの問い直しへもつながっていった。有機農業への取り組み，市場の歪みや農業のグローバリゼーション下の日本農業政策，農業者の姿勢など，個人（自分）と世界のつながりを足元から感じ，考えていく動きを作りだしている。

　グローバリゼーション下で農業・農村の疲弊が進む現代社会において，自分たちの土俵を設定し，徹底した地産地消を通して小さな経済を作り出してきたのが農村女性起業である。農を柱に，農村で豊かに暮し続けることを模索してきた農村女性たちから学ぶことは，たいへん多い。

【討議のための課題】

(1) なぜ，農村男性起業ではなく，女性起業だったのか。女性が家族，地域社会，全体社会において置かれた位置から考えてみよう。
(2) 大規模化，機械化，化学化による農業の近代化は，なぜうまくいかないことが多かったのだろうか。作物や家畜を育てることと工業製品を生産することを比較して，その共通点と相違点を考えてみよう。
(3) 農村女性は，起業活動を通して，どのようにエンパワーメントしていったか。なぜ，自分の意見を持ち，自分で行動し，その結果にも責任を負えるようになったのだろうか。
(4) 農村女性たちは，何のために農村女性起業活動をしてきた（いる）のだろうか。人は何のために働くのか，考えてみよう。

注
(1) 熊谷（1995），秋津ら（2007），靍（2007），日本村落研究学会企画，原・大内（2012），中道（2012）が参考になる。
(2) 農村女性起業の歴史と変化について，原（2009）がわかりやすい。
(3) 塩見（2003）は，半農半Xとはどのような生き方かについて述べている。
(4) 立岩（2009）は，働くことは生きるための手段であったはずなのに，働くことが目的となっていることのおかしさを指摘し，働くことをめぐって個人間に生じる格差が大きくなりすぎないような，再分配のしくみを作り出すことの重要性を述べている。

第Ⅲ部　地域での実践活動

文献

秋津元輝・藤井和佐・渋谷美紀・大石和男・柏尾珠紀，2007，『農村ジェンダー——女性と地域への新しいまなざし』昭和堂．

熊谷苑子，1995，『年報　村落社会研究——家族農業経営における女性の自立』農山漁村文化協会，31．

塩見直紀，2003，『半農半Xという生き方』ソニー・マガジンズ．

立岩真也，「立岩教授の紙上特別講義　ただ生きられる世界に　1」『朝日新聞』2009年3月2日，「2」3月9日，「3」3月16日．

橘木俊詔，2008，『女女格差』東洋経済新報社．

田中和子，1981，「女性社会学の成立と現状」女性社会学研究会編『女性社会学をめざして』垣内出版．

靏理恵子，2007，『農家女性の社会学——農の元気は女から』コモンズ．

靏理恵子，2009，「農村ビジネスは集落を再生できるか」日本村落研究学会監修・秋津元輝編『年報　村落社会研究　集落再生——農山村・離島の実情と対策』農山漁村文化協会，45：121-161．

靏理恵子，2009，「農村女性起業とエンパワーメント」鳥越皓之・帯谷博明編『よくわかる環境社会学』ミネルヴァ書房，80-82．

靏理恵子，2011，「ムラの生活を変えたO・Kおばあさん——農家の嫁姑関係の変容」山陰民俗学会編『山陰民俗研究』16：53-67．

中道仁美，2012，「ジェンダー研究の動向」日本村落研究学会企画，原珠里・大内雅利編，『年報　村落社会研究　農村社会を組み替える女性たち——ジェンダー関係の変革に向けて』農山漁村文化協会，48：276-287．

日本村落研究学会企画，原珠里・大内雅利編，2012，『年報　村落社会研究　農村社会を組み替える女性たち——ジェンダー関係の変革に向けて』農山漁村文化協会，48．

原珠里，2009，「農村女性起業の歩みと転換——グループから個人ビジネスへ」『農業と経済　特集　農村女性起業の成熟と転換——仲間づくりからビジネスへ』75（13）：5-14．

Column 8

女子から農への挑戦状

土居洋平

　今，若い独身女性（ここでは，女子と記そう）による農へのさまざまな取り組みが話題となっている。数年前には「ノギャル（農ギャル）」という言葉も流行した。この言葉は，当時ギャル社長として注目を集めていた藤田志穂さんが中心となり，同世代女性の農業への関心を高め，ひいては食料自給率を高めようとして始まった「ノギャルプロジェクト」に由来する。「農業」と「ギャル」という一見結びつかなそうな言葉を組み合せた活動の意外性もあり，マスコミでも大きく取り上げられた。同じ時期に，都市在住者が地方に1～3年滞在してさまざまな地域活動に従事する「地域おこし協力隊」も制度化されたが，この制度を用いて地方で農に関わる活動をする女子も多い。また，近年は都市部出身者がさまざまな理由で農村に移住する「Iターン」という現象も生じているが，この中にも一定の割合で農に携わる女子が含まれており，どちらも女子の少ない農村地域では注目を集めている。

　こうしたなかで「女子が始める，農業改革！」をスローガンに活動している団体がある。それが，山形県村山市にある「山形ガールズ農場（農業生産法人国立ファーム株式会社山形ガールズ農場）」である。代表の菜穂子さんのもと，20～30代の独身女性のみで運営されているこの団体では，意識的に「女子」であることが強調された活動が行われている。例えば，農場で生産された農産物や農産加工品は，女子の強みを活かして「オシャレ」で「かわいい」工夫が施され，主に同世代の女子をターゲットに販売されているほか，「メイド付き農園」というオーナー制の貸農園をガールズ農場社員がサポートする活動にも力が入れられている。農の世界ではこれまでマイノリティであった「女子」の視点を活かし，それを市場での差別化の鍵としているのである。

　ガールズ農場による農の変革の試みは，これに留まらない。ガールズ農場は，女子でも一般企業への就職に近い形で農の世界に入れるよう，家と切り離された農の場を提供しようとしている。この背景には，家単位の農業を前提にした場合，女子が農の世界に入ろうとしても，結婚して家に入るか，自ら農家経営を始めるかしか選択肢がなくなり，女子が新卒で農の世界に入ることはきわめて難しいという認識がある。こうした状況において，女子の就農希望者の受け皿になり，女子の農業者を育成する。これは，ガールズ農場設立当時からの目標のひとつでもあり，このことは，代表の菜穂子さんが敢えて姓を記さず名前だけで活動していることにも現れている。現在は社員7名の小さな団体の取り組みであるが，その活動には，農のあり方そのものを問う新しい風が多く含まれているのだ。

　今，このような，女子から農への挑戦状ともいうべき取り組みが動き出している。

▷藤田志穂，2009，『ギャル農業』中公新書。
▷菜穂子，2012，『山形ガールズ農場！　女子から始める農業改革』角川書店。

第12章 都市農村交流
―グリーン・ツーリズムを例に

青木辰司

キーポイント

(1) 都市と農村の関係は，経済的・社会的には，支配・被支配構造に組み込まれてしまいがちだが，相補的・互酬的関係の構築が，成熟社会・成熟国家の究極的課題である。
(2) 地域住民と外部人材との対等で互酬的な関係による協働活動が，新たな地域資源創造や雇用創出につながり，農村社会の自立的発展を具現化する。
(3) 災害復興や，防災に向けた地域基盤作りが喫緊の課題となっているなか，交流の質とネットワーク化のためにも，都市と農山漁村との倫理的関係の構築が重要である。

キーワード

オルタナティブ・ツーリズム，ネオ・オルタナティブ・ツーリズム，グリーン・ツーリズム，フェアツーリズム，倫理的消費者，広域連携，社会的自己実現，協発的発展

1 グリーン・ツーリズムとは？
―観光との相違―

グリーン・ツーリズムの定義

グリーン・ツーリズム（以下 GT と略）が日本で政策的に初めて提起されたのは，1992年で，その定義は以下の通りである。

　　GT は，都市と農村の相互補完・共生による国土の均衡ある発展を基本

目標とした，『緑豊かな農村地域において，その自然，文化，人々との交流を楽しむ滞在型の余暇活動である（農村で楽しむゆとりある休暇）。(財団法人21世紀村づくり塾 1992：11)

この定義に示された，「都市農村の相互補完・共生による国土の均衡ある発展」という視点は，それまでの観光政策や観光論にない画期的なものであった。西欧では1970年代以降に，マスツーリズム（大規模開発・大量移動型の観光）の対峙的概念として提起された，オルタナティブ・ツーリズム（もうひとつの観光）として，1990年代後期にGTが注目されるようになる。

つまり，新たなツーリズムとしてのGTは，それまでの「破壊的で，大衆的で，商業化されたハードな観光形態とは一線を画し，①地域中心志向，②地域資源活用，③地域社会全体の運営管理，④環境保全性，⑤双方向的利益という要件を備えた『適正の土台』(安村 2001：33)に基づくもの」とされたのである（青木 2004：28）。

グリーン・ツーリズム提起の背景

その歴史的背景は次節で述べるが，直接的には，1990年代初頭のリゾート開発の見直しの中で，農政においても「新農政プラン」として，狭い食料供給政策ではなく，広く国民の食や生活スタイルに目を向ける食と農の振興策として都市農村交流が位置づけられることで，GTの必要性が，初めて政策的に認知されたのである。

その後，全国各地に「GTモデル整備構想策定地区」が指定され，総数200を越える市町村がこの事業を導入し，現大分県宇佐市安心院町をはじめとして，日本におけるGT実践地域の大半が多様な実践展開を遂げる契機となった。

GTの理念的要件は，「滞在型の交流」あるいは「対等かつ継続的な交流」にあるが，わが国のGTにおいては，余暇文化の未成熟による都市生活者の旅行需要の低迷や，硬直的な規制による多様なビジネス展開の困難，集団主義に基づく「横並び主義」による個性的活動の停滞といった，特殊日本的阻害条件

が根強く存在している。

「日本型 GT」の多様性と実践手法の要点

　そうした文化的，制度的，意識・規範的制約条件の下で，具体的な実践手法が定着し始めた。それは，第一に農村地域の農家等に宿泊する「農村民泊（「農泊」）」[1]，第二に農作業等の労働の対価を滞在費に向ける「農山漁村型ワーキングホリデー」[2]，第三に学びながら旅を楽しむ「ツーリズム大学」[3]，第四に初等・中等教育の一環としての「教育体験型 GT」[4]，これに加えて今後期待されるのが，癒しや自己発見・自己実現をめざす「人間福祉型 GT」[5]である。

　以上の実践は，ともすれば一過性の体験に終始しがちのGTにおいて，長期的・継続的な交流活動の展開のための，確かな実践手法を学ぶ実践研修機能を担うという意味で，非常に有益な実践と評価され，西欧には見られない「日本型 GT」の主要な手法となっている。

　これらに通底する要点は，「身の丈」の実践という小規模で質の高い交流を蓄積していることにある。「スケールメリット」を求める開発，観光事業による環境負荷の高まりや負の社会的影響を最少化するためには，入り込み者数や，1回あたりの交流者数の制限によって，持続可能な交流を具現化することが必要と思われる。

　こうした「日本型 GT」が急速に広まりつつあるのは，「身の丈の実践」という段階的な実践手法と，単なるビジネスに終わることなくツーリストとホスト双方に社会的自己実現が達成される「歓交」，つまり双方向的・互酬的交流という，これまでの観光事業とは一線を画す実践理念が，共有されだしたことによる。

「日本型 GT」の現状と課題

　「日本型 GT」は，こうした多彩なメニューを包含しながら，都市と農山漁村を結ぶ新たな手立てとして，交流活動の深化を促している。例えば農水省の調べによれば，農林漁家民宿は，2010年時点で2006戸，と2005年比で500戸

(34.5％)増となり，宿泊者数も概算で延べ1000万人に達しようとしている（農林水産省「農林業センサス」2010）。

こうした数字を見ても，当初の「西欧輸入型」から「日本独自型」GTへの実践展開段階に入ったと言ってよいが，特殊日本的課題も少なくない。結論的に述べれば，①教育体験旅行に特に顕著な，体験主義の浸透と画一化，②規制緩和の一方で遅れている品質管理，③市場の未形成と，実践者の「わが村一番」意識の強化，④人材確保と中間支援機構の未確立，がその要点である。

近年，教育体験旅行の一環として中高生の農村・農業体験が人気を博し，農村民泊や農家民宿の受け入れ数が急増している。感受性豊かな世代にとって，「農」の多面的な価値の教育的意義は大きい。しかし，大人数の生徒を短時間だけ受け入れて，表層的な体験に終わるのでは，その効果は限定される。また，「体験主義」の事業化は，「体験メニューの産地間競争」によって，最終的には旅行エージェント支配の構造に組み入れられる危険性がある。

「命と心をつなぐ感動創造物語」。これがGTの中枢的目標理念と考える。「農」の営みに秘められた多面的・多元的価値の再創造を通して，人間の本源的価値を見直す。こうした理念の共有があってこそ，GTは政策用語から，多くの人々の社会的自己実現に寄与する価値概念へと昇華する。転換期のGTには，今まさにその内実の真正性が問われている。

観光とGTの相違

近年になって，観光かGTかという二項対立構図を超えて，観光とGTの「棲み分け」と連携をどのように構築するかが問われている。2008年の観光庁設置で，国の観光政策は大きな転換を果たし，国土交通政策の一領域だった観光による自立的政策課題としての「観光立国」がめざされることになり，観光そのものの概念が多様化した。その象徴的用語が，近年多用されている「ニューツーリズム」（以下NTと略）である。

NTは，エコツーリズム・ヘルスツーリズム・GTからなるとされるが，環境省・観光庁・農林水産省にまたがる政策展開が相互の政策対象を交錯させた

表12-1 観光とグリーン・ツーリズムの違い

項　目	観　光	グリーン・ツーリズム
対　象	不特定多数	特定少数
時間軸	一過性, 短期滞在	継続性, 長期滞在
利便性	一次的	二次的
目　的	収益性の追求	多元的地域活性化・ツーリストの満足
効　果	集　中	分　散
関係性	自己完結	ネットワーク（連携）
課　題	量的拡大	質の向上
価　値	商品価値	文化価値
本　質	サービス	人間的交流（「歓交」）
特　質	資本投下	資源活用
政策的意義	公共的基盤整備支援	公共的人材育成・資源活用支援

結果, いずれの省庁も似たような政策支援をする現実の中で, その政策の「棲み分け」の重要性を浮かび上がらせている。

　表12-1は, 観光とGTの概念上の特質を筆者がまとめたものである。

　このような観光とGTの特質の相違をふまえた具体的事業展開が求められるが, 実際は両者の相違が必ずしも明確に認識されずに, GTの事業が自己展開している。

　つまり, NT政策において乱用されている「滞在型観光」あるいは「生活観光」と, 「体験型ツーリズム」の異同を明らかにして, それぞれの概念上の特質を活かす必要があろう。特に, NTとして求められるのは, ゲストの入り込み数を規制するくらいの覚悟である。感動的な交流を通した「体感」が, ゲスト・ホスト両者にとっての自己実現として活かされるためにも, 特質の相違をふまえた相互交流が必要となるのである。

2　都市と農村の交流はなぜ必要か

進む東京一極集中

　日本の人口は急速に少子高齢化をたどり, 多数の高齢者を少数の現役世代が支えるという「逆ピラミッド」型の世代的不均衡問題が加速している。加えて,

人口の都市集中による過密化[6]と，農山漁村の過疎化という都市と農村の実態的差異が明確になっていることに，問題の複雑さがある。さらに，2020年東京オリンピック開催の決定により，東京への集中投資がいっそう進み，東京一局集中の構図はますます強化される恐れがある。

こうした大都市一極集中現象は世界共通の傾向であるが，東京はきわめて稀有な大都市発展における特殊性を有していた。それは結論的に言えば，東京（その前身の江戸）の環境保全性の高さに起因する。

江戸の環境保全性・資源循環性と東京の発展

近年江戸の環境保全性の高さについては，多くの論説において評価されているが，17世紀当時の先進大都市であるイギリス・ロンドンやフランス・パリが，劣悪な衛生環境であったのに対して，江戸は資源循環性や，緑地資源の確保，気候風土に適した生活様式といったさまざまな面で，世界で最も環境に優しい大都市であった[7]。

明治期に江戸は東京と改称され，国の政治・産業・文化の中枢的機能を担う近代都市に変身を遂げる。その後関東大震災や第二次世界大戦の戦火を乗り越え，戦後の経済成長を経て現在の東京へと大きな発展を遂げた。その基礎には江戸の秀でた環境保全性があり，資本や政治機能の集積，工業生産・流通・金融・情報産業の発展が相乗化して，東京の特殊な発展構図が醸成されたといえよう。

ところで，古代都市誕生以来，古今東西を問わず，都市と農村は，その関係をある意味では固定化してきている。つまり，古代から現代に至るまで，都市は権力の集中する場であると同時に，市（マーケット）や文化的施設を拠点として物や人が行き交う交流の場でもあり，他方で農村は人や物の供給地としての役割を保ってきた（多々良ほか編 1985：127-128）。

近代化とは都市化を意味し，都市の農村支配の構図を鮮明化してきた歴史ともいえる。また，都市化は，近代社会に効率性と利便性という正の成果をもたらす一方で，大規模な工業化や観光開発による環境問題，都市一極集中という

負の遺産ももたらした。

特に我が国では，西欧諸国に遅れて近代化を図るという歴史的特殊性と，江戸の環境保全性の高さという環境的特殊性，さらに戦後の急速な経済成長が相乗化して，東京一極集中と東京至上主義が帰結した。もし江戸が，ロンドンやパリのような劣悪な衛生環境であったら，「東京主義」ともいえる「東京一元化論」がこれほどまでに広まることはなかったかもしれない。

都市は，前述のように基本的には物資や人材，情報，文化の「結節機関」が集約するところで，人口と産業の集中が都市の本源的特性とすれば，農山漁村は，人材や物資の供給地であるとともに，水や森林・海洋資源の保全という環境保全機能を有し，さらにその資源的価値は都市によって支配される本源的特性を有するともいえる（鈴木 1969：79）。

地域格差是正と国土開発から相補的・自立的都市農村関係の構築へ

こうした都市の農村支配の構図は，随所に露見される。所得格差という経済的支配構造の課題は，国の政策として「地域開発政策」に反映された。農林漁業と工業との生産性の格差を前提とした地方農山漁村と中央都市との所得格差の是正策が，第二次世界大戦後から20世紀末まで展開した国土開発・地域開発政策であった。特に，戦後高度経済成長期前後に展開した「第一次全国総合開発計画」から「第四次全国総合開発計画」までの国土開発は，経済的に立ち遅れた地方に工業を導入し，経済・社会文化格差を是正するという大義名分の下で，大規模な工業開発や観光開発を全国各地で展開した。

しかし，1970年代に顕在化した公害問題は，開発行為が環境問題の拡散化をもたらしたものである。さらに，バブル経済期に登場した「総合保養地域整備法（リゾート法）」（1987年制定）に基づくリゾート開発が，バブル経済の破綻とともに頓挫し，国の開発政策は大きな方向転換を迫られることになった（青木 2004：2-7）。その後20年近くにわたって日本経済は停滞期に入るが，国の地方開発政策は，2011年の東日本大震災および福島第一原発事故処理の必要性以前からすでに，「国土形成計画」という名の下に，開発基調から「成熟社会型の

計画」や「分権型計画づくり」といった，一見聞こえが良いが，国家政策としての指針があいまいな政策に転嫁したきらいがないとはいえない（国土交通省 2008）。

　1990年代は「失われた10年」と言われ，成長戦略の頓挫と今後の日本経済発展の方向性の喪失という負のイメージを持つが，新たな都市と農村の関係性が構築される「もうひとつの10年」でもあった。その基軸が，1990年代初頭に提示された「新農政プラン」である。農水省は，1990年前後に「新農政プラン」において，それまでの生産効率主義を基底においた農業政策振興政策を，都市消費者を視野に置いた食料農村政策振興政策へと転換させた。その政策のひとつが GT の振興である。

　このように，1960年代の高度経済成長の「正の遺産」と1970年代の公害・環境問題，1980年代末のバブル経済破綻による構造不況という「負の遺産」を背負った日本社会が「失われた10年」の時期に，GT はじめ西欧初発の「農の多面的価値」創出の運動理念が，そろって日本に移入されたのは決して偶然ではない。

　つまり，「開発か保護か」あるいは「都市か農村か」，さらには「中央か地方か」といった二項対立構図から脱却する志向性として「オルタナティブ」（もうひとつの在り方）という価値が芽生え，そのひとつが GT であったのである。具体的にいえば，それまでの追随的・迎合的な農村の都市化から，相補的・自立的都市農村関係の構築がめざされることになるのである。[8]

3　新たな段階の日本のグリーン・ツーリズム

新たな GT 推進のための中間支援組織の意義

　オルタナティブなツーリズム（脱観光・交流型地域活性化）を具現化する上で最も大切なことは，ホスト側の主体性の確立と，外部者との協働・共生・共感のダイナミズムを創造する担い手の育成であり，観光振興論の中心にある「エージェント支配」からの脱却が肝要である。つまり，ニーズ主導，あるい

第12章 都市農村交流

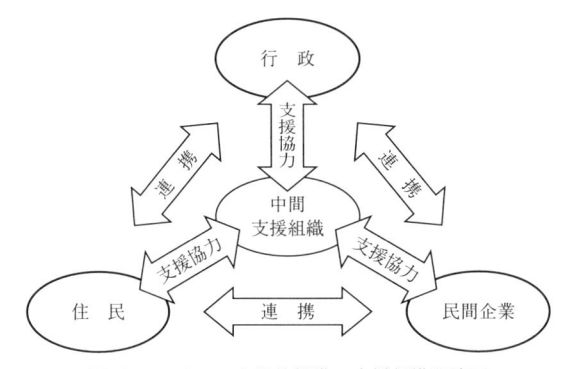

図12-1 GTの中間的推進・支援組織関連図

はマーケティング重視や「着地型観光」ではなく,「発地型観光」あるいは「協発型歓交」への展開である。

これまでのGTの先駆的実践地域においては,首長あるいは実践者,さらには行政職員の資質に依存する傾向が強かった。初期においては,こうした「リーダー主導」は,大きな意義を有するが,持続性の確保には,安定的な推進体制の整備が不可欠である。

イギリスでのGTの実践における中間支援機構の事例のように,行政,民間企業,住民の三者を有機的に連携させる中間的推進・支援組織の確立が求められよう。図12-1は,その相互連関を示したものである。

地域内部の人々の豊かな生活文化の機微を活かし,人々の思いを外につなげ,「上質の」外部者との感動的な交流を基軸として価値と感動を共有し,それぞれの思いとそれぞれの資質を昇華し合って新たな文化を創造することが求められる。

「協発的発展」の事例とその理念的意義

「協発的発展」とは,そうした地域内外の人間交流を基軸としたダイナミズムによって具現化するものである(9)。その事例として,岩手県遠野市宮代集落における「茅葺屋根のごみ置き場」を初めとする,東洋大学の学生との協発型発展プロジェクトを見てみよう。筆者は,集落の祭りの衰退やマンネリ化が見ら

第Ⅲ部　地域での実践活動

図12-2　岩手県遠野市宮代集落の元八幡神社萱集め風景

図12-3　山形県酒田市の例大祭で巫女を務めたギャップイヤー生

れたこの地に，5年間で述べ200名以上の学生を授業の一環で連れて行き，提案型・実践型調査を積み上げるなかで学生の提案から始まった地元住民との協働の結果，散乱していたごみ置き場を新たな伝統施設へと再生し，「八幡神社例大祭」を活性化させ，農家民泊を創出し，さらには住民主体のむらづくりである「遠野宮代プロジェクト　やかまし村」誕生までプロジェクトが展開した（図12-2）。（「やかまし村」ホームページ：http://www.yakamashimura.com/index.htm）

　このように学生を対象とする人材派遣事業は，イギリスの大学で伝統を有する「ギャップイヤー」[10]や，長期インターンシップ制度の創設，社会貢献カリキュラムの創出といった，大学教育における社会貢献・社会的自己実現型カリキュラム編成を通した大学改革と一体的に行われる必要がある（図12-3）。

　学生などの人材を地域で活かすコーディネート力と，地域内の各セクターの連携を通した地域マネジメントを具現化する人材の確保・育成が喫緊の課題である。国はこうした中間支援組織，例えば韓国で急成長を遂げつつある社会的企業や協同組合方式によって収益性を担保できる企業的実践支援法人の支援を急ぐべきであり，さらにその制度化も強く求められる。

　イギリスに見られるような中間支援組織が多元的な社会的支援活動を担うことができれば，「協発的発展」（地域住民と外部関係者の協働を通した地域活性化）の主体である地域住民，民間企業，自治体，そして学生や大学などの教育機関，

社会福祉関係機関・団体が，連携を密にして多面的な交流活動を持続可能なものにすることができるのである。

4 グリーン・ツーリズムは農村に何をもたらしたのか？

GTの波及効果とその要因

　日本のGTは，20年の実践経過の下に，着実な実践成果を蓄積し，多様な個性的実践展開，魅力的な体験型GTの普及，多世代にわたる需要の拡大が果たされつつある。また，これまで農業・農村政策に限定されていたGTが観光政策・観光事業との接点を持つことで，「農」的なライフスタイルの広がりとともに，GTという用語も一般化した。

　20年以上にもわたってGTが展開した背景には，前述のように，リゾート開発の失敗という負の経験を経た国民の価値変容と，GTに対する政策的・専門的支援，感性豊かで主体的な行動を担う実践者による個性的実践，GTに関わる多様な主体の広がりと相互研修・研鑽，「倫理的消費者」[11]の顕在化など，複合的な要因が横たわっている。

　これまでの学生を中心とした協働活動においては，そうした感動の共有が多々みられ，前述の「茅葺屋根のごみ置き場」（岩手県遠野市）や「間伐材活用ベンチ」（熊本県球磨郡あさぎり町），「復興支援ベンチ」（宮城県東松島市）のというハード面の成果や，各種GT振興プランの策定や提案，被災地支援アーバン・ツーリズムの実施（被災者に東京都内各地で観光や住民との交流をしてもらう），といった実践というソフト面の成果が見られるようになった（図12-4，図12-5）。

　当初GTは都市住民への一方的な「滅私奉公的おもてなし」と誤解された時もあったが，GTを通して実践者は，教育旅行の受け入れによる教育的な効果や，学生などとの交流を通した外部視点の大切さや，協働活動の楽しさ，交流を通した都市生活の矛盾の認識や農村生活の価値再発見などGTの魅力を体感し，社会的な場や関係で生きがいを見出す「社会的自己実現」を果たしている。

　一泊一人2万8000円の高級農家民宿から，農家レストラン，コミュニティレ

ストランなどが着実に収益を確保しつつ農の営みを活かした複合的な生業を個別にあるいは，集落単位に実現し，経済的な自立を遂げている事例まである。

日本の GT の課題——顧客獲得戦略，「協発的復旧・復興支援」

　日本の GT の今後の第一の課題は，確かな交流を前提としたゲスト（顧客）獲得の戦略化にある。その必要条件は，受け手側の品質の保証と評価支援の確立にある。イギリスの Farm Stay UK（全英農家民宿協会）の品質評価支援のような，確かな品質保証のしくみづくりを急がなければならない（青木 2006：37-56, 133-161）。

　2011年3月11日の未曽有の大震災は，都市と農山漁村の対等な関係性をめざす GT に対して大きな課題を投げかけている。生命の危機を乗り越え，生活・生業基盤の再生・創生が求められている被災地に不可欠な支援とは，生活復旧支援，生業復活・創造支援，福祉文化創造支援，多様な社会資本整備支援などであろう。

　途方もなく長い道のりである復興支援は，被災地関係者の自助・共助のみでは実現が困難である。そこに，外部支援者の協力・協働による「協発的復旧・復興支援」の意義がある。継続的な交流および，支援者と被災者対等かつ互酬的な関係性の構築がその鍵となろう。

　被災者には，震災被害と避難暮らしという過酷な日常世界から遠ざかり，一時であれその苦難から逃れることのできる「非日常世界における非日常時間」が必要である。他方，被災地から離れた地域で暮らす人々には，その恵まれた日常世界から身を移して，非日常世界の被災地での復興支援を継続化していくことが必要である。

　こうした双方向的な交流活動が，復興支援へのツーリズムの役割であり前者は「レクリエーション・ツーリズム」，後者は「ボランティア・ツーリズム」として位置づけられよう。実践者やツーリストの自己実現や経済効果をめざすツーリズムがこれまでのオルタナティブ・ツーリズムとすれば，被災者と支援者の協力・協働・共振活動は，支援者から社会貢献型ツーリズムとして意義づ

第12章　都市農村交流

図12-4　遠野市宮代集落にある「世界で最初の茅葺屋根のごみ置き場」

図12-5　宮城県東松島市野蒜小学校の仮設校舎に提供されたベンチ

けられ，被災者と支援者の協発的関係によって新たな地域創造につながる地域創造型ツーリズムと意義づけられよう。

　ネオ・オルタナティブ・ツーリズムは，こうした危機的時代状況を超える「もうひとつ」の交流型地域創造の意義を有しており，国や企業，自治体の復興支援の役割とともに，市民参画型復興支援の新たなツールとして注目すべきである。また，これまで分断的に認識され，個々別々の発展や衰退を遂げてきた都市と農山漁村が，自然災害への防災・復旧・復興といった，非日常的事態への予防と事後対策に対して，持続的な交流によって対等・互酬的な関係性を構築するという，都市農村共進的発展をめざす意義と必要性が明白になっているのである。それは都市社会学や農村社会学から，都市農村関係学への進展という意義と可能性を示唆するものといえる。

5　フェアツーリズムの理念をグリーン・ツーリズムに

公正な観光とグリーン・ツーリズム

　2012年開催万博開催地の韓国麗水に近い南海郡(ナメ)で6月に，「第一回アジア持続可能な観光南海国際大会」が開催され，フェアツーリズム（以下FTと略）という新たな概念の提起と，日韓相互が抱える観光およびGTの課題解決に向けた議論が交わされた（図12-6）。

第Ⅲ部　地域での実践活動

　極端な大都市化が進む韓国では，農山漁村の過疎化・高齢化が急進し，その解決策として近年注目を浴びているのが，公正観光と呼ばれるFTである。

　FTとは，観光客の需要に沿ってばかりの開発やおもてなしに終始せず，受け入れ地域にとってのメリットや，効果をあらかじめ担保できることを前提とし，「公正な旅行企画」で「善良な旅行者（グリーン・コンシューマー）」を獲得し，環境保全と地域活性化をめざそうというものである。

　体験型GTは，ゲストの質に目を配るゆとりはない。しかし，体験後に感謝の清掃活動をしたり，記念植樹を旅行企画に取り入れようという提案は，もうひとつの観光（オルタナティブ・ツーリズム）への視野の広がりを示唆するものである。

　持続可能なGT振興には，「善良な旅行者」の獲得が重要になる。また，受け入れ側の質の確保も不可欠だ。その意味で，ゲスト・ホスト双方を対象とする「教育アカデミー」の創設という提案は，質の確保を具現化する画期的なものだった。

　この第一回大会後日韓での実践交流が始まり，2013年9月には名称をあらためて大分県竹田市で「第二回フェアツーリズム国際大会」が開催された（図12-7）。大会は，①「教育旅行の適正化」，②「国際交流における言語，食，文化理解のあり方」，③「大学の教育，人材育成及び社会貢献とツーリズム」，④「地域資源活用としての学校施設リユースの方法と可能性」，⑤「情報発信の国際化とツアー企画」，⑥「ツーリズムから農村定住へ」，という6つのテーマに分かれて交流と議論が交わされた。

　表層的体験主義からの脱却が課題とされている日本に対し，国策誘導型の施設設置が頓挫し，中間支援組織誘導のツーリズムが課題とされている韓国という，事情の相違はあれ，両国におけるGTの実践理念はほぼ共通していることが確認され，継続的な国際大会開催や，アジア全域を対象とした恒常的な人材育成機関の設置を盛り込んだ，大会共同宣言が採択された。

　第二回フェアツーリズム国際大会では，以下のように初めてFTが定義された。

第12章 都市農村交流

図12-6 第1回フェアツーリズム国際大会（韓国南海部）大会宣言採択の様子

図12-7 第2回フェアツーリズム国際大会（大分県竹田市）大会宣言提案・採択の様子

フェアツーリズムの定義の意義

「FT（fairtourism）とは，公正旅交から公正歓交へ発展を図る，新たな人間・社会関係づくりの理念である。それは，旅行者（ゲスト）と旅行受け入れ者（ホスト）と中間支援組織（ステークホルダー）が，貴重な環境や歴史的文化を保全活用し，それぞれにとっての経済的利益と社会的評価を公正に分かち合い，均衡のとれた関係を形成することである。」

この定義の意義は，GTやETなどの類似のツーリズムや新たな観光に通底する，持続可能性の確保のための基本的な原則を明示したことにある。それは，ツーリズムを構成する3つの主体（ゲスト・ホスト・ステークホルダー）の相互関係の公正・公平を確保しながら，公正歓交という理念によって経済性と社会的評価の均衡のとれたあり方を，人間対人間，地域社会対地域社会という，社会関係の形成を前提としながら追求することを意味している。

これまで観光概念において不問とされていたゲストとホストの関係性について，受け手である地域社会，ゲスト，ステークホルダーである中間支援組織それぞれ相互の利益・価値を公正に担保することを前提とした点で，より社会学的な認識をふまえたツーリズム規定が明記されたといえる。

さらに，国際化が進むGTは，言語や文化の相違を超えて価値や感動を共有するためのツアー企画の工夫，ゲストの倫理性の向上，ホストのホスピタリティの熟成，ステークホルダーのコーディネート力の向上といった課題を解決

第Ⅲ部　地域での実践活動

してこそ持続的な展開へと発展する。画一的な体験型 GT からの脱却の糸口が，フェアネス（公正主義）の理念を活かす FT への転換にはある。

　TPP（環太平洋戦略的経済連携協定）問題が，日本農業の国際化戦略の政策的必要性を高めている今日，地理的・社会的条件に恵まれない地域（中山間地域など）の自立化戦略は等閑視されたままである。単なる「六次産業論」ではなく，「農」に秘められた多面的価値共有の場づくりこそが国際競争時代の課題である。都市住民が深い洞察力と多面的価値認識の下に「農」の世界に誘われ，継続的関係性を構築し，「農」の多元的な営みを多様な人材によって紡がれ，ともに知恵と汗をしぼりあう協働行為を通して新たな価値や資源を創出する。

　こうした深い思慮と広い視野と心ある配慮，そして確かな「協働力」発現のためには，都市と農山漁村住民の高い倫理性に満ちた相互の交流による協発的作用への視座が用意されなければならない。「感動創造物語」が，GT という舞台で多くの人々に共鳴し共振された時，そこに真正の都市農村関係が生まれる。その道筋をしっかりと見定めることが，現世代に生きる私たちの課題といえよう。

【討議のための課題】

(1) なぜ農村は都市との支配・被支配関係におかれるのか，その原因を探り，都市と農村が対等な関係になるための条件について，農村内部，そして都市側の視点から考えてみよう。

(2) 農業や農村の活性化や振興にとって，都市の消費者や住民はどのような役割と関係を保つべきか，都市生活にはらむ問題性もふまえて，多角的に探ってみよう。

(3) 観光とグリーン・ツーリズムの相違について，多面的に検討し，「新たな観光」や持続可能なグリーン・ツーリズムの展開のために，どのような課題があるかを，具体的な事例を基に考えてみよう。

(4) 東日本大震災を契機として，私達一人一人が果たすべき課題が何かを考え，都市と農村という共生の理念をもとに，継続的な交流を実現することによって，都市および農村側にどのような影響や効果が期待されるかを，事例を通して考えてみよう。

第12章　都市農村交流

注
(1) 大分県宇佐市安心院町の「農泊」方式は，小規模農家や非農家が，「身の丈」で無理なく交流を行うことを目的にしている。会員制で，一般農家や非農家の普段の生活にふれるように，「安心院町GT研究会」と町役場「GT推進係」が両輪となって支援することで町内に広く普及させ，大分県全域での実践展開だけでなく，長野県飯田市，岩手県遠野市，福島県喜多方市等においても急速な広がりを見せている。
(2) 宮崎県西米良村，長野県飯田市で展開している「ワーキングホリデー」は，農業労働を初めとする「ワーキング」を通した労働力補完と労働体験による自己実現という，農都相互主義による新たな持続的交流の萌芽といえる。何より，「ワーキング」によって，長期滞在への可能性が現実的となり，遠隔地からの来訪者や青年層，とりわけ独身女性層に人気が高まっていることが特筆される。
(3) 熊本県小国町で開始された「九州ツーリズム大学」は，豊富な地域資源を素材とした「ラーニング・バケーション」を展開しており，その成果が北海道や東北地方にも波及し「東北ツーリズム大学」が設立している。
(4) 「教育体験旅行」と称した農村滞在や農業体験が学校教育の一環として普及し，政府も2008年度から「子ども農山漁村交流プロジェクト」という公立小学校5年生を対象とした，農林水産省，総務省，文部科学省の3省連携事業を開始している。長野県飯田市を中心とする「南信州観光公社」や，岩手県遠野市，新潟県阿賀町などが「先導的受け入れモデル地域」として指定された。
(5) 近年，ヘルスツーリズムという名の下に，「森林セラピー」や癒しを求める人々に対して，自然体験や健康増進のための滞在体験を提示する施設が見られるようになった。
(6) 「過疎」という用語は，1966年に経済審議会の地域部会中間報告で初めて公式に登場したが，そもそもは「過密問題」に対応する意味で「過疎問題」が浮上したのであり，両者は表裏一体の問題である。
(7) 江戸は，「入江の口」が地名の由来とされ，隅田川河口西側に干拓・開発，河川や街道筋の整備で発展した城下町である。特に，江戸の町内で排出されたし尿は，船によって周辺農村へ運ばれて肥料となり，その肥料によって作られた野菜が再び船を使って江戸の町へ供給された。また，江戸の町には，各種の大名庭園や寺・小祠に植木が植えられ，西欧には見られない緑地環境が確保されていた。さらには，塵芥投棄の禁止や古紙・古着・蝋の改修，傘古骨集めや湯屋の木集めなど，多様な資源リサイクルが実現していたのである（青木　2004：1；石川　1994：242-273）。
(8) 日本の都市農村交流が制度的に始まったのは，1970年代初頭というのが定説である（依光・栗栖　1996：182）。この時期から「都市農村交流の推進による地域活性化」が国家政策に位置づけられた。しかし，その後の事業の大半は都市住民の親睦・レクリエーション施設の整備に終わり，「交流の負の経験」を持つに至った。

グリーン・ツーリズムを「都市主導の論理」と批判する松田素二の考え方の源流にはこの時期の悪しき前例があると言える（青木 2004：17・20；古川・松田 2003：13）。

(9) 筆者は，これまで地域活性化の理念として「協発的発展」論を提起してきた。これは，水俣の悲劇やリゾート開発の誤謬に見られる「外発的発展」に対峙して提起されてきた「内発的発展論」を昇華させた論理である。つまり，地域生活者の主体的営為を，外部関係者の価値共有のもと多様な関わりや協働行為の中で共振させるダイナミズムによる，新たな発展の手法であり，その実践には，協働主体として学生の役割が大きいことが明らかになっている（青木 2004：144-145, 2008：189-190, 2010：43-56）。

(10) 東洋大学では，2013年度より，「ステップイヤー」事業を開始し，原則1年間の休学中の社会貢献・自己実現型活動として派遣している。学生たちは，1年のギャップイヤーを自らの自己発見・自己実現と，農山漁村地域における活性化のために使い，地域に滞在して地域貢献をめざす。こうした学生の主体的な取り組みを地域社会が受け止め，協発的な活動に発展すれば，大学の社会貢献と地域の教育力の提供という互酬的関係が構築されよう。

(11) 「倫理的消費」とは，「社会を構成する人々が共存するためのルールに即した消費」（豊田 2012：68）と定義され，フェアトレードのような公正な貿易による消費や，環境に配慮した消費，生産者や生産地の環境や生活文化への理解をふまえた消費などを意味すると考えられており，近年「幸福感」や社会貢献，寄付文化などの倫理的行動や社会貢献，社会的自己実現にとっての基底的概念として注目されている。

文献

青木辰司，2004，『グリーン・ツーリズム実践の社会学』丸善。
青木辰司，2008，「グリーン・ツーリズム——実践科学的アプローチをめざして」日本村落研究学会編『村落社会研究』43号，農山漁村文化協会。
青木辰司，2010，『転換するグリーン・ツーリズム』学芸出版社。
青木辰司・小山善彦・バーナード・レイン，2006，『持続可能なグリーン・ツーリズム——英国に学ぶ実践的農村再生』丸善。
石川英輔，1994，『大江戸リサイクル事情』講談社。
国土交通省，2008，『国土形成計画（全国計画）』。
財団法人21世紀村づくり塾，1992，「グリーン・ツーリズム——グリーン・ツーリズム研究会中間報告書」。
鈴木栄太郎，1969，『都市社会学原理』未来社。
多々良翼・舛田忠雄・矢内諭編，1985，『日本の社会と文化』南窓社。

豊田尚吾，2012，「ウェルビーイング実現のための倫理的消費に」『CEL』98号，大阪ガス株式会社。
古川彰・松田素二編，2003，『観光と環境の社会学』新曜社。
安村克己，2001，『社会学で読み解く観光——新時代をつくる社会現象』学文社。
依光良三・栗栖祐子，1996，『グリーン・ツーリズムの可能性』日本経済評論社。
農林水産省ホームページ（http://www.maff.go.jp/j/nousin/nougyou/simin_noen/zyokyo.html）

終章	食と農をつなぐ倫理を問い直す
	秋津元輝

キーポイント

(1) 消費者は日々の食行動選択によって，食農システム全体に影響を与える大きな潜在力を持っている。

(2) 人間の意識的な食行動は，内向きの〈身体〉に向かう方向と外向きの自然・社会環境に向かう方向があるが，持続可能な食と農という目標のためには，自然・社会環境に配慮した倫理的食行動が望まれる。

(3) 他者である自然・社会環境への影響を実感しながら食行動をおこすためには，生産と消費が一体となった自給の経験がひとつの手がかりとして有効となる。

キーワード

雑食動物，食の風景，食行動のタコツボ化，持続可能な食と農，内なる「自然」，外なる「自然」，自給，縁故米（無償譲渡米），「よくわかる」生活

1 夕食に何を食べる？

『雑食動物のジレンマ』

"What should we have for dinner?"（「夕食に何を食べる？」）。全米で売上100万部を突破したベストセラー，M. ポーラン『雑食動物のジレンマ（Omnivore's Dilemma）』（Pollan 2006＝2009）は，私たち人間に一生ついてまわるこの問いかけから始まる。例えば，パンダやコアラにこのような悩みはない。ただひたすらササやユーカリを探せばよいからである。より一般的な草食動物や肉食動物にしても，選択肢は限られている。ところが，ネズミやアライグマと同様に，

人間は雑食動物である。そして人間は雑食であるがゆえに，これほどまでに地球上で繁栄することができた。文字通り肉食系の人からベジタリアンまで，たべものの摂取において多彩なバリエーションが選択できるのも，雑食性のおかげである。選択肢が広いからこそ，経験のない食に挑戦したり，新しい食を創造したりして，多様な食文化も体験できる。何を食べようかという問いは，悩みであると同時に楽しみでもある。

　雑食性には，たしかにポジティブな面もある。しかし，ポーランが注目するのは，雑食性ゆえに方針を失って迷走している現代の食の舞台裏である。ポーランは，トウモロコシ（デントコーン）を起点にして巨大に組織化されたアメリカのフードシステムに疑問を投げかける。トウモロコシは，本来は草食であった牛に食べさせられて肉となる。また，化学的に分解されて，コーンシロップやコーンスターチとなり，それらの糖類やデンプンが再び組み立てられて，甘味料やシリアル，発泡酒，油脂類などになる。マクドナルドのメニューに含まれるトウモロコシ起源の炭素の割合を調べたところ，清涼飲料100％，チーズバーガー52％，フライドポテトでさえ揚げ油のせいで23％だったという（Pollan 2006＝2009：157-158）。日本も大量のトウモロコシを家畜飼料や食品加工用原料として輸入している。アメリカにおける食品の工業化と「人間のトウモロコシ化」は，決して対岸の火事ではない。

　現在，スーパーやコンビニの棚にならぶ食品には，完成品としての商品からはなかなか類推できない複雑な遍歴が隠されている。私たちが選択のときに何かの判断基準を持とうとしても，それらの食品群から適切な食品を選び出すのはむずかしいかもしれない。しかし，選択という行為によって，ある食品の生き残りが左右されるのは事実である。つまり，食品を選択・調達し，食べるという身近な食行動を見直し，それを積み重ねていくことによって，生産も含めた食の風景（foodscape）[1]を変えていくことができる。この章では，その可能性を食行動の規範＝倫理的観点から探ってみたい。

食農世界のパワーバランス

　消費の倫理に訴えて食と農を見直そうとするのは，食の消費行動を通じて，万人がこの問題の当事者となりうるからである。しかし，食には消費だけでなく，生産や加工，流通も含まれる。そこで，食の風景全体における消費の位置を確認しておきたい。

　図終-1は，日本を例に食の各段階における集中度を模式的に表したものである。各段階における横幅は，相対的な事業者数（消費者にあっては世帯数）を表している。底辺に示される消費者の数が最も多く，その次に多いのが農業生産者，その中間の製造・卸売業者は集中度が高くなって数が少なくなっている。さらに集中度の高いのが種苗・農業資材業者となる。キャロランはこの形を紐でぶら下がった砂時計と形容するが，農業生産者よりもはるかに消費者の数が多いことから，紐でぶら下がった逆さシャンパングラス，あるいは笠の巨大なペンダントライトといったほうが正確だろう（Carolan 2012 : 41-46）。

　キャロランはこの図で，農業生産者以外のアグリ・フードビジネスがいかに寡占的であり，食の風景を決定する大きな権力を持っているかを示そうとした。都市に居住し，直接に食べ物を調達する術をほとんど失ってしまった現代の私たちにとって，食品企業が加工し，スーパーが提供する食品は私たちの食選択を強く規定する。農業生産者においても，寡占的な業者に種と苗を牛耳られ，他方では製造業者や卸売・小売業者に生産物を安く買いたたかれる。集中度の高い段階に働きかけることによって，食と農の世界を変えていくのもひとつの処方箋である。ただし，そのためには世界中に張りめぐらされた食と農の政治経済ネットワークを相手にしなければならない。

　最終消費がなければ中間の業種も農業生産も成り立たない。消費者は最も集中度の低い段階であるが，このシステムにおいて原理上は最も強大な力を持っている。私たちは，食品の購入・調達によって，食と農のシステムを決定するいわば「投票権」を日々行使しているのであり，それらが一定の方向性を共有すれば，原理上は大きな影響力を持つのである。

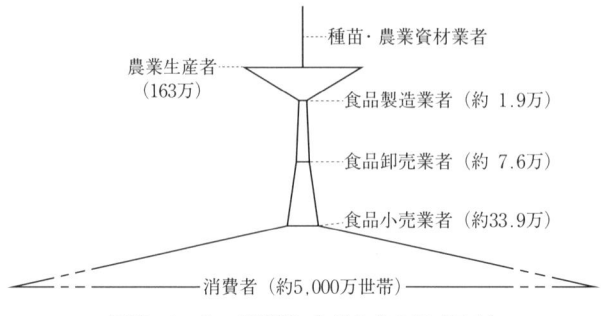

図終-1　食の各段階における集中度（日本）
注：業者数は2007年の値で、『工業統計表』、『商業統計表』より。農業生産者数は販売農家数（2010年農林業センサス）の値。
出所：Carolan（2012：45-46）を参考に筆者作成。

持続可能な食と農をめざす

　では、その消費者の大きな影響力をどの方向に向けて使えばよいのか。これは食行動における倫理規準の問題である。そのとき、目標として持続可能な食と農を設定することに異論はないだろう。他方、倫理とは他者＝社会とのつながりを前提とする。しかも、他者は人間にかぎる必要はない。ここでは、持続可能な食と農という目標を、環境、社会的公正、地域経済の3つの要素に分解して考えたい。

　環境負荷の軽減が持続可能な食と農に必須であることは自明である。食と農は、生産、加工、流通、調理、廃棄の各段階において環境に負荷をかける。それをできるかぎり軽減させようという選択である。水や土壌、生物多様性に配慮した農法や、加温などの人工的エネルギー投入のない農法によって栽培された農産物（例えば有機栽培や旬の農産物）を選ぶこと、輸送エネルギーや長いコールドチェーン（低温流通）維持のエネルギーを軽減するために、地場生産の食品を選ぶことなどが、例としてあげられる。

　社会的公正とは、人権や動物の福祉に関わる規準である。まず、食と農で働く人々の食べて暮らせる権利が保証されなければ、システムとして持続可能でなくなる。人権規準に基づく購入行動の典型例は、フェアトレードである。これは主に途上国の産品を公正な価格で購入しようとする運動であるが、先に述

べたパワーバランスの結果，国内産の農産物でも公正価格が実現されていないため，フェアトレードと同じ考え方で国内農産物価格と農業者の暮らしを保証していこうという動きがある（辻村 2013）。より直接的に，人権を侵害する企業の食品を買わないという不買行動も，人権を配慮した食行動といえる。動物の福祉は，日本では関心が薄いが，欧州では盛んに議論される倫理条項である（佐藤 2005）。

　地域経済は，私たちの生活を支える地域を経済的に成り立たせることによって，私たちの暮らしと，食と農の持続性を確保することを意味する。グローバリゼーションやネット社会が進んでも，私たちは自らの身体が占有する空間を必要とし，食べたり排泄したりする関係を通じて，場所と関係を持つ。その場合，一定の地域のなかで食べ物を確保することが，実感の持てる生存保障となる。それが成り立つためには，確実にたべものが供給される経済循環が条件となる。

　いわゆる地産地消という食行動には，この地域経済という規準が含まれている。地場産品の購入は，輸送エネルギーの節約の観点から環境規準の行動であると同時に，地域の農業者や食品業者を支えるという意味では人権規準の行動でもある。しかしそれだけでなく，持続的な生存基盤としての地域への愛着という規準からの行動でもある。ただし，地域第一主義が過ぎて排外主義におちいる場合もある。その場合は，地域外の人々の人権や環境に対する配慮が忘れ去られがちとなる。欧米の文献では，こうした落とし穴を「local trap（地元根性）」と呼んで，警鐘を鳴らしている（Morgan 2008：10-14）。

　ここまできて，消費者の食行動の重要な規準，すなわち健康や安全性の追求が抜け落ちていることに気がつくかもしれない。健康・安全性は，自分やせいぜい自分の家族の〈身体〉に関わる問題であって，食行動を通じて他者＝社会とつながるという倫理の規準にそぐわない。しかし，倫理的食行動を考える場合であっても，健康や安全性といった個人的規準に基づく行動との関連を考えないわけにはいかない。そこで，次に食行動メカニズムの全体像を概観しておこう。

2 食消費行動の現代的特徴

タコツボ化する食行動

　現代日本の食行動を衝撃的に伝えた成果として，岩村暢子によってまとめられた㈱アサツーディ・ケイの〈食 DRIVE〉調査報告がある（岩村 2003；2007；2010）。〈食 DRIVE〉調査とは，1998年以降，「首都圏に在住する1960年以降に生まれた（子どもを持つ）主婦を対象として，毎年実施してきている食卓の実態調査」（岩村 2003＝2009：23）である。食に対する質問紙調査と食卓の実態との間，つまり建前と本音とのギャップを考えるところに特長があるとしているが，衝撃的なのは写真で記録された普通の家庭の日々の食卓の内容であった。そこには，子どもが好きだからというので，具のない素ラーメンがあったり，スナック菓子やケーキだけの朝食・昼食，それぞれの好き嫌いに合わせて完全に個化した食卓がみられる。

　この岩村の報告が意表をついたのは，いわば「隣家の食卓」の意外な実態が赤裸々に描写されたからである。かつて，食材の流通が地域内で限られており，家庭や家屋が今よりはるかに開放的であった時代には，買い物で出会うとか，夕餉の仕度の香りなどによって，隣家の食卓もおおよそ見当がついたものだ。しかし，現代の生活は違う。都市的に暮らす大多数の人は，すでに食の知識や行動における地域的共有を失い，個人やせいぜい家族の周囲に高く設けられた壁のなかで，個別の選択を積み重ねて，食行動における「自分（たち）のやり方」を独自に作り上げているようにみえる。それぞれの壁は高いので，壁を越えた連帯や共感は生まれにくい。この状況は，現代生活における「食行動のタコツボ化（compartmentalization）」と呼ぶにふさわしい。[2]

　タコツボは密閉された空間ではない。一方向に開いた狭い開口部から壁の外との情報交換を行う。例えば，食を通じた健康法についての情報は，テレビ番組やインターネット，各種広告などのメディアを通じて氾濫している。人々はそれらの情報を自分のタコツボのなかに取り込んで，個化された食行動を形成

していく。そのよい例がフードファディズム（food faddism）である。この概念をいち早く日本に紹介した高橋久仁子によると、フードファディズムとは「食べものや栄養が健康や病気へ与える影響を過大に信奉したり評価すること」（高橋 2007：20）とされている。タコツボ内に積極的に取り込まれる情報は、社会へと開かれた食行動を導くものではなく、もっぱら自分（の家族）の〈身体〉へと向かう関心に沿ったものなのである。

ふたつの「自然」と食選択

　たべものは毎日、私たちの身体に取り込まれて、身体を形成している。このことは頭では理解できるが、根本的すぎて食行動の指針にはならない。ここで考えたいのは、空腹だから食べて身体的に満足するというレベルを超えた、意識的な食行動である。そこにはふたつの方向があると思われる。ひとつは自らの〈身体〉に向かう方向、もうひとつは身体を取り巻く自然・社会環境に向かう方向である。食はメディアとなって、このふたつの方向への意識を媒介することになる。なお、ここまで括弧つきの〈身体〉と括弧なしの身体を区別しつつ併用してきた。括弧つきの〈身体〉とは、意識的な食行動において自らの操作できる対象として眼差される身体を指し、身体が本来的に持つ広がりを離れて現代的に切り取られた側面であることをことわっておきたい。

　関係を模式化した図終-2を見ながら説明しよう。まず、左側の流れをみよう。食が身体に影響を及ぼすことは理念上明らかであるが、薬とは違ってにわかに結果がでるわけではない。長期に継続して摂取することではじめて、食が身体に及ぼす影響が現れてくるからである。食を通じた働きかけ対象としての〈身体〉は、その意味で直接には個人の意のままに制御できないもの＝「自然」となる。つまり、〈身体〉は「内なる『自然』」と言い換えることができる。同じく自然・社会環境は、食行動を通じて直接的に個人の意のままにならないものとして「外なる『自然』」と命名することができる。〈身体〉への働きかけの場合は、食べた後を想定した意識であり、自然・社会環境への働きかけは食べる前（調達時）に決定されるという違いはあるが、どちらも反応が直接的でな

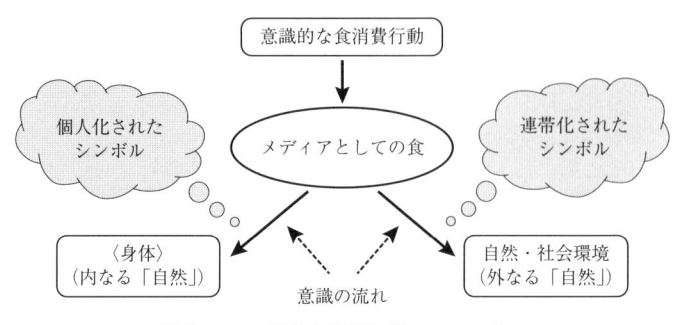

図終 - 2　意識的食選択行動のメカニズム
出所：秋津（2013：41）に一部加筆修正。

い「自然」に働きかけるところは共通している。

　反応が直接的でない対象を選択する場合，私たちはある種のシンボルを拠り所にして判断せざるをえない。〈身体〉に向かう食消費の意識がシンボルによって操作されやすいことは，先に述べたフードファディズムという現象から明らかである。あるたべものが「健康によい」とシンボル化されると，意識と自分の〈身体〉をつなぐメディアとなる。〈身体〉へのまなざしには健康のほかに美味しさなどもある。「〇〇がおいしい」などという判断も身体に記憶された味覚に基づくと同時に，広告やファッションなどのシンボルによる作用が影響しているように思われる。栄養学的知識も，効果には人間の個体差がある上に，反応も直接的ではないので，やはりシンボルと考えてよいだろう。さらに，安全性の追求もこの方向でのシンボルに分類される。他でもない自らの〈身体〉へのまなざしであるから，それらのシンボルは個人化されたものとなり，食行動のタコツボ化を促す原因にもなる。

倫理の作用方向

　それとは対照的に，自然・社会環境（外なる「自然」）へと向かう食行動の意識の流れは，社会とつながる倫理に関係している。先に食行動の倫理規準として，環境，社会的公正，地域経済を説明した。それらのうち，自然環境への効果は因果関係が複雑であり，最も見えにくい。人権や動物の福祉も多くの場合

は直接の「知り合い」ではないので，実感としては弱いだろう。地域経済は，地域の範囲を狭く設定するならば，最も効果が実感されやすい。このように実感レベルには幅があるものの，食行動の効果が直接的でないことは共通している。したがって，自然・社会環境に向けられる意識的食行動においても，シンボルが指針となる。

　自然・社会環境に向かうシンボル化を支える情報として，有機認証やフェアトレード認証，産地表示などがあげられる。それらの認証や表示は，消費行動を通じて社会とつながること，すなわち社会との連帯を保証するものである。ただし，認証そのものが連帯化されたシンボルと単純につながるわけではない。例えば，有機認証の場合，有機栽培による農産物は健康に良い，美味しいという「内なる『自然』」に向かう意識の方向と，自然環境にやさしいという「外なる『自然』」に向かう意識の方向が共存している。そのどちらの面を重視して行動するかが，個人化と連帯化の分かれ目となる。食行動のなかで連帯化されたシンボルとなるのは，情報をどのように解釈するかという主体的営為を通じてなのである。

食行動の制約要因

　意識的な食選択の前には数々の制約が立ちはだかっている。すでにふれた内容も含めて整理すると，次の４点となる。①生産・流通システムによる制約。例えば，近くのスーパーに並べられているたべものはすでに既存の流通チェーンのなかで淘汰されたものであり，通常はその範囲内でしか選択はできない。②経済的制約。環境にやさしい農産物のプレミアム価格が支払えないというのは，どこに重点をおいてお金をつぎ込むかの問題なので，それほど大きな制約ではない。むしろ，そのような農産物に構造的にアクセスしにくい状況こそが問題とされるべきである。例えば，ニューヨーク市周辺の低所得者の多く住む街では，身近に生鮮野菜が手に入らない状態であることが報告されている（肥田 2012）。③慣習による制約。宗教や食文化に基づく制約は個人の選択によってどうにかなるものではない。フードファディズムにも影響を受けながら，タ

コツボ化状態で形成される食習慣もこの部類に入るだろう。④即時性とも呼ぶべき要素による制約。食は生命維持のために定期的に摂取される必要がある。つまり，腹がへったらまずメシ，という「待ったなし」性があり，この点は他の消費財と大きく異なる特徴といえる。立派な食行動指針を持っていても，空腹ならばそれを曲げざるをえないこともある。

　持続可能な食農システムを目標として食行動の倫理を問い直すとは，ここに述べた制約を超えて，自然・社会環境（外なる「自然」）に配慮した食行動を太く深くしていくことである。しかし，健康や安全性など，〈身体〉（内なる「自然」）に向かう個人化されたシンボルには広く関心が持たれるのにくらべて，倫理につながるシンボル化の普及状況は芳しくないのが現状である。とりわけ，日本での動きは低調である。有機農産物の普及割合は他の先進国に比べて10から20分の1程度であるし，先進33ヶ国のなかでのフェアトレード市場シェアもわずか1.7％程度（2007年）にすぎないと報告されている（長坂・増田 2009）。

　そこで発想を転換させて，正面から倫理的食行動を啓蒙するのではなく，すでに日本で認められる食行動を題材にして，そこから読みとれる倫理的要素を考えてみたい。ここで取り上げる動きとは，自給である。

3　自給の思想と広がり

農産物自給の思想史

　私はかれこれ20年ほど，農業への新規参入者や農村への移住者に関心を持ってきた。その調査のときに，インタビューで動機を尋ねるのは定番である。研究を始めて初期の頃，「よくわかる生活がしたい」と語る移住女性に出会った。この動機は，自給志向を端的に表現している。これまで述べてきたように，現代の私たちの食と農は，複雑なネットワークによって支えられている。農業を基盤にした農村暮らしをすることにより，暮らしの根本となる食について，それが口に入るまでの過程を実感することができる。自らの生活の成り立ちが「よくわかる」というのである。

この自給志向は彼女に特別なものではなく，より広い社会の動向を反映している。民俗学者の古家晴美は，昭和期以降において自給が社会のなかでどのようにまなざされてきたのか，つまりイデオロギーとしての自給の歴史を整理している（古家 2009）。それによると，自給について4つの転換期があったという。昭和初期（1930年代），戦時下（1940年代），高度経済成長期（1970年代），平成期（2000年代）である。それぞれの転換期において自給は，昭和初期には「都市」と対比された「農村」の独自性の旗印として，戦時下には食料が逼迫するなかで国民的使命として喧伝された。戦後の高度経済成長期には，農産物輸入の本格化や農家における購入食材の増加などに反応して，農協を拠点とする「農産物自給運動」が繰り広げられ，農家内で自給の思想が再評価された。[4] 現在に続く平成期は，食の安全性への関心を契機として農家自給の延長線上にある農産物直売所が繁盛するとともに，都市民による自給的農園の拡大も見られるようになった。農家以外にも自給の思想が広がってきたのである。

　冒頭に引用したポーランも，著書の最後では自給の発想にたどりついている。そのパートのテーマは，「自分自身が狩猟・採集・栽培した食材だけでつくるディナー」を実現することである（Pollan 2006＝2009：下75）。目的は，「食事をつくって食べることに必要な，すべての過程を完全に意識すること。……私たちを支える食物連鎖をみえる限り果てまでたどり，現代の工業的な食の複雑さに隠れた根源的な生物学的現実を見つめ直すということ」（同：80），つまり「嫌でも生態系や食の倫理について教えてくれる」（同：79）ことにある。最終的に，ポーランは野菜や獣肉，キノコ，ワイン，チェリーなどを自力調達して「完璧な食事（the perfect meal）」を準備し，友人たちに振る舞う。

　食と農の倫理から自給を考える場合，「よくわかる」ということがポイントになるだろう。調理されて目の前におかれた食事のルーツを探り，たべものと自分との関係を再考するには，食材から自分で調達するのがいちばん手っ取り早い。しかも，自給によって，グローバルな経済システムに過度に巻き込まれ搾取されることなく，自律した暮らしを構想することができる。ポーランの「自給ディナーづくり」は独力を貫くため個人主義的な匂いが濃厚だが，身近

なつながりを通じて入手した食材でも自給に含めてよいだろう。自然との関係で「よくわかる」だけでなく，他者との共同という人間の関係においても「よくわかる」ことが，食事の向こう側に広がる関係を実感し，倫理的行動を促すのである。

　その意味で，自給における食のわかりやすさは，先に述べた地域経済という倫理規準におけるわかりやすさとつながっている。地域経済という範囲を設けると，自然や人との関係が「よくわかる」ので，倫理的行動の実感性が高まるし，自律した食の安全保障の単位にもなりうる。そうした身近で「よくわかる」共同性に基づく食の自給の実践のうち，少し意外とも思われる例について，次に紹介しよう。

日陰者の自給——無償譲渡米の現在[5]

　都会暮らしでも，コメや野菜が実家や親戚から届くことがある。特にコメは，実家や両親の実家から送ってもらう分で家庭内消費を賄い，それほど買ったことがないという世帯は存外に多い。縁故米とも呼ばれるそうした無償譲渡米は，2005年時点でコメ消費量全体の8％程度を占める。1980年前後は5〜6％だったので，ここのところ上昇傾向にある。コメ消費の約半分が外食や加工用であることを考えると，2005年に家庭で消費される16％ほどが無償譲渡米という計算になる。かつてコメの生産・流通・消費が国家によって管理されていた時代，無償譲渡米は「ヤミゴメ」と呼ばれて日陰の存在であった。1981年に食糧管理法が改正されて正式に存在が認められるようになっても，農家が縁故に配るための保有米は，正常なコメ市場の形成を攪乱するものとして，政策や研究の埒外におかれてきた。

　無償譲渡米には，ふたつのタイプがある。ひとつは「贈答型」であり，その場合のコメはお歳暮などの贈答品のひとつとみなされて，贈ったり贈られたりという互酬的な贈与関係を維持するために用いられる。もうひとつは「全供給型」であり，互酬的ではなく一方向的に相手方の家庭内でのコメ消費のすべてを賄う形で譲渡される。後者の「全供給型」の根本には，親が子どもに対して，

終章　食と農をつなぐ倫理を問い直す

あるいは長兄が弟妹に対して生存保障のための義務を果たすという感覚がある。したがって，もらう方は権利の感覚があるので，あらためて礼をいわないことも多い。世帯が分離して農村と都市とに住み分かれていても，「全供給型」のコメが譲渡される範囲はひとつの生存単位と考えられて，コメが共有される。その範囲において，コメは当然あるべきものとなる。

　農家は生産者であると同時に消費者でもある。この当たり前の事実について，これまでのコメ政策は無視を決め込んできた。農家は国民のために食料を供給する主体であり，食料さえ生産してくれれば，あとは政策すなわち行政制度＝農水省が面倒をみるというパターナリズム（家父長主義，温情主義）が，政策において幅を利かせてきたのである。このパターナリズムが，消費の側にあっては，制度によって準備される需給システムに依存して自らの倫理的行動を顧みることのない消費者を生みだしてきた。無償譲渡米は，そうした政策のパターナリズムに対抗する消費と生産，すなわち食と農を結ぶひとつの実践なのである。

　「全供給型」の無償譲渡米の自給範囲は，近しい親類である。消費者である子どもや弟妹は，コメを媒介とするまえに，親族として生産者である親や兄とつながっている。しかもコメを無償譲渡するこうした関係は，年長の男性から年少者へという，まさしく家父長制的関係を反映したものでもある。しかし，たべものの生産と消費を考えるとき，無償譲渡米は，食を通じて人と人との関係を築いていくための新しい文化的モデルとして有効となるのではないか。例えば，コメの直売を続けているうちに，生産者と消費者が単なる経済的な取引関係を超えて，人と人との結びつきへと発展する場合が考えられる。また，第8章で述べられる有機農産物の産消提携において，生産者と消費者が長いつきあい関係を維持する場合もある。こうした実例を無償譲渡米にみられる関係と連続的に捉えることにより，生産者と消費者が倫理的に結びつく文化的「型」がみえてくるのではないか。そんな可能性を，無償譲渡米は秘めているのである。

生産者と消費者の統合

　食と農をめぐって，私たちは生産者と消費者に分断されてきた。しかし，生産者／消費者という分類を超えて，私たちは人として持続可能な食と農という目標に対して責任を負っている。ヨーロッパにおける研究では，生産者も消費者もともに食と農の未来に責任を負う市民であるという意味をこめて，「食に責任を負う市民（food citizenship）」という概念から考えようとする試みもみられる（De Tavernier 2011）。

　自給において生産者と消費者は，その距離が極限に縮まる。したがって，生産者と消費者の両方を経験することになるので，それらの距離が離れることになっても，双方の立場を理解できる想像力が生まれる。倫理的な食行動が，常に顔の見える狭い地域的範囲で完結するとはかぎらない。直接には実感できない自然環境や他者への配慮が必要となることは，本章前半で述べた通りである。そのときに自給の経験は，消費者にとっては遠く離れた食の生産環境や生産者を，生産者においては消費者を想像するための手がかりになる。自給の思想は，自らの生活を「よくわかる」ようにしてそのなかでの倫理的食行動を促すとともに，食と農に関わる他者を想像するための基盤にもなると考えられるのである。

　ここで，生産者に目を向けておこう。生産者は同時に消費者でもあるはずなのに，生産物に対する消費者としての関心，例えば安全性への関心が弱かったではないかという疑問がわく。農業政策が生産と消費を分断したことはすでに述べた。この影響は，単に生産者と消費者を分断しただけでなく，生産者自身における生産と消費の統合を壊すことにもなったのである。貨幣指標による農家所得の拡大が，消費者である都市民に対抗する唯一の手段と考えられたことも，儲け第一主義という行動を生んだ点で，生産者から消費者の視点が抜け落ちた要因と考えられる。

　注意して欲しいのは，すべての生産者が自給的な農業に戻ればよいと主張しているわけではないことだ。農業者が自らの消費とは離れて農業をビジネス化していく場合，そこには食品製造者としての倫理が問われることになろう。

ヨーロッパの動向にも影響を受けながら、農水省では2004年度より日本版のGAP（Good Agricultural Practice：農業生産工程管理）の検討を行っている。農業生産の過程において生産者が遵守すべきガイドラインを定めたもので、その認証を獲得することによって、食品の安全性や環境保全、従事者の安全衛生などを確保しようとする施策である。

　農業は今や高度な専門職である。したがって、食品製造業という専門職の倫理として、生産者の倫理が充実していく道もあるだろう。しかし他方で、生産と消費の融合が農業生産者の暮らしにはあり、自給の思想に立脚した倫理への道も開けている。この2極の倫理のどちらかに統一する必要はない。ふたつの倫理の方向を並立的にどのように組み合わせて生産者の倫理を拡充していくかが問われているのである。

4　実効的食農倫理に向けて

　食が私たちの生存にとって不可欠であり、それゆえにそこでの選択が社会・自然環境に大きな影響を及ぼすことについて、頭では理解している人は多いだろう。しかし同時に、知識としてはわかっていても行動に移さない、あるいはなかなか行動に移せないという対象のなかで、食に関する行動は、おそらく最大の課題領域ともいえる。

　社会心理学の成果によると、日本人はアメリカ人よりも一般的信頼の程度が低いという結果がでている。にもかかわらず、日本人が集団主義的な行動をとるようにみえるのは、仲間うちでの相互規制により、そこでの制裁を恐れて相互協力行動を行うからだという（山岸 1999：25-53）。つまり私たち日本人は、仲間うちを超えて他者を思いやる倫理的行動をとるのが苦手だというのである。このことは、食と農をつなぐ倫理にも重要な示唆を与える。日本において有機農産物やフェアトレード産品の普及が低迷しているのも、それらが、仲間うちの範囲を超えたところで取り決められる認証制度だからではないかと予想できるからである。

仲間うちでのみ働く倫理では，グローバル化して開かれた社会に適応できないというのが先の研究の主張である。しかし，食行動の倫理についての実効性を重視するならば，開き直って仲間うち的関係を重視し，それを縦横に広げていくことによって，仲間うちの範囲を拡大するという選択肢があってよい。この章で自給に着目したのは，自給の経験が人々の動機レベルに働きかけることによって，倫理規準に沿った食行動を促すことができるのではないかと考えたからである。私たちの食行動と「外なる『自然』」とを結ぶ関係が「よくわかる」状態になれば，倫理の働く可能性も高まるだろう。さらに，認証制度についても，自分たちが参加しつつ仲間うちの範囲内で取り決められたものならば，実効性が高まると考えられる。[(6)]

　最後に，再度図終-2での議論に立ち戻ると，「内なる『自然』」すなわち自らの〈身体〉に向かう意識は，おそらく今後も弱まることはないだろう。この容易にフードファディズムに陥ってしまう方向性を，どのように制御して「外なる『自然』」への意識につなげていくかが課題となる。理想をいえば，「環境によいものは〈身体〉にもよい」という両立するシンボル化が可能になればそれに優るものはない。その場合は，身体の本来の意義に立ち戻り，そのなかに何らかの社会性を含めて考えることが必要となるだろう。グローバルな環境を考えるとき，私たちはもはや個ではなくなっている。広く他者と共同しながら，それでいて「よくわかる」シンボル化がこれから模索されなければならない。

【討議のための課題】

(1) 日頃，たべものを選択するときにどのようなことを規準にしているか，話し合ってみよう。

(2) 消費者主権といわれるが，実際には食消費について，生産，加工，流通，小売の段階でいかに選択肢が狭められているかを，供給側だけでなくメディアから影響される消費者の側の要因も含めて考えてみよう。

(3) 身近にある自給の動きを，身の回りやメディア，現地訪問などによって調査してみよう。

(4) 消費者の選択を通じて持続可能な食と農を実現する食行動を拡大するとき，た

べものについてどのような付加的な情報が必要になるか考えてみよう。

注
⑴ foodscape（フードスケープ）は landscape から転じた用語である。多様な関係者（ステークホルダー）の行為や力が働くことによって食の生産と消費が成り立つ，その全体像を表す概念といえる。ステークホルダーとして特に消費者の影響力を重視する点が，フードシステムとの違いである（Goodman et al. 2010）。
⑵ この「タコツボ化」と次にみる食選択メカニズムについては，拙稿参照（秋津 2013）。
⑶ 農水省事業による調査報告書（NPO 法人 MOA 自然農法文化事業団 2011）によると，日本国内における有機農産物の出荷シェアは，0.35％（2009年）である。ヨーロッパでは，デンマーク，オーストリア，スイスで 5 ％を超えている（Willer 2009）。
⑷ 農産物自給運動については，荷見ほか（1986）が歴史文書としても参考になる。
⑸ ここでの無償譲渡米の記述については，秋津・長谷川（2011）を参考にしている。
⑹ 有機農産物認証の分野では，2008年以来，生産者と消費者を含めた利害関係者が認証過程に直接参加する参加型認証（participatory guarantee system）が公式に広まってきている（本城 2011）。

文献
秋津元輝，2013，「食行動の様相と社会へのつながり――食の倫理論序説」『農業と経済』79(5)：36-46。
秋津元輝・長谷川滋大，2011，「当然あるものとしてのコメ――縁故米（無償譲渡米）の動きと人間関係」『2011年度 日本農業経済学会論文集』，292-297。
Carolan, Michael, 2012, *The Sociology of Food and Agriculture*, Routledge.
De Tavernier, Johan, 2011, "Food Citizenship: Is There a Duty for Responsible Consumption?," *Journal of Agricultural and Environmental Ethics*, 25(6): 895-907.
古家晴美，2009，「自給と食のイデオロギー」安室知・古家晴美・石垣悟『日本の民俗4――食と農』吉川弘文館，37-112。
Goodman, Michael K, Damian Maye and Lewis Holloway, 2010, "Ethical Foodscapes?: Premises, Promises, and Possibilities (Guest editorial)," *Environment and Planning A*, 42: 1782-1796.
荷見武敬・鈴木博・根岸久子編，1986，『農産物自給運動』御茶の水書房。
肥田美佐子，2012，「"生鮮"が消えた国――食の砂漠大国アメリカの悲劇」『週刊東洋経済 貧食の時代』2012.9：49-51。

本城昇，2011，「有機農産物の基準・認証制度――その沿革，現状と是正の必要性」『有機農業研究』3 (1)：20-33。

岩村暢子，2003，『変わる家族　変わる食卓』勁草書房（中公文庫版：2009）。

岩村暢子，2007，『普通の家族がいちばん怖い』新潮社。

岩村暢子，2010，『家族の勝手でしょ！』新潮社。

Morgan, Kevin and Roberta Sonnino, 2008, *The School Food Revolution: Public Food and the Challenge of Sustainable Development*, Earthscan.

長坂寿久・増田耕太郎，2009，「日本のフェアトレード市場の調査報告（その１）」『季刊　国際貿易と投資』76：94-118。

NPO 法人 MOA 自然農法文化事業団，2011，『有機農業基礎データ作成事業報告書』。

Pollan, Micheal, 2006, *Omnivore's Dilemma: A Natural History of Four Meals*, The Penguin Press.（＝2009，ラッセル秀子訳『雑食動物のジレンマ――ある４つの食事の自然史』（上・下）東洋経済新報社。）

佐藤衆介，2005，『アニマルウェルフェア――動物の幸せについての科学と倫理』東京大学出版会。

高橋久仁子，2007，『フードファディズム――メディアに惑わされない食生活』中央法規出版。

辻村英之，2013，『農業を買い支える仕組み――フェア・トレードと産消提携』太田出版。

Willer, Helga, 2009, "Organic Farming in Europe―A Brief Overview," FiBL, December 1, 2009, (http://www.fibl.org/fileadmin/documents/en/publications/fibl-2009-latest-figures.pdf).

山岸俊男，1999，『安心社会から信頼社会へ――日本型システムの行方』中公新書。

あとがき

　食の問題の背後には，現代社会が抱えるさまざまな構造的な矛盾や変化（グローバル化，環境問題，経済格差，健康問題，ネオリベラル化など）が存在しており，食の問題は身近であるが故に，こうした問題を論じる場合の優れた材料になる。本書でも紹介されたように，食の問題をめぐる書籍や DVD が次々と登場している昨今の状況は，食の問題がいかに現代社会を理解する上で象徴的な役割を果たしているかという点を端的に示している。その意味で，食と農の社会学は，このような現代的要請に応えるべくして登場してきた分野である。

　社会学はその出自からみても，現代社会に対する批判的まなざしを色濃く持つ。そのため，このテキストにおいても，食と農の現代的状況に対してさまざまな視角からの批判を試み，オルタナティブを提示しようとしている。その全体を一語で集約することは困難であるものの，グローバリゼーションに対しては，地域やそこでの暮らしとつながり，真正性という視点，工業化や近代化に対しては，環境や持続性，生命・循環という視点，またこれまでの農業近代化の中で軽視されてきた視点の復権（中山間，多様な農の営み，女性など）も議論されている。そして終章では将来の食農倫理を考えるための論点が示されている。

　なお，これらの批判的観点は具体的な実践と不可分であるという点に，食と農の領域の持ち味がある。マイケル・ポーランが述べているように，食べることは生態学的で政治的な行為でもある。現代においては，何をどのように食べるかが社会批判に直結しうる。その意味で，さまざまな実践や活動に具体的に参加するなかで，あらためてこうした論点を鍛え直していくことが今後も必要であろう。学生諸君にも，講義やテキストを通じて学ぶだけでなく，実践的な体験を通じて是非それぞれの学びを深めていただきたい。

　以上のように本テキストは幅広い分野をカバーしているものの，編集過程に

おいてテーマとして浮上しながら，最終的に盛り込めなかった論点もある。例えば，東日本大震災および東京電力福島第一原子力発電所の事故から生じたきわめて深刻な放射能汚染が農業や食の安全性に与えた影響や「風評」の問題などである。テキストの構想段階ではどのような観点から位置づけるか，明確に結論づけることができなかった。また食と健康問題，特に肥満やアイデンティティなどと関連する領域に関しても十分取り上げることができなかった。食と栄養における現代社会が抱える問題性について，社会学の視点から執筆いただける方を編者のネットワークから探そうと試みたが，時間的制約もあり果たせなかった。この他にも，まだ取り上げるべき論点が多々あった可能性もある。これらに関しては編者の力不足であり，今後に残された課題である。

　本書は，「食と農の社会学」と銘打ったおそらく国内最初のテキストである。タイトルにふさわしい内容を兼ね備えることができたかどうかに関しては，読者諸賢の評価に委ねたいが，食と農をめぐる社会学および隣接社会科学の議論がさらに深まることを期待したい。

　はしがきにも述べたように，もともと「食と農」に対する国内の社会学者の関心は，反公害や地域，エコロジー，有機農業などさまざまな観点から触発されて出発した研究者が多いことから，明確に「食と農の社会学」として独自の分野を形成したり，組織化されたりすることはなかったといえる。そうした中で，本テキストの編者のうちの谷口と立川が1999年と2000年に日本社会学会において「社会学における食と農」をテーマセッションとして企画したが，当時も幅広い社会学研究者の関心を集めるまでには至らなかった。ただ，この頃から編者の桝潟が，『食・農・からだの社会学』(桝潟俊子・松村和則編，新曜社，2002年) の編集にたずさわったことにもみられるように，食と農に対する社会学的関心が徐々に広がりつつあったことは事実だろう。有志の研究会としても，上記セッションの参加者により，農業・食料社会学を中心とした「RSAF研究会」が1999年末より開催されるようになった (この研究会は現在も継続しているので，関心をお持ちの方は，東北文教大学短期大学部の土居洋平氏にコンタクトして頂きたい)。そしてこの研究会を機に，この分野に関心を寄せる若手研究者の

あとがき

ネットワークは徐々にではあるが広がってきた。ただし，研究会活動は個別のテーマを持ち寄る形で進められており，共同研究や共同著作の執筆までには至らなかった。その意味で，今回のテキストはこの分野における現時点での成果を集約するものといえ，マイルストーンのひとつをなすものといえる。

このような国内状況とは対照的に，欧米では，序章にも触れたように旺盛な研究活動が展開されると共に，学会内分科会の設置やネットワークの形成が進んできた。例えば，アメリカ農村社会学会内には Sociology of Agriculture and Food Research Interest Group が，豪州とニュージーランドでは Agri-Food Research Network が形成されている。また国際社会学会（ISA）内には RC40（Research Committee 40- Sociology of Agriculture and Food）が組織され，電子ジャーナル（*International Journal of Sociology of Agriculture and Food*）も刊行されている。食や農の問題がグローバルに展開している現在にあっては，こうした研究活動から積極的に学ぶとともに，相互の情報共有や共同研究も今後行っていく必要があろう。アジアにおける食と農も大きく変貌しつつあり，その社会学的研究も今後の研究課題である。

最後に非常に短い時間的制約のなか，また時に編者からの面倒な注文に応えて頂きながら，執筆を引き受けて頂いた執筆者の方々に深謝申し上げたい。また短い期間でコラムの執筆をお願いした執筆者の方々にもあらためて深謝申し上げる。最後に，ミネルヴァ書房の涌井格氏には，本書の構想段階からさまざまな形でお世話になった。日程的に非常に厳しい中での編集作業はときに遅れがちになったものの，最終的に刊行まで漕ぎ着けることができたのは，涌井氏の地道な編集作業とこれに応えて頂いた執筆者各位の努力の賜である。

2014年2月11日

桝潟俊子
谷口吉光
立川雅司

人名索引

あ 行

秋津元輝　13
浅見彰宏　183
安達生恒　204
アトウォーター，W.　99
有賀喜左衛門　3
安藤郁夫　189
池上甲一　14
岩村暢子　280
ヴァイスマン，A.　95
ウィリアムズ，L.　4
ウィリアムソン，G.　102
ウェーバー，M.　3
ヴェーラー，F.　96
ヴォルフ，K.　97
エリアス，N.　11
小田切徳美　201

か 行

カーシュナー，M.　105
カーソン，R.　70
ガーモフ，J.　4
カウツキー，K.　12
ガスマン，J.　7
ガッソウ，J.　177
金子美登　183, 189
ガリレイ，G.　94
川口由　69
カンギレム，G.　93, 97, 98, 100
カント，I.　98
キャロラン，M.　277
クリック，F.　95
ゴールドシュミット，W.　6, 15

さ 行

サッセン，S.　7

島崎稔　12
シュタール，G.　96
シュタイナー，R.　102
シュルマン，R.　7
シュロサー，E.　29
ジンメル，G.　14
鈴木栄太郎　3

た 行

ダーウィン，C.　95
ダイアモンド，J.　25, 26
高木兼寛　99, 100
ダグラス，M.　3, 9
チャヤノフ，A.V.　12
辻信一　69
都築甚之助　100
ディクソン，J.　8
ディッキンソン，J.M.　6, 15
テーア，A.　100, 101
デカルト，R.　94
デュピュイ，E.M.　8
徳野貞雄　13, 185
ドリーシュ，H.　97

な 行

中島紀一　163
永田恵十郎　202
中野一新　13
ニュービイ，H.　15
ネーゲル，T.　106
乗本吉郎　202

は 行

パース，J.　102
ハイタワー，J.　5
パスツール，L.　96
バトル，F.H.　5, 6

ハリス, M.　10
バルテス, P.　96
バルフォア, E.　102, 103
ハワード, A.　103
ファン・デア・プレーグ, J.D.　7
フーコー, M.　96, 98
福武直　12
藤原辰史　14
ブッシュ, L.　8
フリードマン, H.　6, 39
フリードランド, W.　8, 15
ブルーメンバッハ, J.　97
ヘッケル, E.　95
ボイル, R.　94
ポーラン, M.　171, 177, 275, 276, 285
ボナーノ, A.　7

ま　行

マーギュリス, L.　105
マーコット, A.　9
マックマイケル, P.　6, 15, 39
松田素二　272

丸井英二　99, 100
マルクス, K.　3
マン, S.A.　6, 15
ミルズ, C.W.　4
ミンツ, S.　2, 10
メネル, S.　10, 18
モーガン, T.　95
森住明弘　157
森林太郎（鷗外）　100

や・ら・わ　行

米本昌平　93, 95, 97
ラートカウ, J.　101
ライソン, T.A.　180
ライト, W.　7
ラボアジェ, A.　99
リービヒ, J.　99-101, 103
レヴィ＝ストロース, C.　3, 9
レーブ, J.　96, 98
ロング, N.　7
ワトソン, J.　95

事項索引

あ 行

Iターン　217, 222, 228, 253
アグリビジネス　3, 5, 13, 15, 28, 31, 39
味の景勝地（SRG）　83, 85
安心院町GT研究会　271
アニマルウェルフェア　132
『アニマル・ファクトリー』　138
『アニマル・マシーン』　131
アラール騒動　174
安全・安心　160, 171
安全性　113, 123
アンペイド・ワーク（無償労働）　242, 243
育種家の権利　109
意識的食行動　275, 281, 283
移住　191, 193, 209, 210, 212
　――者　210
5つの自由（解放）　134
遺伝子組換え
　――技術　92, 103, 104
　――作物　6, 70, 91, 93, 103
　――（GM）食品表示　61
　――（GM）品種　56, 58, 59
遺伝子決定論　105
入会　141
因果論　94, 95, 100, 104, 106
ウォールマート　28
牛海綿状脳症（BSE）事件　105
ウンコ　154, 155
栄養学　99, 100, 103
エージェント支配　262
液体飼料　162
エコクッキング　160
エコツーリズム　258
エコロジー運動　39
エコロジカル・フットプリント　24
江戸時代　154-156, 158, 159, 162

エネルギー　68
縁故米　275, 286
エンパワーメント　233, 235, 241, 242, 244, 247, 250, 251
オーガニック　177, 178, 182
　――運動　39
　　工業的――　176
　　底の浅い――　172
　　ビッグ・――　171, 175, 176, 178
小川町（埼玉県）　229
大平農園　69
OKUTA　189
オシッコ　154
オルタナティブ・ツーリズム　256, 266

か 行

カーギル社　28, 42-44, 48, 49, 51, 53, 54
カーバメート系　115
外発的発展　272
科学技術社会論　7
化学肥料　156-158, 163
化学兵器　114
ガス化溶融炉　150
化石燃料　35
　――文明　34
過疎　204, 209
過疎化　216, 229
家族社会学　5
家族農場　179
家畜化　27
家畜の健康　135
学校給食　70
学校菜園　70
学校施設リユース　268
ガット・ウルグアイラウンド農業交渉　48
環境社会学　5
環境保全性　260

299

環境ホルモン　112
還元主義　92-95, 100, 104-106
乾燥生ごみと野菜等の交換制度　161
環太平洋戦略的経済連携協定（TPP）　29,
　　42, 49, 170, 182, 229, 270
感動創造物語　270
飢餓　70
機械論（mechanism）　92-101, 103-106
規格化　71, 74, 81, 82
企業の社会的責任　53, 54, 64
企業倫理　54
危険性　113, 118, 120, 124
記号　182
気候変動問題　22
気候変動枠組み条約　34
技術的介入　95-98, 100
機能主義（物質主義）的アプローチ　1, 9-11
九州ツーリズム大学　271
急性毒性　115
厩肥　152
教育アカデミー　268
教育体験型GT　257
教育体験旅行　258, 271
教育旅行の適正化　268
共助・相互扶助　216
共生　68
強制的児童労働　53
郷土　214
協発型歓交　263
協発的発展　263, 264
　──論　272
協発的復旧・復興支援　266
巨大開発　68
近接性　71, 82, 86
近代化　147, 156
近代畜産　131
近代農業　68, 157, 163
空洞化　221
暮らしの見直し　161
グリーン・ツーリズム（GT）　227, 230, 255
グローバリゼーション　1, 5-7, 12-14, 171,
　　233, 245, 251

グローバル化　21, 68
グローバル・フードシステム　169
経済原理　171
経済的手法　155
継承　211
下水道　154, 156-158
結節機関　261
限界集落　202, 204
　──化　202
嫌気性発酵　147, 149
嫌気性微生物　151, 152
減農薬・減化学肥料栽培　127
減農薬栽培　116, 127
玄米菜食　160
公害問題　153, 158
好気性微生物　151, 152
耕作放棄問題　229
公正歓交　269
公正な旅行企画　268
公正旅交　269
構造主義的アプローチ　1, 9, 11
構造調整政策　62
高度経済成長期　157
高付加価値化　79, 82, 84-86
高齢化　116, 215, 216, 219, 229
肥塚　151, 153, 154, 162
国際分業　39
国際有機農業運動連盟（IFOAM）　92
国際有機農業映画祭　68
国土開発　261
国内農業保護主義　39
国民皆農　225
国民国家　39
　──システム　39
国連グローバル・コンパクト　54
国連食料農業機関（FAO）　63
国連人権理事会「食料への権利」論　63, 64
国家　39
子ども農山漁村交流プロジェクト　271
ごみ　148-156, 158, 160, 162-164
　──処理　150, 151, 156
　──箱　149

燃えない―― 150
燃える―― 147-152, 158, 161
ごみ収集 150
　――車 150
コミュニティ指向 173
小麦 39
雇用就農者 223
混住化 216
コンポスター 161
コンポストセンター 161

さ 行

再使用 160
再生可能エネルギー 34, 37
再生利用 160
在村農家 189
在来作物 68, 214
在来種 81
在来品種 214
『雑食動物のジレンマ』 171
殺虫剤 117
里山 203, 206
残効性 118
産消提携 5, 13
残留性 114
　――有機汚染物質（POPs） 114
CAP改革 75
Jターン 217
ジェンダー 5, 9, 234
自家採種 214
自給 68, 189, 191-194, 197, 204, 211, 215, 275, 284-288, 290, 291
　――的暮らし 69
　　　的農業（自給農） 153
　――的ライフスタイル 153
　　　　　　――力 211
資源循環性 260
自然資本 21
自然選択説 95
自然農 69
自然農法 127
持続可能性 191

持続可能な社会 34, 192
持続的農業システム 180
地場産業 189
地場生産・地場消費 170, 181, 184
地場農産加工 222, 227
シビック・アグリカルチャー 179, 180
自分の財布 233, 241
資本主義 39
市民社会 39
　――組織 50, 63
下肥 152
下里機械化組合 189
霜里農場 189
下里有機野菜直売所 189
社会 68
　――のしくみ 149, 150
　――のつながり 164
　――的公正 171
　――的構築 147, 155
　――的自己実現 272
　――デザイン 149
社会運動論 5, 7
社会学の想像力 4
社会貢献 268, 272
　――・社会的自己実現型カリキュラム編成 264
社会資本整備支援 266
弱毒性 116
ジャンクフード 51, 52
獣害 206
収集 150, 156, 161, 162
　――・運搬・焼却・埋立 150, 156
　――・運搬・処理 153
重層的・生命連鎖的自然小循環 164
就農 225
自由貿易 69, 178
集約的畜産 77
集落 189, 193, 195, 196, 199, 201, 202
集落営農 196
　――組織 227
種子 43, 55, 57, 58, 60
循環 158, 163, 164

――の輪　153, 159, 162
循環型社会　153
　　――形成推進基本法　153
循環利用　147
焼却　158
　　――場　150
『小農経済の原理』　12
商品価値連鎖　43, 45, 49, 56
商品システム分析　6, 8
情報サービス化社会　37
剰余穀物　39
食育　14
食中毒　121
食とエネルギーの自給　192, 211
食とエネルギーの地域自給　211
食の社会学　1, 2, 9
食の風景（foodscape）　275-277, 291
食品
　　――公害問題　158
　　――公害を追放し安全な食べ物を求める会　181
　　――残渣　162
　　――循環資源の再生利用等の促進に関する法律（食品リサイクル法）　162
　　――廃棄物　161, 162
　　――リサイクル　162
植物新品種の保護に関する国際条約（UPOV）　109
植民地主義　39
食物残渣　147
食物連鎖　24, 27
食養　160
食料　39
　　――安全保障　31, 33, 62
　　――援助　39
　　――自給率　158
　　――主権　21, 31, 32, 63, 64
　　――生産システム　26
　　――農業植物遺伝資源国際条約（ITPGRFA）　109
女女格差　233, 246
除草剤　157

――耐性雑草　59
――耐性品種　59
所得倍増計画　207
自立経営農家　219
飼料　162
　　――化　147, 149, 159
新規参入者　189
新規就農　215, 227
　　――者　221, 222
神経毒性　115, 118
神経難病　111, 123
新自由主義　62, 64, 178→ネオリベラリズムも参照
真正性　71, 72, 74, 80-82, 84, 86
薪炭　203-205
浸透性　118
　　――農薬　117
新農政プラン　262
人肥　152
人糞　147, 153, 154, 158
森林セラピー　271
垂直的統合　43, 46, 47
水田酪農　138
水平的統合　43, 46
スーパーマーケット　28, 157, 162
　　――化　30
ステークホルダー　269
ステップイヤー　272
捨てればごみ，分ければ資源　149
スローフード　7
　　――運動　39
生活改善（Lebensreform）運動　101, 102
生活観光　259
生活工房つばさ・游　189
生活農業論　13
生活復旧支援　266
生業復活・創造支援　266
生気論（vitalism）　93, 94, 96-102, 104-106
生産者と消費者の関係性　69
生産者倫理　289
生産調整政策　189
清掃法　156

事項索引

生態系ピラミッド　22, 23, 35, 37
生物資源　26
生物多様性条約　34
生命共同体の関係性　184
生命思想　93
生命循環　147, 163, 164
生命・生活原理　171
世界システム論　6
世界食料サミット　31, 63
世界貿易機関（WTO）　29, 31, 42, 75
石けん作り　160
潜在的毒性　122
先住民運動　39
先進国　39
全体論　94, 105, 106
選択的拡大　131, 204, 207
選択毒性　118-120
先導的受け入れモデル地域　271
善良な旅行者（グリーン・コンシューマー）　268
総合保養地域整備法（リゾート法）　261
相互扶助　219
尊厳性　33

た 行

第一次産業　21, 35, 36, 224
第一次全国総合開発計画　261
ダイオキシン　112, 161
大規模直接投資による農地収奪　62
体験型ツーリズム　259
体験主義　258
滞在型観光　259
第三次産業　35, 37
第二者認証　8
　　——機関　75
第三世界　39
代謝物の毒性　118
代替的食料ネットワーク　6
第二次産業　35, 37
堆肥　151, 152, 155
　　——化　147, 149, 153, 157, 159, 161-163
第四次全国総合開発計画　261

大量生産・大量消費　158
大量生産・大量流通　158
高畠町（山形県）　69
　　——有機農業研究会　181
多国籍アグリビジネス　41-65
多国籍企業　13, 29, 43, 48, 54, 55, 62-64, 68
　　——規制　63
タコツボ化　275, 280, 282, 283, 291
脱成長・自然共生社会　36
多様性　21
単一作物　157
団塊世代　221, 226
地域
　　——おこし協力隊　253
　　——開発政策　261
　　——活性化　228
　　——コミュニティ　69
　　——支援型農業（CSA）　172, 179
　　——自給　184, 192, 193
　　——振興　71, 83
　　——づくり　189
　　——的品質　76
　　——農業　179, 182, 189, 215
　　——ブランド　71, 72, 74, 78, 83, 86
　　——マネジメント　264
地域資源　147, 191, 193, 202-204, 211
　　——活用　268
地域社会学　5
地域循環型農業　147, 155-162, 164, 172, 179
　　——の再生　158-160
　　——の崩壊と再生　148
　　日本固有の——　155
小さな循環　162
地球温暖化問題　27
地球環境　21
　　——問題　149, 159
地球サミット　31, 34
畜産のインテグレーション　138
蓄積性　114
地産地消　172, 181, 182, 279
地方公共財　86
着地型観光　263

303

中間支援機構　258, 263
中間支援組織　264, 268, 269
中山間地域　191-194, 197, 199-201, 204, 206, 209-212
　　──等直接支払制度　195
直売　82
地理的近接性　74
地理的産品　83
地理的表示　71, 73-75, 77, 79, 83
　　──産品　77, 81, 82
賃金食糧　39
『沈黙の春』　70
ツーリズム振興　85
ツーリズム大学　257
土づくり　69, 159
DNA 還元主義　105
提携　69, 183
　　──運動　72
定住　209
　　──政策　209
低毒性　116
定年帰農　215, 222, 223, 225, 227-229
デポジット制　155
テロワール　73, 80, 81, 85
　　──産品　72, 74, 76, 78, 80, 84, 85
転換参入　189
東京一元化論　261
東京至上主義　261
統制原産地呼称（AOC）　71, 74, 75, 78, 80, 82, 85
動物実験　112
動物保護運動　39
毒性試験　112
特別栽培農産物　127
　　──に係る表示ガイドライン　127
都市化　156
都市主導の論理　272
都市と農村　68
都市農村関係学　267
都市の農村支配　260
土壌協会（Soil Association）　102, 103
トレーサビリティ　82

な 行

内発的発展論　272
生ごみ　147-156, 161-163
　　──発酵機器　161
生ごみ処理　162
　　──処理機　161
生ごみ堆肥　161
　　──堆肥づくり　161
難分解性　114
南北問題　68
二次的自然　191, 193, 205, 211
担い手　215-217, 219, 221, 223, 225
ニューツーリズム　258
庭先養鶏　136
人間福祉型 GT　257
認証制度の国際標準化　175
ネオ・オルタナティブ・ツーリズム　267
ネオ・ダーウィニズム　95, 105, 106
ネオニコチノイド　115
　　──系農薬　68, 111, 116, 127
ネオリベラリズム　14, 233, 245, 246 → 新自由主義も参照
ネスレ　42, 44, 49-52, 54
農家民宿　85
農業　39
　　──関連技術　39
　　──基本法　157, 170, 204, 219
　　──協定　42
　　──経済学　1, 3, 12
　　──社会学　6, 8, 11-13, 15
　　──集落　199
　　──・食料社会学　1, 2, 4-6, 8, 9, 13, 14
　　──の近代化　68
　　──の工業化　6, 7, 15
　　──の社会学　15
　　──の政治経済学　6, 12
　　──バイオテクノロジー　48, 56, 57
　　──法人　223
　　オルタナティブな──　179
　　環境保全型──　116, 127
　　本来の──　68

事項索引

農協（JA）　123
『農業の社会学』　5
『農業問題』　12
農山漁村型ワーキングホリデー　257
農山村　68
農産物　158
　　──直売所　172, 227
農村社会学　1-3, 5, 12, 13, 15
農村女性起業　233, 234, 236, 239, 241, 244, 245, 247, 249
農村定住　268
農村文化遺産　72
農村民泊（農泊）　257
農地改革　225
農地・水・環境保全向上対策　189
農的暮らし　68
農的なライフスタイル　265
農の多面的価値　262
農民運動　39
農民の権利　109
農薬　111-113, 157
　　──安全神話　111
　　──残留基準　121
　　──中毒問題　158
　　──曝露　122
　　──ムラ　111, 123, 124
農林業　209
農林漁家民宿　257
ノギャル（農ギャル）　253

は　行

バイオダイナミック農法　102
バイオ燃料　62
バイオマス　34, 37
廃棄物処理場　150
廃棄物処理法　149
廃食油　160
発酵　147, 151-153, 162
発地型観光　263
半農半X　228
反農薬団体　122
ビア・カンペシーナ　32, 63, 64

東日本大震災　183
非政府組織（市民社会組織）　48
肥満　9
表層的体験主義　268
非倫理的マーケティング　53
ビレスロイド系　115, 119
ファーマーズマーケット　172, 176, 179
Farm Stay UK（全英農家民宿協会）　266
ファストフード　29, 70
フードコープ　179
フードシェド　173
フードシステム　21, 27, 28, 70, 173, 179
フードスタンプ　32
フードセキュリティ　6
フードチェーン　27, 28, 173
フードネットワーク　173
フードファディズム　281-283, 290
フードポリティクス　48, 64
フードマイル　170
フード・レジーム　6, 7, 39
フェアツーリズム　267
フェアトレード　6, 7, 39, 72, 272, 278, 283, 284, 289
フェアネス（公正主義）　270
フェミニズム　233
　　──第二の波　234
不可視の（＝見えない）存在　233, 234
複合毒性　118
福祉文化創造支援　266
福島原発事故　184
物質循環　163, 164
腐敗　151, 152
プリオン　105
ブレトン・ウッズ通貨体制　39
文化遺産　86
文化財　214
分子生物学　95, 104
糞尿　152, 154, 156, 157, 162, 163
分別　149, 150, 161, 162, 164
ペイド・ワーク（有償労働）　242, 243
ヘゲモニー　39
ペッカム実験（The Peckham Experiment）

305

102
ペティ・クラークの法則　35
ヘリティッジ　84
ヘルスツーリズム　258, 271
放射線被曝　183
放射能汚染　69
法人化　219
防虫処理　117
放牧　140
圃場整備　189
ポスト工業化　37
ホスピタリティ　269
ボランティア　68
　　　――・ツーリズム　266

ま行

マイペース酪農　142
マクドナルド化　6, 9
　食の――　30
マクドナルド社　30
マクロビオティック　161
マスツーリズム　256
松枯れ防除　117
マルクス主義　3, 11-13, 15
慢性毒性　115
美郷刈援隊　189
ミツバチ　69
　　　――大量死　118
　　　――大量失踪　111
南信州観光公社　271
無形文化遺産　72
無償譲渡米　275, 286, 287, 291
無農薬栽培　127
無農薬・無化学肥料栽培　127
メタンガス発酵　147, 149, 159
メノビレッジ長沼　183
免疫毒性　115
目的論　93, 94, 99, 106
モノカルチャー　34
　　　――化　27, 29, 30
モンサント社　44, 48, 56-58, 61, 70

や行

野菜指定産地制度　157
山形ガールズ農場　253
山形在来作物研究会　214
山地酪農　142
UIJターン　215
UIターン　229
UJターン　229
有機塩素系　115, 122
　　　――農薬　114
有機JAS制度　182
有機質肥料　159, 163
有機食品生産法（Organic Foods Production Act of 1990）　174
有機認証　171
有機農家　69, 160
有機農業　5, 13, 72, 76, 78, 91-93, 101-104, 106, 127, 147, 159, 160, 163, 171, 184, 189
　　　――運動　69, 159, 184
　　　――推進法　228
　　　――の「産業化」　179, 180, 182
　　　底の浅い――　182
有機農産物　278, 283, 284, 287, 289, 291
有機物　147, 151-153, 155, 157-160, 163, 164
　　　――の循環　163
　　　――の地域内循環　147, 154-157
　　　――の小さな循環の輪　153
有機溶剤　111
有機リン系　115, 116, 118, 119, 122, 123
Uターン　217, 222, 227
有畜農業　129
有畜複合農業　207
予防原則　111, 124

ら行

ラーニング・バケーション　271
リサイクル　147, 149, 150, 160, 162
　　　――意識　150
リゾート開発　256
リユース　160
緑肥　152

倫理的行動　272
倫理的消費　272
　――者　265
倫理的食行動　275, 278, 279, 282, 284, 286, 288, 290
レインボープラン　161
レギュラシオン理論　6
レクリエーション・ツーリズム　266
locavore　172
ローカリゼーション　70
ローカルナリッジ　71-73, 81
Local Harvest　178
ローカル・フード　5-7
　――システム　178
　――ムーブメント　171, 178, 184
ローマ宣言　31
六次産業　37, 222
　――論　270

わ 行

ワーカーズコレクティブ　233, 242
ワーキングホリデー　271
ワーヘニンゲン学派　7

A-Z

AFN　173
AMAP　172
BDF　160
BHC　114
CSA→地域支援型農業
DDT　114
FTA　29
FTS　172
GDP　37
GT→グリーン・ツーリズム
LFS　173
NGO　31, 33
NOP　182
NPO　189
POPs→残留性有機汚染物質
TPP→環太平洋戦略的経済連携協定
WTO→世界貿易機関

《執筆者紹介》執筆順，＊は編著者

＊立川雅司（たちかわ・まさし）序章・コラム1
    1962年　岐阜県生まれ
    1985年　東京大学大学院社会学研究科修士課程中退，博士（農学）
    現　在　茨城大学農学部教授
    主　著　『萌芽的科学技術と市民』（共編著）日本経済評論社，2013年。
    　　　　『遺伝子組換え作物と穀物フードシステムの新展開』農山漁村文化協会，2003年。

古沢広祐（ふるさわ・こうゆう）第1章
    1950年　東京都生まれ
    1989年　京都大学大学院農学研究科博士課程研究指導認定，博士（農学）
    現　在　國學院大学経済学部教授
    主　著　『地球文明ビジョン』日本放送出版協会，1995年。
    　　　　『共存学2――災害後の人と文化，ゆらぐ世界』弘文堂，2014年。

久野秀二（ひさの・しゅうじ）第2章
    1968年　大阪府生まれ（東京都出身）
    1995年　京都大学大学院経済学研究科博士後期課程中退，博士（農学）
    現　在　京都大学大学院経済学研究科教授
    主　著　『アグリビジネスと遺伝子組換え作物――政治経済学アプローチ』日本経済評論社，2002年。
    　　　　Reconstructing Biotechnologies: Critical Social Analyses（共編著）Wagenigen Academic Publishers, 2008.

須田文明（すた・ふみあき）第3章
    1960年　群馬県生まれ
    1993年　京都大学大学院農学研究科博士課程中退，農学博士
    現　在　農水省農林水産政策研究所上席主任研究官
    主　著　『食と農のいま』（共著）ナカニシヤ出版，2011年。
    　　　　L.ボルタンスキー・E.シャペロ『資本主義の新たな精神』（共訳）ナカニシヤ出版，2013年。

大塚善樹（おおつか・よしき）第4章
    1960年　千葉県生まれ
    1999年　筑波大学大学院博士課程社会科学研究科修了，博士（社会学）
    現　在　東京都市大学環境学部教授
    主　著　『なぜ遺伝子組換え作物は開発されたか――バイオテクノロジーの社会学』明石書店，1999年。
    　　　　『遺伝子組換え作物――大論争・何が問題なのか』明石書店，2001年。

水野玲子（みずの・れいこ）第5章

 1953年 千葉県生まれ
 1979年 上智大学大学院文学研究科社会学専攻修士課程修了
 現　在 NPO法人ダイオキシン・環境ホルモン対策国民会議理事
 主　著 『新農薬ネオニコチノイドが日本を脅かす』七つ森書館，2012年。
    『虫がいない，鳥がいない――ミツバチから見た農薬問題』（共著）高文研，2012年。

大山利男（おおやま・としお）第6章

 1961年 栃木県生まれ
 1990年 東京大学大学院農学系研究科博士課程単位取得退学，博士（農学）
 現　在 立教大学経済学部准教授
 主　著 『有機食品システムの国際的検証』日本経済評論社，2003年。
    『有機農業と畜産』筑波書房，2004年。

＊谷口吉光（たにぐち・よしみつ）第7章・コラム5

 1956年 東京都生まれ
 1990年 上智大学大学院文学研究科社会学専攻博士後期課程修了，博士（農学）
 現　在 秋田県立大学地域連携・研究推進センター教授
 主　著 「坂ノ下の桃源郷――持続可能な社会における農業・農村の姿とは」『生活協同組合研究』422：38-48，2011年。
    『戦後日本の食料・農業・農村9――農業と環境』（共著）農林統計協会，2005年。

＊桝潟俊子（ますがた・としこ）第8章

 1947年 東京都生まれ
 1971年 東京教育大学文学部社会学専攻卒業，博士（社会科学）
 現　在 元淑徳大学教授
 主　著 『有機農業運動と〈提携〉のネットワーク』新曜社，2008年。
    『地域自給のネットワーク』（共編著）コモンズ，2013年。

相川陽一（あいかわ・よういち）第9章

 1977年 千葉県生まれ
 2013年 一橋大学大学院社会学研究科単位修得退学
 現　在 長野大学環境ツーリズム学部准教授
 主　著 『開発の時間　開発の空間』（共著）東京大学出版会，2006年。
    『地域自給のネットワーク』（共著）コモンズ，2013年。

高橋　巌（たかはし・いわお）第10章

　　1961年　東京都生まれ
　　1986年　日本大学大学院農学研究科農業経済学専攻博士前期課程修了，博士（農学）
　現　在　日本大学生物資源科学部食品ビジネス学科教授
　主　著　『高齢者と地域農業』家の光協会，2002年。
　　　　　『農に還るひとたち――定年帰農者とその支援組織』（共著）農林統計協会，2005年。

靍　理恵子（つる・りえこ）第11章

　　1962年　福岡県生まれ
　　1990年　甲南女子大学大学院社会学研究科博士後期課程満期退学，博士（社会学）
　現　在　跡見学園女子大学観光コミュニティ学部教授
　主　著　『農家女性の社会学』コモンズ，2007年。
　　　　　「6次産業化と農的自然――身体性を取り戻す」『西日本社会学年報』第13号，2015年。

青木辰司（あおき・しんじ）第12章

　　1952年　山形県生まれ
　　1980年　東北大学大学院教育学研究科博士課程単位取得退学
　現　在　東洋大学社会学部教授
　主　著　『有機農業運動の地域的展開――山形県高畠町の実践から』（共編著）家の光協会，1991年。
　　　　　『転換するグリーン・ツーリズム――広域連携と自立をめざして』学芸出版，2010年。

秋津元輝（あきつ・もとき）終章

　　1960年　香川県生まれ
　　1988年　京都大学大学院農学研究科博士後期課程指導認定，農学博士
　現　在　京都大学大学院農学研究科教授
　主　著　『農業生活とネットワーク』御茶の水書房，1998年。
　　　　　『集落再生――農山村・離島の実情と対策』（編著）農山漁村文化協会，2009年。

記田路子（きだ・みちこ）コラム2

　　1970年　東京都生まれ
　　2011年　一橋大学大学院社会学研究科博士課程単位取得退学
　主　著　ハリエット・フリードマン『フード・レジーム――食料の政治経済学』（共訳）こぶし書房，2006年。
　　　　　「食のグローバル化に対応する米欧の農業・食料研究――フード・レジーム論の方法論的意義」『季刊経済理論』44(3)，2007年。

小口広太（おぐち・こうた）**コラム3・コラム6**

- 1983年　長野県生まれ
- 2013年　明治大学大学院農学研究科博士課程単位取得退学，博士（農学）
- 現　在　日本農業経営大学校専任講師
- 主　著　「埼玉県比企郡小川町における有機農業の展開過程」『村落社会研究ジャーナル』36号，2012年。
　　　　『農業革新と人材育成システム——国際比較と次世代日本農業への含意』（共著）農林統計出版，2014年。

西川芳昭（にしかわ・よしあき）**コラム4**

- 1960年　奈良県生まれ
- 1990年　バーミンガム大学大学院公共政策研究科修了，博士（農学）
- 現　在　龍谷大学経済学部教授
- 主　著　『作物遺伝資源の農民参加型管理』農山漁村文化協会，2005年。
　　　　『生物多様性を育む食と農——住民主体の種子管理を支える知恵と仕組み』（編著）コモンズ，2012年。

江頭宏昌（えがしら・ひろあき）**コラム7**

- 1964年　福岡県生まれ
- 1990年　京都大学大学院農学研究科修士課程修了，博士（農学）
- 現　在　山形大学農学部教授
- 主　著　『おしゃべりな畑』（共著）山形大学出版会，2010年。
　　　　『火と食』（共著）ドメス出版，2012年。

土居洋平（どい・ようへい）**コラム8**

- 1973年　東京都生まれ
- 2002年　慶應義塾大学大学院社会学研究科後期博士課程単位取得退学
- 現　在　跡見学園女子大学観光コミュニティ学部准教授
- 主　著　「『仕掛けられる』地域活性化——地域活性化における『外部』と『内部』」『年報村落社会研究』第41集，2005年。
　　　　「『地域コミュニティ問題』の現状と課題——農村を中心にその問題の構図を探る」『共済総研レポート』第95号，2008年。

MINERVA TEXT LIBRARY ⑭
食と農の社会学
──生命と地域の視点から──

| 2014年5月20日 | 初版第1刷発行 | 〈検印省略〉 |
| 2021年11月10日 | 初版第5刷発行 | |

定価はカバーに
表示しています

編著者	桝　潟　俊　子
	谷　口　吉　光
	立　川　雅　司
発行者	杉　田　啓　三
印刷者	坂　本　喜　杏

発行所　株式会社　ミネルヴァ書房
607-8494　京都市山科区日ノ岡堤谷町1
電話代表　(075)581-5191
振替口座　01020-0-8076

Ⓒ桝潟・谷口・立川, 2014　冨山房インターナショナル・藤沢製本

ISBN 978-4-623-07017-6
Printed in Japan

松田健 著
テキスト現代社会学　　　　　　　　　Ａ５・388頁
　　　　　　　　　　　　　　　　　　本体2,800円

宇都宮京子 編
よくわかる社会学　　　　　　　　　　Ｂ５・242頁
　　　　　　　　　　　　　　　　　　本体2,500円

鳥越皓之・帯谷博明 編著
よくわかる環境社会学　　　　　　　　Ｂ５・210頁
　　　　　　　　　　　　　　　　　　本体2,600円

安村克己・堀野正人・遠藤英樹・寺岡伸悟 編著
よくわかる観光社会学　　　　　　　　Ｂ５・216頁
　　　　　　　　　　　　　　　　　　本体2,600円

谷富夫・山本努 編著
よくわかる質的社会調査　プロセス編　　Ｂ５・224頁
　　　　　　　　　　　　　　　　　　本体2,500円

谷富夫・芦田徹郎 編
よくわかる質的社会調査　技法編　　　　Ｂ５・232頁
　　　　　　　　　　　　　　　　　　本体2,500円

大谷信介・木下栄二・後藤範章・小松洋 編著
新・社会調査へのアプローチ　　　　　Ａ５・412頁
　　──論理と方法　　　　　　　　　本体2,500円

Ｓ・Ｂ・メリアム 著／堀薫夫・久保真人・成島美弥 訳
質的調査法入門　　　　　　　　　　　四六・440頁
　　──教育における調査法とケース・スタディ　本体4,200円

─────── ミネルヴァ書房 ───────

http://www.minervashobo.co.jp/